数字时代影视传媒系列教材

Final Cut Studio
苹果视频编辑教程

王峙 ▶ 编著

西南交通大学出版社
·成 都·

内容提要

本书作者通过总结多年担任传媒学院专业教师、数字电影技术工程师、剪辑师、制片主任等职务工作中的经验以及对当代数字媒体艺术的深入研究，编著了这本关于掌握视频技术及提升剪辑技巧的综合多媒体教程。主要内容包括剪辑软件 Final Cut Pro 使用详解、视频技术基础知识等。附赠的 DVD，内容丰富而实用，包含高清影视作品素材等使用内容。读者通过对本书的学习，不仅能够快速掌握 Final Cut Pro 的使用方法，同时可增长相关视频技术知识并剪辑出生动的影视作品。

图书在版编目（CIP）数据

苹果视频编辑教程 / 王峙编著. —成都：西南交通大学出版社，2013.10（2020.9 重印）
数字时代影视传媒系列教材
ISBN 978-7-5643-2630-2

Ⅰ. ①苹… Ⅱ. ①王… Ⅲ. ①视频编辑软件－教材 Ⅳ. ①TN94

中国版本图书馆 CIP 数据核字（2013）第 206470 号

数字时代影视传媒系列教材
苹果视频编辑教程
王　峙　编著

*

责任编辑　李晓辉
助理编辑　黄庆斌
封面设计　蝌蚪数媒

西南交通大学出版社出版发行
四川省成都市金牛区二环路北一段 111 号西南交通大学创新大厦 21 楼
邮政编码：610031　　发行部电话：028-87600564
http://www.xnjdcbs.com
四川玖艺呈现印刷有限公司印刷

*

成品尺寸：185 mm×260 mm　　印张：15.25
字数：381 千字
2013 年 10 月第 1 版　　2020 年 9 月第 3 次印刷
ISBN 978-7-5643-2630-2
定价（含光盘）：100.00 元

图书如有印装质量问题　本社负责退换
版权所有　盗版必究　举报电话：028-87600562

目 录

第一篇　视频基础技术

第一课　视频基础 ··· 2
1. 视频简介 ··· 2
2. 视频传输 ··· 2
3. 视频术语 ··· 2

第二课　模拟视频与数字视频 ·· 10
1. 模拟视频 ··· 10
2. 数字视频 ··· 10
3. 视频数据 ··· 10
4. 数字视频接口 ·· 11
5. 扫描方式 ··· 12
6. 视频分辨率 ··· 14
7. 电视制式 ··· 15
8. 线性与非线性 ·· 16
9. 视频色彩空间 ·· 18

第二篇　了解 Final Cut Studio

第一课　Final Cut Studio 介绍 ··· 24
1. 了解 Final Cut Studio ·· 24
2. Final Cut Studio 软件套装 ·· 24

第二课　准备工作 ··· 28
1. 启动 Final Cut Pro ··· 29
2. Final Cut Pro7 的界面探索 ··· 30
3. 窗口属性 ··· 32

第三篇　开始使用 Final Cut Pro7

第一课　设置软件 38
1. 初始设置 38
2. 重新链接媒体 45
3. 归档项目文件 50
4. 导入素材 56
5. 浏览素材 59
6. 管理时间线 68

第二课　粗编 72
1. 五种编辑方式 72
2. 三点编辑 74

第三课　嵌套编辑 81
1. 将一个序列嵌套到另一个序列 81
2. 关联链接的概念 85
3. 嵌套序列的优点和缺点 87

第四课　子片段 88

第五课　故事板编辑法和替换编辑法 100
1. 故事板编辑法 100
2. 替换编辑法 105

第六课　智能工具 108
1. 精准修剪 108
2. 使用"滑动"工具编辑 108
3. 使用"滑移"工具编辑 110
4. 使用波纹工具修剪编辑 116
5. 使用卷动工具修剪编辑 119

第七课　多片段编辑（多机位剪辑） 122
1. 多片段的工作流程 122
2. 将片段制作成多片段 123
3. 查看、播放和编辑多片段 128

第八课　视频效果 138
1. 视频转场 138

2. Final Cut Pro 视频转场 146

3. 视频滤镜 149

4. Final Cut Pro 视频滤镜 156

第九课　字　幕 162

1. 制作字幕的方式 162

2. 创建各种字幕 164

第十课　调整音频 174

1. 熟悉音频电平的概念 174

2. 应用标准化增益 175

3. 去除标准化增益 178

4. dB 和 dBFS 179

5. 实时调整电平 179

6. 混音器 181

第十一课　完成成片 185

1. 共享到苹果设备上 185

2. 制作 DVD 光盘 190

3. 导出具有多声道的 QuickTime 影片 193

4. 导出标准 QuickTime 影片 195

5. 导出项目数据 197

6. 导出 EDL 197

7. 导出 XML 199

8. 发送到 Compressor 200

9. 共享、发送和导出的异同 202

10. 批导出 206

11. 创建蓝光光盘 211

12. 输出静帧 212

13. 输出多个静帧 213

第四篇　Final Cut Pro 与其他软件的交互使用

第一课　与调色软件 Color 的交互使用 216

第二课　使用 REDCINE 转换 RED 素材 225

附录　快捷键 231

1. 软件和界面控制 231

2. 工具箱中的工具 ·· 231
3. 移动播放头和播放序列 ·· 232
4. 设置查看或移除标记 ··· 232
5. 编辑素材片段 ·· 232
6. 剪切、拷贝和粘贴片段 ·· 233
7. 添加、删除和管理标记 ·· 233
8. 转场设置 ··· 234
9. 渲染设置 ··· 234
10. 运动属性设置 ·· 234
11. "工具台"窗口中的工具 ··· 234

参考文献 ·· 235
致　谢 ·· 236

第一篇　视频基础技术

第一课　视频基础

1. 视频简介

　　视频（Video，源自于拉丁语的"我看见"）泛指将一系列静态影像以电信号方式加以捕捉、记录、处理、储存、传送与重现的各种技术。连续的图像变化每秒超过 24 帧（frame，指每一幅画面）以上时，根据视觉暂留原理（一张画面快速通过人眼留下残像，当它还未完全消逝的时候新的画面又在眼底留下新画面的残像，故人眼觉得画面是运动的），人眼无法辨别单幅的静态画面；看上去是平滑连续的视觉效果，这样连续的画面叫做视频。视频技术最早是为了电视系统而发展起来的，但现在已经发展为各种不同的格式，以利于消费者将视频记录下来。网络技术的飞速发展也促使视频的纪录片段以流媒体的形式存在于网络之上，并可被计算机接收与播放。视频与电影属于不同的技术，后者是利用照相技术将动态的影像捕捉为一系列的静态照片。

2. 视频传输

　　尽管视频信号有很多类型和实现技术，但其目的只是为了实现视觉信息在不同位置之间的传送。这些视觉信息可能来自于 VCR、DVD 播放器，本地广播的某个通道，有线电视或者卫星电视系统，因特网。还可能是其他各种渠道。但有一点是肯定的，那就是视频信息必须从一个设备传输到另一个设备。因为这种传输的信号比较复杂，所以这就形成了通过多种方式来实现视频的传输技术。

3. 视频术语

◆ 片　段

　　片段是指一部电影或者视频项目中的原始元素。它可以是一段电影、一幅静止图像或者一段声音文件。对于视频文件而言，可以把它称为视频片段。对于声音文件而言，可以把它称为音频片段。也有人把片段称为素材。

◆ 片段序列

　　片段序列也称为序列。片段序列是由多个片段组合而成的复合片段，一个片段序列可以是一整部视频内容，也可以是其中的一部分。可以由多个片段序列组合成一个更大的片段序列。

◆ 帧

帧即画面，是电视、影像和数字电影中的基本信息单元。在北美，标准片段以 30 帧/秒的速度进行播放。欧洲国家则以 29.9 帧/秒的速度进行播放。在国内则以 PAL 制的 25 帧/秒的速度进行播放。

◆ 关键帧

相对于帧而言的，最早关键帧的概念来源于动画行业，一部分技术较高的动画工程师将动画中关键的画面定义好之后就由普通动画师来完成其他画面的定义。随着影视发展，这个概念也被引入到了视频行业，在 Final Cut Pro 中可以使用关键帧创建和控制动画、效果、音频属性及其他类型的改变。也有人把它称为关键点。关键帧之间的帧被称为插补帧或者中间帧。

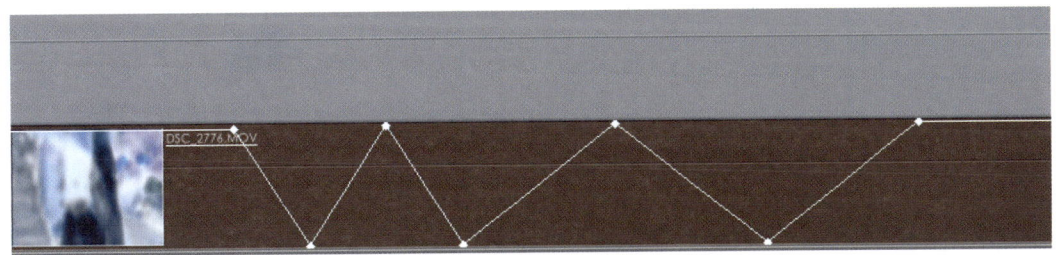

◆ 时间码

时间码是与视频一起录制的信号，它用于记录在拍摄时摄像机中正在进行的时间，用于标识录像带上的每一帧。在 Final Cut Pro 中采集视频或音频时，也可以采集时间码信号。当播放片段时，它会显示在 Final Cut Pro 中。使用时间码可以从录像带重新采集素材，并且可以得到相同的帧。Final Cut Pro 使用 SMPTE 时间码格式（由电影与电视工程师学会开发），以小时、分钟、秒和帧的模式显示，如下图所示。

00:00:00:00

◆ 丢帧和非丢帧的时间码

除了 NTSC 视频使用的时间码之外，所有的视频格式都使用非丢帧时间码。非常帧时间码按照视频本身的帧速率计数。例如，PAL 视频按照 25 帧/秒的速率运行，并且它使用 25 帧/秒时间码。当处理 NTSC 视频时，可以选择使用丢帧的时间码对以下情况进行补偿，NTSC 视频的帧速率为 29.97 帧/秒，而时间码采用的速率是 30 帧/秒。时间码只可以由整数表示，因此丢帧时间码会周期性地跳过数字，以时间码计数和实际运行的时间保持同步。按照这种方式，时间码计数将与播放视频素材所花费的小时、分钟和秒数相匹配。

丢帧时间码在秒和帧栏之间有分号";"，每分钟会有两个时间码数字从帧计数器中跳过。NTSC 使用此类丢帧时间码。

01:00:00;00

非丢帧时间码在秒和帧栏之间有冒号（:），计数器不会丢失数字。PAL制使用此类时间码。

01:00:00:00

◆ 时基和帧速率

时基（time base），即时间显示的基本单位。帧速率也称为FPS（Frames Per Second）的缩写——帧/秒。即每秒有多少个画面刷新。要生成平滑连贯的动画效果，帧速率一般不小于8；而电影的帧速率为24fps。捕捉动态视频内容时，此数字愈高愈好。可以通过指定项目时基来确定怎样调节项目内的时间。例如，一个30的时基表示每秒被分成30个单元。出现在编辑操作上的准确时间取决于用户指定的时基，因为一个编辑操作仅仅只能出现在时间分割处；使用不同的时基可以把时间分割放在不同的位置。一个源片段的时间增量由源帧速率来确定。例如，当使用一个帧速率为30帧/秒的视频摄影机来拍摄源片段时，摄影机通过记录1秒的每1/30的一帧来显示动作。注意无论在1秒的1/30时间间隔之间发生了什么，都不会被记录下来。因此，一个较低的帧速率（例如15帧/秒）只能记录下连续动作的极少信息，而一个较高的帧速率（例如30帧/秒）则可以记录下较多的信息。目前，在国际上一般采用如下表所示的时基和帧速率

国际上一般采用的时基和帧速率

视频类型	帧/秒
电 影	24帧/秒
PAL和SECAM视频	25帧/秒
NTFS视频	29.97帧/秒
Web或CD-ROM	15帧/秒
其他视频类型、非丢帧视频、E-D动画	30帧/秒

◆ 位 深

在计算机中，位是信息存储的最基本单位。用于介绍物质的位使用得越多，其介绍的细节就越多。位深表示设置在一边的位的数值，用来介绍一个像素的色彩。位深越高，图像包括的色彩就越多，就可以产生更精确的色彩和质量较高的图像。例如，一幅存储8位/像素（8位色）的图像可以显示256色，一幅24位色的图像可以显示大约160万色。

◆ 数字视频压缩

编辑数字视频包括存储、移动和计算大量的数据信息。一般的个人计算机，由于配置问

题很难处理高速率的数据和没有经过压缩的视频文件，因此需要经过压缩来降低这些文件的速率，以便使个人计算机能够进行处理。当采集源视频、预览编辑、播放时间线和输出时间线时，压缩设置是很有帮助的。可以按照客户的需求进行不同编码的压缩。

◆ 压　缩

压缩是用于重组或删除数据以减小片段文件尺寸的特殊方法。如需压缩影像，可在第一次获取时进行或者在 Final Cut Pro 中编辑时进行。压缩分为暂时压缩、无损压缩和有损压缩三种。

◆ 视频采集

视频采集也称为视频捕捉。从源视频磁带上引入源片段到的计算机上的过程被称为视频采集。以前是通过火线将录制在磁带上的素材进行数字化的处理后从而存储在硬盘上，使磁信号转为电子数据的一个过程。随着数字化时代的变革，采集也由磁带至硬盘变身成为硬盘至硬盘，闪存卡至硬盘等。在编辑视频节目之前，所有的源片段必须被存储到一个硬盘上，而不是一个视频磁带上。因此，用户的硬盘上必须有充分空间以便来保存用户所要编辑的所有的片段，为了保留空间，可以只采集需要使用的片段。采集时，用户可以根据需要仅采集视频或仅采集音频，也可以音频视频同时进行采集。

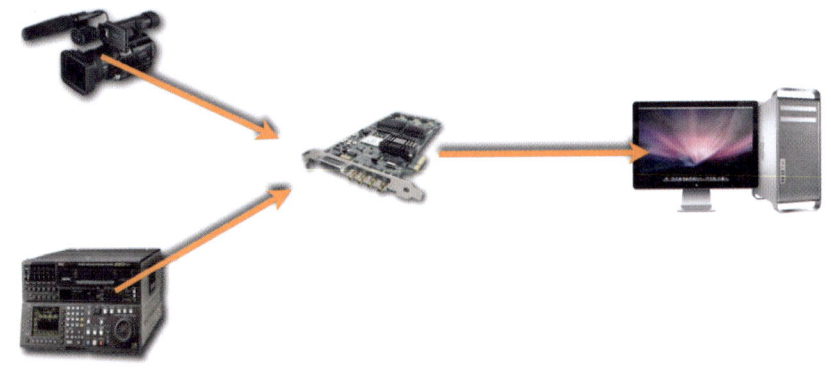

◆ 位

色彩的深度，8 位是只用 2 的 8 次方表示颜色，24 位是用 2 的 24 次方表示颜色。位数越多，色彩越细腻，颜色的种类也越丰富，一般情况下，大家看到的颜色已经超过了人眼所能识别的范围了。

◆ 位精度

适用于视频，它是颜色采样时所用的位长度。DV 和其他标准清晰度的数码格式通常使用 8 位颜色。一些高清晰度的数码格式也可以使用 8 位精度。

◆ 位分辨率

位分辨适用于视频，也是颜色采样时所用的位长度。很多视频采集接口都支持未压缩的 10 位采集。

◆ 16 mm

这是适用于电影和电视放映的胶片格式,其宽高比是 4∶3,另外还有 35 mm,这是标准运动画面的胶片格式,可以在放映期间裁剪该格式来创建宽高比为 1.66 或者 1.85 的宽屏幕影像。65 mm 是适用于宽屏幕放映的胶片格式。70 mm 也是适用于宽屏放映的胶片格式,其宽高比为 2.2∶1。

◆ 环境声

这是一种声音类型,它包括背景空间噪音、交通噪音和环境音效果。

◆ 黑电平

这是一种以 IRE 为单位的模拟视频信号的黑色的电平。在美国 NTSC 制式中,其绝对黑或设置是 75 IRE。在日本,其绝对黑或设置是 0 IRE。相对的还有白电平,它表示视频信号的波幅,用于画面中最明亮的白,其单位也是 IRE。

◆ 编解码器

编解码器是压缩程序(也叫编码器)和解压程序(也叫解码器)的简称。这是一个软件组件,用于将视频和音频从模拟未压缩形式转换为数字压缩形式,视频或音频以数字压缩形式存储在计算机的硬盘上。也称之为压缩程序。

◆ 合 成

是将两个或者两个以上的图像组合成单个帧的操作过程,这在后期制作中经常使用。可以创建多种视频特效,比如,常见的镜像效果和电视墙效果等。

◆ 曝 光

曝光表示视频或者电影图像中的光的量,与我们在使用照相机照相的过程中的曝光含义类似,它会影响影像中的整个亮度,也会影响观众所感知的对比度。

◆ 伽 玛

伽玛是用于描述影像中间调的显示方式的曲线。人们经常将它与亮度和对比度弄混。实际上,更改伽玛的数值只会影响中间调,而不会改变影像的白场和黑场。

◆ 抠 像

这是一种用于除去视频影像中某个指定背景区域,同时让特定的前景部分与不同的背景分开或者合成的一种技术。

◆ 主镜头

这是一种包含整个场景的广角镜头。通常,它是指所拍摄场景的第一个镜头,而且在编辑时作为该场景的基础。

第一课 视频基础

◆ 蒙太奇

它表示在序列中对一系列或者多个不同的镜头按一定的方式进行排列来营造某种心境或者主题，也可以用于表示时光的变迁。

◆ 离　　线

通常指的是离线文件。离线，不等于丢失，它是指当前项目中的片段因原路径更改或原文件名称更改造成当前项目下无法正常显示的情况。在浏览器中它们标有红色斜线。我们须重新链接才能使它们成为可用的媒体文件。

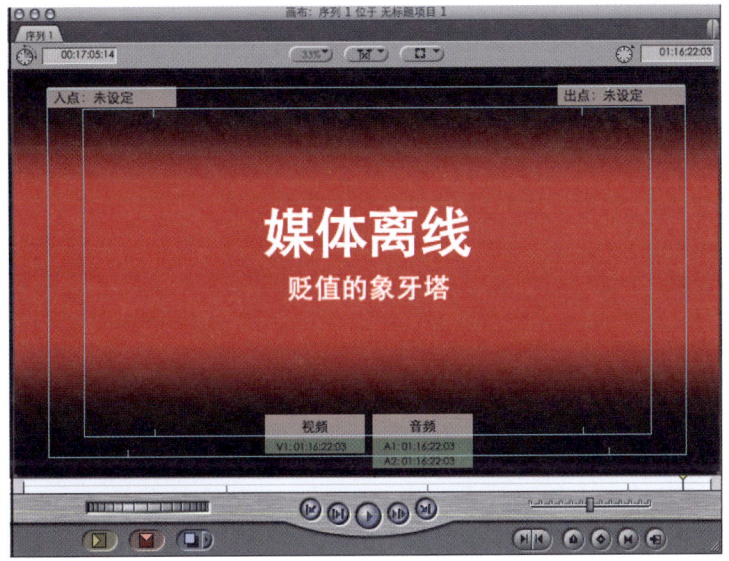

◆ 离线编辑

这是一种以较低码率进行编辑的过程，这样可以节省设备成本，也可以节省硬盘空间。在完成编辑后，将项目重新链接回高码率的素材进行渲染及输出的编辑。

◆ 播放头

也就是我们常说的时间指针，在监视器、画布和时间线中都有播放头，用于定位。它与画布和监视器中显示的帧对应。通过拖移播放头可以在序列中进行时间定位。

◆ 渲 染

　　这是一种提交操作，也就是计算机重新读写新设置好的滤镜或者转场等效果，并将结果存储在计算机硬盘上的过程。也即是我们看到的最终视频效果。在 Final Cut Pro 中，不经过渲染的音频文件和视频文件不能被安全播放。

◆ 暂存磁盘

　　它是为了采集和编辑数字视频及存储项目的文件而指定的计算机硬盘路径的位置。

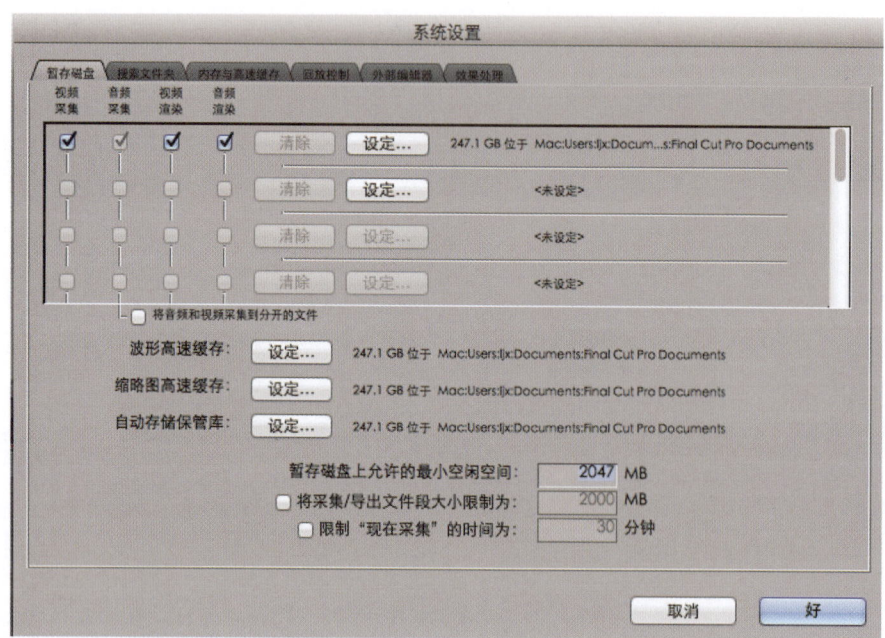

◆ 脚 本

它一般指的是一组用于执行特定功能的指令，与编程语言中的命令代码类似。不过，有时也指电影脚本。

◆ 信噪比

它表示录制过程中主题的平均音量和背景噪音的比率。背景噪音的范围很大，比如录像带的嗞嗞声、雨声、车流声等。一般，信噪比越高越好，这样才能保证演员的声音很清楚。

◆ 胶磁转换设备

胶磁转换设备是一种将电影胶片上的影像转换为录像带格式的设备。如果将电影项目拍摄在胶片上，并且要将它编辑到视频上，则需要胶磁转换设备。

◆ VCR

它是 Video Cassette Recorder（盒带录像机）的缩写，也就是我们常见的摄影机或者 DV 录像机。有时也称为 VTR。

◆ 白平衡

白平衡用于调节录制的视频信号。比如，镜头中的白色由于白炽化照明而显得很黄，使用白平衡可以添加足够的蓝色，从而使黄色变为白色。

◆ 划 像

这是一种转场方式，一般使用几何渐变在两个不同的影像之间经行过渡。

◆ 背 光

这是一种来自于物体背后和上方的光源，它打亮了物体的轮廓，从而可以使它与背景区分开来，故也称之为边光。

◆ 增 益

它表示的是在视频或者音频中信号增加的量。对于视频而言，增加的是白电平（画面亮度）；对于音频而言，增加的是音量。但增益会给视频或音频增加躁点和躁播。

第二课　模拟视频与数字视频

1. 模拟视频

模拟视频是一种用于传输图像和声音且随时间连续变化的电信号。模拟信号是与数字信号相对应的时间上连续的模拟形式的信号。使用模拟信号保存、处理或显示的视频都可以称为模拟视频。

早期视频的获取、存储和传输都采用模拟方式。人们在电视上所见到的视频图像就是以模拟电信号的形式记录下来的，并由模拟调幅的手段在空间传播，再由磁带录像机将其模拟电信号记录在磁带上。模拟视频技术具有成本低、还原性好等优点，但是信号容易损失和缺失。因此从长远发展来看，模拟视频将被数字视频取代。

特点：以模拟电信号的形式记录，使用磁带录像机以模拟信号记录在磁带上。

2. 数字视频

数字视频就是以数字形式记录的视频，与模拟视频相对。数字视频有不同的产生方式、存储方式和播出方式。比如通过数字摄像机直接产生数字视频信号，并存储在数字带、P2 卡、蓝光盘或者磁盘上，从而得到不同格式的数字视频。然后通过 PC 及特定的播放器等进行分享。目前，普通消费者在日常生活中都用上了数字视频设备，这要得益于这些数字产品价格的不断下降。这种趋势也导致相关技术的快速发展，红光 DVD 播放器和摄像机、数字机顶盒、数字电视 DTV、便携视频播放器和基于因特网的视频数据传输能力等接口。

3. 视频数据

1）概念与简介

起初视频仅仅包含灰度（也称为黑白）信息，在建立彩色广播电视系统的过程中，人们试图用模拟 RGB（红、绿、蓝）来发送彩色视频。然而，这种技术占用的带宽是当时使用的灰度解决方案的 3 倍多，因此必须创建其他的替代方法。于是，人们用 Y, R-Y 和 G-Y 数据来表示颜色信息，并开发相应的技术来传输 Y, R-Y 和 G-Y 信息。这种技术只需要一个信号，而不是 3 个独立的信号，因此只需要与原来传输灰度视频信号相同的带宽。（其中 Y 表示亮度，R 表示红度，G 表示绿度）今天广泛使用的 NTSC、PAL 和 SECAM 视频标准仍然是建立在这种复合视频信号基础之上的。

2）数字信号

目前最通用的数字信号为 RGB 和 YCbCr。RGB 是模拟视频信号进行简单数字化后得到的版本，YCbCr 基本上是模拟 YCbCr 信号的数字化版本，这种格式由 DVD 和数字电视所采用。其中涉及 S-VIDEO 是为了将终端设备连接（目的不是为了广播）在一起而建立的。每组信号由两个模拟信号构成：一个为灰度（Y）信息，另一个是以特定格式传输的模拟 R-Y 和 B-Y 颜色信息（也称为 C 或色度）。这种技术曾经只在 S-VHS 中可用，但现在大多数消费类视频产品都支持这项技术。尽管模拟 RGB 视频数据一直用于专业视频市场，但为了实现与高端消费设备的连接，模拟 RGB 视频数据也同时应用在普通视频市场。与 S-Video 一样。模拟 RGB 视频数据也不用于广播。

3）视频质量排序

◆ **数字分量视频**

在数字分量视频（Digital Component Video）中，视频信号是以数字形式 YCbCr、RGB 表示的，仅当用于广播或录制时，才将其编码为复合 NTSC、PAL、SECAM。

◆ **隔行模拟复合视频**

NTSC 和 PAL 为模拟复合视频信号，它们在一个单一信号中包含着所有的颜色和时序信息。这些模拟信号使用每帧 525 线的分辨率。模拟分量信号由三种信号组成，这些信号可以是模拟 RGB 或 YCbCr。至于 480i（具有典型的每帧 480 有效扫描线并且是隔行（interlaced）扫描的）、帧率通常是 29.97Hz（30/1.001），这是为了与 NTSC 的时序兼容。

◆ **逐行模拟分量视频**

模拟分量信号由三个信号组成，这些信号为模拟 RGB 或 YCbCr。至于 480 p（具有典型的每帧 480 条有效扫描线并且是逐行扫描的），帧率通常是 59.94 Hz（60/1.001），这是为了更易于与 NTSC 的时序兼容。

4．数字视频接口

◆ **专业视频分量接口**

专业视频设备具有一些特定要求，比如在演播室内使用的这些视频设备，因此，它们具有自身的一组数字视频互联标准。下表列出了用于各种专业视频的并行和串行数字接口标准。

表 专业视频各种分量视频格式的并行和串行数字接口标准

有效分辨率	总的分辨率	显示器宽高比	帧率（Hz）	I*Y 采样率（MHz）	SDTV 还是 HDTV	数字并行标准	数字串行标准
720*480i	858*525i	4∶3	29.97	13.5	SDTV	BT-656 BT-799 SMPTE 125M	BT-656 BT799
720*480p	858*525p	4∶3	59.94	27	SDTV	—	BT-1362 SMPTE294M
720*576i	864*625i	4∶3	25	13.5	SDTV	BT-656 BT-799	BT-656 BT799
720*576p	864*625p	4∶3	50	27	SDTV	—	BT-1362
960*480i	1144*525i	16∶9	29.97	18	SDTV	BT-1302 BT-1303 SMPE 267M	BT-1302 BT-1303
960*576p	1152*625i	16∶9	25	18	SDTV	BT-1302 BT-1303	BT-1302 BT-1303
1280*720p	1650*750p	16∶9	59.94	74.176	HDTV	SMPLE274M	—
1280*720p	1650*750p	16∶9	60	74.25	HDTV	SMPLE274M	—
1920*1080i	2200*1125i	16∶9	29.97	74.176	HDTV	BT1120 SMPTE274M	BT-1120 SMPTE292M
1920*1080i	2200*1125i	16∶9	30	74.25	HDTV	BT1120 SMPTE274M	BT-1120 SMPTE292M
1920*1080p	2200*1125p	16∶9	59.94	148.35	HDTV	BT1120 SMPTE274M	—
1920*1080p	2200*1125p	16∶9	60	148.5	HDTV	BT1120 SMPTE274M	—
1920*1080i	2376*1250i	16∶9	25	74.25	HDTV	BT1120	BT1120
1920*1080p	2376*1250p	16∶9	50	148.5	HDTV	BT1120	—

注：i＝隔行，p＝逐行。

◆ 专业视频复合接口

数字复合视频本质上是复合模拟（M）NTSC 或 PAL 视频信号的数字版（复合接口将在本章第十节 YUV 视频色彩空间中详细谈到）。

5．扫描方式

◆ 电子扫描（electronic scan）

将组成一帧图像的像素按顺序转换成电信号的过程称为扫描。扫描的过程与我们读书时视线从左到右，自上而下一次进行的过程类似，扫完第一幅后扫第二幅，如此循环。电视系统中扫描多少是由电子枪进行控制的,因此通常称其为电子扫描。电视机与显示器的扫描分为隔行扫描与逐行扫描两种方式。说明如下:

◆ **隔行扫描(interlaced)**

隔行扫描指显示屏在显示一幅图像时,先扫描奇数行,全部完成奇数行扫描后再扫描偶数行,因此每幅图像需扫描两次才能完成。每次扫描后的图像就是一场(field)图,奇数场(odd field)有时又称为上场(upper field),偶数场(even field)则称为下场(lower field),两场图才组成完整的一帧图。隔行扫描的方式较为落后,通常用在早期的CRT显示产品中。

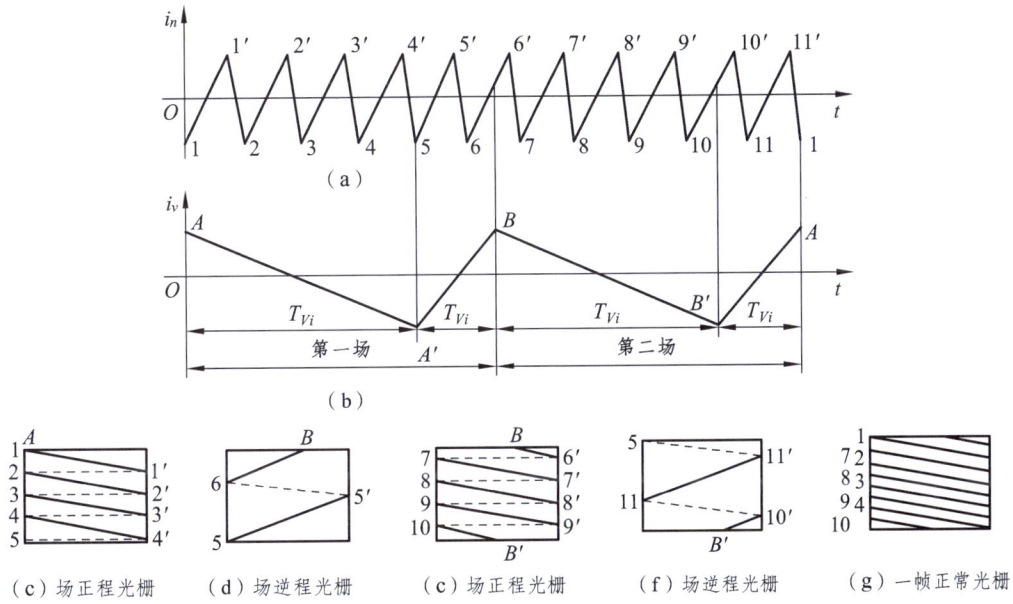

◆ **逐行扫描(progressive)**

相对于隔行扫描,逐行扫描是一种先进的扫描方式,它是指在对图像进行扫描时,从屏幕左上角的第一行开始逐行进行,整个图像扫描一次完成。因此图像显示画面闪烁小,显示效果好。目前先进的显示器大都采用逐行扫描方式。

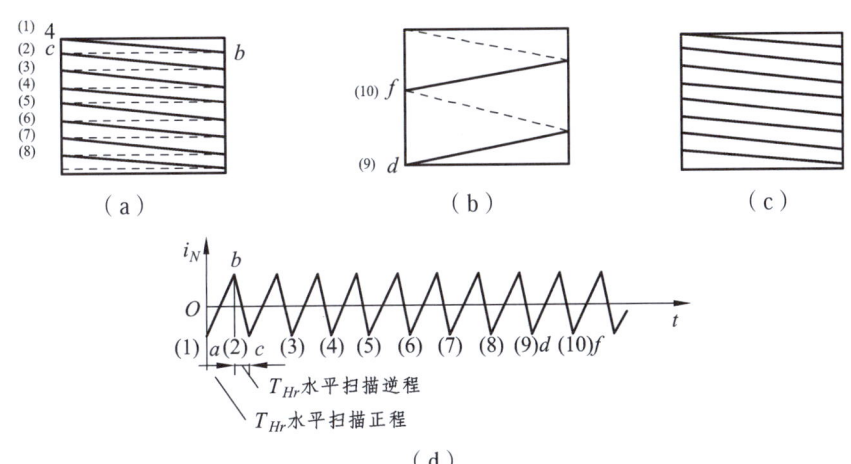

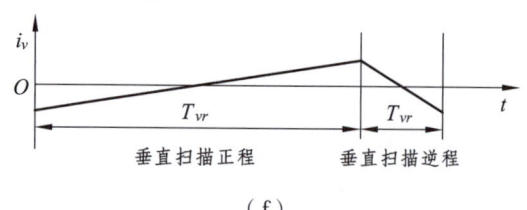

(f)

6. 视频分辨率

◆ 概念与简介

在现实生活中，人们对于视频分辨率的概念往往有一些模糊的认识。我们通常见到的视频分辨率为 720*576 或 1920*1080。

然而，那只是水平扫描和垂直扫描线的数目，并不等于说必须具有这么多有用的信息。视频质量通常用线分辨率（lines of resolution）来度量。本质上是表示在显示器上可以显示多少不同的黑白垂直线。

◆ 标准清晰度

标清，英文为"Standard Definition"，是物理分辨率在 720 p 以下的一种视频格式。720 p 是指视频的垂直分辨率为 720 线逐行扫描。具体来说，是指分辨率在 400 线左右的 VCD、DVD、电视节目等"标清"视频格式，即标准清晰度。

◆ 增强清晰度

增强清晰度视频通常定义为具有 480 p 或 576 p 逐行有效扫描线的视频，分别称为 480 p 或 576 p。

◆ 高清晰度

高清晰度（High Definition，HD）视频通常定义为具有 720 线逐行（720 p）或 1080 线隔行（1080 i）有效扫描线的视频。一般情况下物理分辨率达到 720 p 以上则称为高清，而物理分辨率达到 720 p 以上则称作为高清。关于高清的标准，国际上公认的有两条：视频垂直分辨率超过 720 p 或 1080 i；视频宽纵比为 16：9。

◆ 高清晰度应用——高清数字电视

高清晰度电视是数字电视（DTV）标准中最高级的一种，简称 HDTV。其在拍摄、编辑、制作、播出、传输、接收等一系列电视信号的播出和接收全过程都使用数字技术。数字高清电视有 1080 i 和 720 p 两种标准。1080（或 720）表示每帧的有效扫描行数，小写的 i 表示隔行扫描，大写的 p 表示逐行扫描。高清电视的画幅比为 16：9，声音支持 5.1 环绕立体声系统。

7. 电视制式

◆ 概念及简介

所谓电视制式是指实现彩色电视信号传送的特定方式。按传送三基色信号的时间关系不同，可分为同时制、顺序制和顺序同时制。它们的区分主要在帧频、分辨率、信号宽带、载频、色彩空间的转换关系上。不同制式的电视机只能接收和处理相应制式的电视信号。但现在也出现了多制式或全制式的电视机，为处理不同制式的电视信号提供了极大的方便。全制式电视机可以在各个国家的不同地区使用。目前各个国家的电视制式并不统一，全世界目前有三种色彩制式，若按对两个色差信号的调制方式和顺序不同，主要分为：NTSC 制、PAL 制和 SECAM 制。

◆ NTSC（National Television Systems Commite）

这是美国在 1952 年研制成功的兼容彩色电视制式。目前，在世界范围内，有美国、日本、加拿大和中国台湾等国家或地区采用这种制式。它采用的是正交平衡调幅技术方法，也就是把两个色差信号（R-Y）和（B-Y）分别对频率相同而相位相差 90° 的两个负载波进行正交。平衡调幅是它的重要特点，因此也被称为平衡调幅制。

◆ PAL（Phase Alternating Line）

PAL 是由原西德在 1962 年制定的彩色电视广播标准，PAL 的意思为逐行倒相正交平衡调制，指在信号传输编码时，相邻两行的色度信号是倒相的，这样即使亮色分离不佳，由于彩色相位逐行改变，小幅度的串色可以通过视觉平衡得到补偿，这就克服了 NTSC 制式因相对敏感造成色彩失真的缺点。原西德、英国等一些西欧国家，新加坡、中国大陆及香港地区、澳大利亚、新西兰等国家和地区均采用这种制式。根据不同的参数细节，PAL 制式又可以被划分为 G、I、D 等制式，我国采用的是 PAL-D 制式。

◆ SECAM（Sequentiel Couleur A Memoire）

SECAM 是法文的缩写，意为顺序传送与存储彩色电视系统，是由法国在 1966 年制定的彩色电视制式。使用 SECAM 制的国家主要集中在法国、东欧和中东一带。SECAM 的技术参数同 PAL 制式基本相同。

◆ 三种制式特点

NTSC 制式和 PAL 制式都属于同时制，其优点是兼容性好、占用频带比较窄。色彩图像的质量较好，但是其设备较为复杂，亮度信号和色度信号之间相互干扰较大，因此色彩不是很稳定。而 SECAM 制式在亮度信号和色度信号之间相互干扰不大，在正常传输条件下，SECAM 制式不如其他两种制式，但是在传输条件比较差的情况下才能显示出 SECAM 制式的优点。NTSC 制式、PAL 制式、SECAM 制式都是彩色电视的制式标准，各有优缺点，它们都与黑白电视相兼容，但是它们之间却不能兼容。如果把一种制式的电视节目使用其他制式的设备来处理，那么需要对设备做较大的改动。否则，就必须使用兼容多制式的设备来处理，那样需要的成本就会更高。

8. 线性与非线性

1）线性编辑

在先前的传统电视节目制作中，电视编辑是在编辑机上进行的。所谓线性编辑，实际上就是让录像机通过机械运动使磁头模拟视频信号顺序记录在磁带上，编辑人员通过放像机选择一段合适的素材，然后把它记录到录像机的磁带上，然后再寻找下一个镜头，接着进行记录工作，通过一对一或者二对一的台式编辑机（放像机和录像机）将母带上素材剪接成第二版的完成带，其特点是在编辑时也必须按顺序找寻所需要的视频画面。用这种编辑方法插入与原画面时间不等的画面或者是删除视频中某些不需要的片段时，由于磁带记录画面是有顺序的，因此无法在已有的画面之间插入一个镜头，也无法删除一个镜头，除非把这之后的画面全部重新刻录一遍；这中间完成的诸如出入点设置、转场等都是模拟信号到模拟信号的转换，转换的过程就是把信号以轨迹的形式记录到磁带上，因此无法随意修改；当需要在中间插入新的素材或改变某个镜头的长度等操作时，整个后面的内容就需要重新来过。从某种意义上说，传统的线性编辑是低效率的，常常为了一个小细节而前功尽弃，或以牺牲节目质量作为代价省去重新编辑的麻烦。因此传统的线性编辑存在很多缺陷，现在已逐渐不再被使用。

2）非线性编辑

非线性编辑是相对于线性编辑而言的。所谓非线性编辑，就是应用计算机图像技术，在计算机中对各种原始素材经过反复的编辑操作而不影响质量，并将最终结果输出到计算机硬盘、磁带、录像机等记录设备上这一系列完整的工艺过程。现在的非线性编辑实际上就是非线性的数字视频编辑。它是利用以计算机为载体的数字技术设备完成传统制作工艺中需要十几套机器才能完成的影视后期编辑合成及其他特技的制作，由于原始素材被数字化存储在计算机硬盘上，信息存储的位置是并列平行的，因此与原始素材输入到计算机时的先后顺序无关。这样，我们便可以对存储在硬盘上的数字化素材进行随意的排列组合，并可以在完成编辑后方便、快捷地随意修改而不损害图像质量；非线性编辑的优势就体现在，它实际上就是把胶片或磁带的模拟信号转换成数字信号储存在计算机硬盘上，然后通过非线性编辑软件的反复编辑再一次性输出。非线性编辑的硬件设备及软件如下图所示，可以在不同的视频轨道上添加或者插入其他的视频片段。

◆ 非线性编辑的特点

非线性视频编辑是对数字视频文件的编辑和处理，与计算机处理其他文件相同。在计算机的软件编辑环境中可以随时随地、多次反复地编辑处理而不影响质量。非线性编辑系统在编辑过程中只是对编辑点和特技效果的记录，因而编辑过程中任意的修剪、拷贝或电动画面前后顺序都不会引起画面质量的下降，这样便克服了传统线性编辑的弱点。

◆ 非线性编辑的应用

随着非线性编辑的普及，线性编辑将被淘汰。一个影片节目的完成是编导的艺术概念加上片段工具来实现的，非线性编辑就是节目制作的必用工具，它是把编导的想法变为现实的途径。因此全面理解和掌握非线性编辑，对从事编辑工作具有重要意义。

9. 视频色彩空间

1）视频的色彩深度

色彩深度是指存储每个像素所需要的位数。它决定了图像色彩和灰度的丰富程度，即决定了每个像素可能具有的染色数或灰度级数。常见的色彩深度有以下几种：

◆ 真色彩

也就是说在组成一幅彩色图像的每个像素值中，有 R、G、B 3 个基色分量，每个基色分量直接决定其基色的强度。这样合成产生的色彩就是真实的原始图像的色彩。我们所说的 32 位彩色，就是指在 24 之外还有一个 8 位的 Alpha 通道，表示每个像素的 256 种透明度等级。

◆ 增强色

也就是说用 16 位来表示一种颜色，它能包含的色彩远多于人眼所能分辨的数量，共能表示 65536 种不同的颜色。因此大多数操作系统都采用 16 位增强色选项。这种色彩空间的建立依据人眼对绿色最敏感的特性，因此其中红色分量占 4 位，蓝色分量占 4 位，绿色分量占 8 位。

◆ 索引色

也就是说用 8 位来表示一种颜色。一些较老的计算机硬件或文档只能处理 8 位像素，8 位的显示设备通常会使用索引色来表现色彩。其图像的每个像素值不分 R、G、B 分量。而是把它作为索引进行色彩变幻，系统会根据每个像素的 8 位数值去查找颜色。8 位索引色能表示 256 种颜色。

◆ 调配色

也就是说每个像素值的 R、G、B 分量作为单独的索引值分别进行变换，并通过相应的彩色变换表查找出基色强度，用这种变换后得到的 RGB 强度值所产生的色彩就叫做调配色。

2）四种色彩模式

◆ RGB 颜色模式

自然界中的各种色光，都是由红（R）、绿（G）、蓝（B）三种颜色光按不同比例相配而成的，任何颜色同样也可以分解成红、绿、蓝三种基色，这就是色度学中的三基色原理。红、绿、蓝是三种相互独立的基色，任何一种基色都不能由其他两种颜色合成。

在处理颜色时，我们并不需要将每一种颜色都单独表示，只需要知道这种颜色含有多少比例的红、绿、蓝即可，这就是 RGB 色彩模式。在这种颜色模式下，所有的颜色都是通过不同比例的 RGB 三原色叠加而得到的，因此也被称为加色法系统。电视机和计算机的监视器都是基于 RGB 颜色模式来创建色彩的。

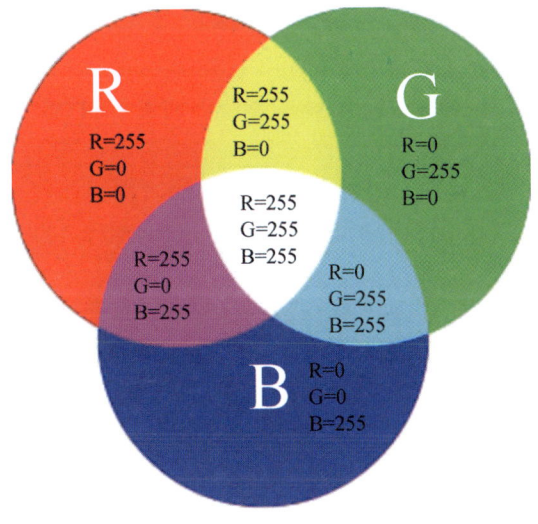

◆ CMYK 颜色模式

在 RGB 颜色模式中把三种原色交互重叠，就产生了青（Cyan）、品红（Magenta）、黄（Yellow）三种颜色。这三种颜色就是减色法系统里的三基色。CMYK 颜色模式是打印系统创建颜色时所遵循的一种颜色模式。由于打印纸和电视机不同，它不能创建光源，不会发射光线，只能吸收和反射光线，因此该种模式的创建基础和 RGB 不同，它不是靠增加光线，而是靠减去光线。从理论上说青、品红和黄色三种颜色混合在一起时应呈黑色。但在现实中，由于颜料的化学和物理特性，把等量的这三种油墨混合在一起产生的不是黑色而是深棕色，因此打印时又加入一些黑墨以产生真正的黑色。通常把这四种颜色简称 CMYK，为避免和 RGB 三基色中的蓝色（Blue，用 B 表示）发生混淆，其中黑色（Black）用 K 来表示。通过对上述四种颜色的组合，便可以产生可见光谱中的绝大部分颜色了。

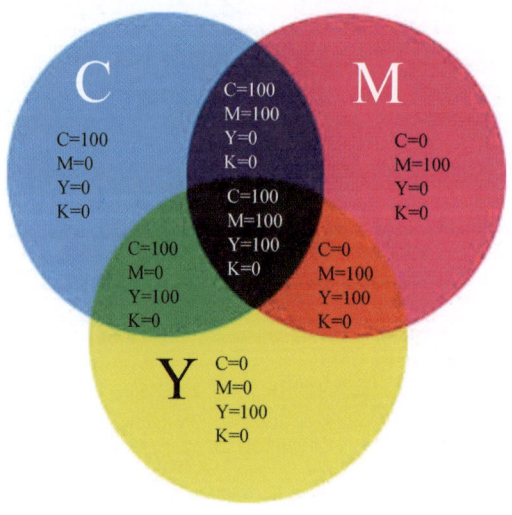

◆ HSV（HSB）颜色模式

从人对色彩的知觉和心理效果出发，色相（H）、饱和度（S）和亮度（V）是色彩的三个基本要素，任何一种色彩都具有这样三个基本属性。知道了 HSV 三个数值，在 HSV 色彩空间中，就可以确定一种唯一的色彩。

色相（Hue）是指色彩的相貌，是区分色彩种类的名称，如红、黄、蓝等，通常也叫色调。色相的值变化范围为 0～360，有时也可用 0～100% 表示。饱和度（Saturation）又称纯度、彩度或色度，是区分色调鲜艳或纯净程度的名称。任何一色相，不含白色、黑色和灰色时，它的饱和度最高。饱和度的变化范围为 0～100%。明度（Value）是指色彩的明暗度，也叫亮度（Brightness），明度变化范围为 0～100%。

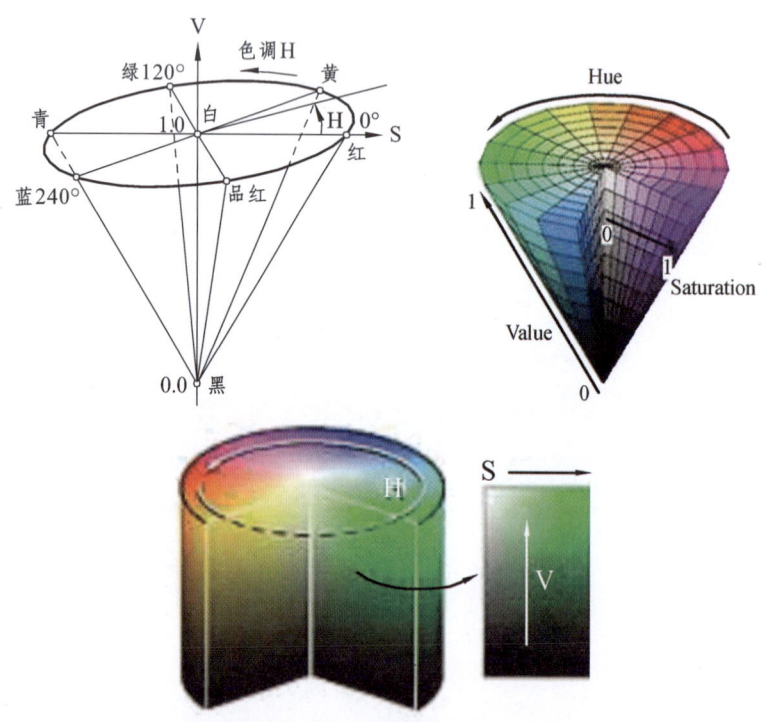

◆ YUV 色彩空间

电视系统中有一种常用的颜色模式 YUV（也称 YCbCr）。YUV 颜色模式由一个亮度信号 Y 和两个色差（颜色值与明度之间的差值）信号 U、V 组成。PAL 制式电视使用 YUV 彩色空间。NTSC 制式使用 YIQ 彩色空间（其区别是色度矢量图中的位置不同），其中 Y 是亮度，I、Q 是色差。因为人眼对三种基色的感应能力并不相同，最敏感的是黄绿色，红色次之，最弱的是蓝色。如果以同样比重记录这三原色，储存空间的利用效率并不理想。因此在电视系统中，将 RGB 颜色通过公式转换为一个亮度信号 Y 和两个色差分量信号 U（B－Y）、V（R－Y），最后发送端将三个信号进行压缩编码，用同一信道发送出去。这样就可以对色差信号进行频带压缩，节省带宽。使用 YUV 色彩模式，一方面利用了人眼对亮度信号敏感，对色差信号不敏感的视觉特性来减少传输带宽；另一方面亮度信号 Y 解决了彩色电视与黑白电视的兼容问题。如果忽略 U、V 信号，那么剩下的 Y 信号就是以前的黑白电视信号，从而使黑白电视机也能接收彩色电视信号。

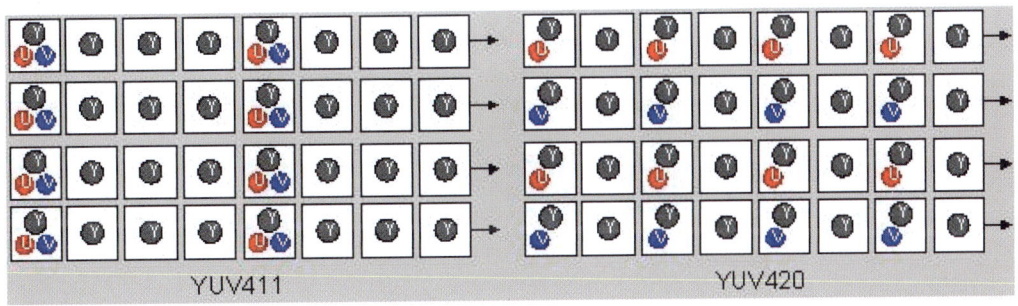

3）复合视频信号（Composite Video）

复合视频信号是将亮度信号 Y 和色度信号（U、V）采用频谱间置方法复合在一起的信号，通常也称为复合电视广播信号（Composite Video Broadcast Signal），传统的电视系统就采用这种编码方式。一般复合 AV 线的输出或输入都采用与音响相同的莲花形 RCA 端子。参看下图。复合信号传输方便、设备结构简单、成本低，因此应用较多。不过复合视频信号是将亮度信号和色度信号采用频谱间置方法复合在一起的，因此亮色串扰、清晰度低的问题是没法解决的，只适合用在低清晰度视频信号上，如传统的电视系统、VCD 机和一些游戏机等。它们的信号传输都使用 S 端子进行，S 端子一般认为是 SuperVideo 的简称，是一种将亮度信号（Y）和色差信号（U、V）分开编码传输的接口方式。信号编码和传输的亮色分离，有效地消除了复合视频信号中信号叠加产生的问题，画面质量有大幅提高。S 端子同样用 RCA 端子来输出音频信号，除了单 S 端子线以外，很多视频线是 S 端子和复合视频输出二合一的。因此常见的 S 端子有 4 针（两针分别传输亮度信号 Y 和色差信号 UV，两针为地线）和 7 针两种接口方式。S 端子适合应用在 DVD 机、游戏机和一些计算机的显卡输出上，与复合视频接口相比，S 端子能够得到比较清晰的画面。

苹果视频编辑教程　Final Cut Studio

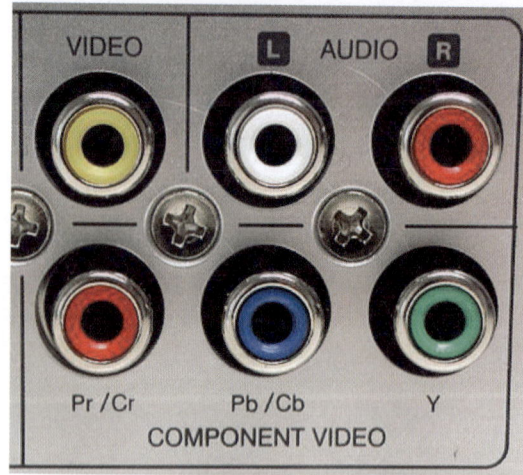

第二篇　了解 Final Cut Studio

第一课 Final Cut Studio 介绍

1. 了解 Final Cut Studio

Final Cut Studio 作为业界领先并一举拿下高清市场的视频后期处理的套装软件，其新版本又增了强加功能、大幅改善了自身性能并进一步完善了整合性。它包含的六个应用程序，为视频制作人员提供了剪辑、调色、动画制作、混音、转码及作品分享所需的一切工具。

2. Final Cut Studio 软件套装

◆ Final Cut Pro 7

专业的视频剪辑软件，拥有精确的编辑工具，可以实时编辑包括 ProRes 格式在内的几乎所有影音格式。

* 借助 Apple ProRes 系列的新增功能，能以更快的速度、更高的品质完成各类工作流程的编辑。
* 轻松地将作品输出到硬件设备、网络、蓝光光盘和红光 DVD 上。
* 可以通过 iChat Theater 实现与朋友或者客户即时沟通、即时协作来加快工作进程。
* 使用重新设计的速度工具，轻松改变剪辑的变速方案。
* 享用十多种新增的强化功能，包括原生支持 AVC-Intra 格式、改进了 Alpha 过渡效果创建过程、增强的标记、较大的时间码窗口等。

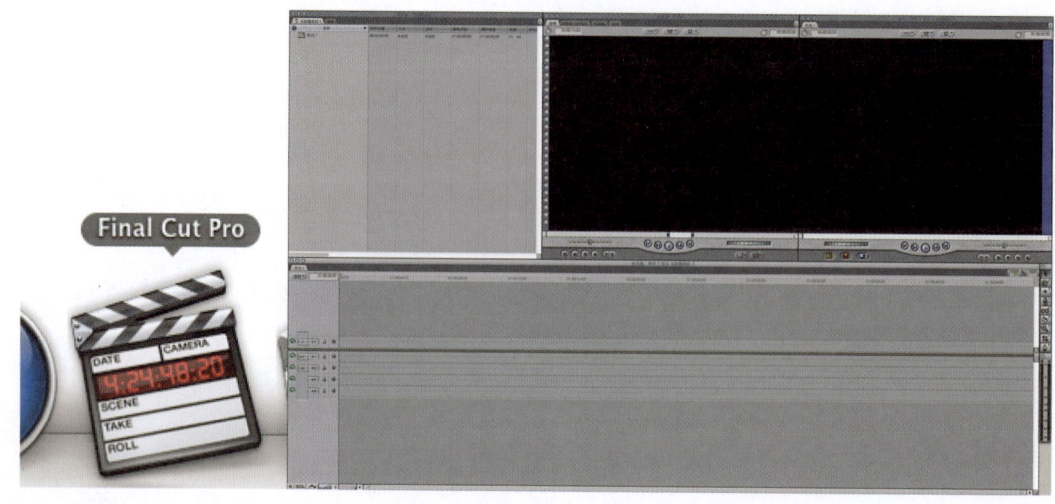

第一课　Final Cut Studio 介绍

◆ Motion4

借助强大的文本和合成工具，轻松设计并制作令人惊讶的 2D 和 3D 动态图形。

* 使用阴影和逼真的倒影效果为 3D 合成图平添真实感。
* 使用景深控制按钮，在 3D 空间中产生选择性变焦效果。
* 方便快捷地创建和编辑演职人员名单。
* 摄像头取景功能可在 3D 环境中实现单击实物取景。
* 利用全 Adjust Glyph 工具，可以完全掌控文本对象中的字符。

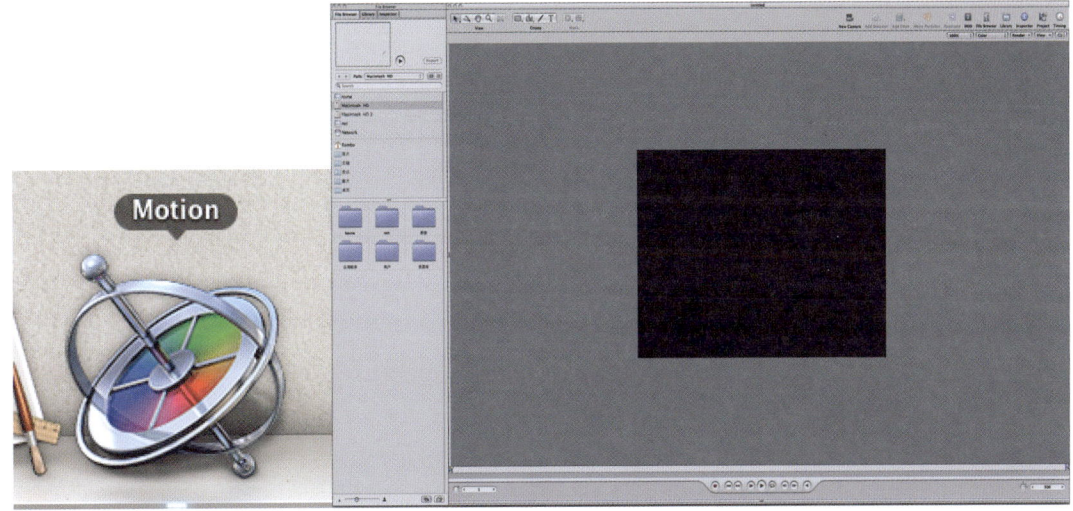

◆ Soundtrack pro 3

简单易用的音频设计、编辑和混音工具，给 Final Cut 编辑人员带来专业化的音频后期制作效果。

* 使用声音级别匹配工具，可以将作品中各部分的对话音量调成一致。
* 使用增强的文件编辑器，可以处理多声道音频文件，另外，编辑频谱视窗中的选项变得更简单了。
* 使用时间拉伸功能，可以延伸和缩短音频，并且非常精准。
* 多轨编辑工具包括 Waveform Zoom，RMS Normalize。
* 使用播放头滚动、snap 和微移等新选项，提高了工作效率。

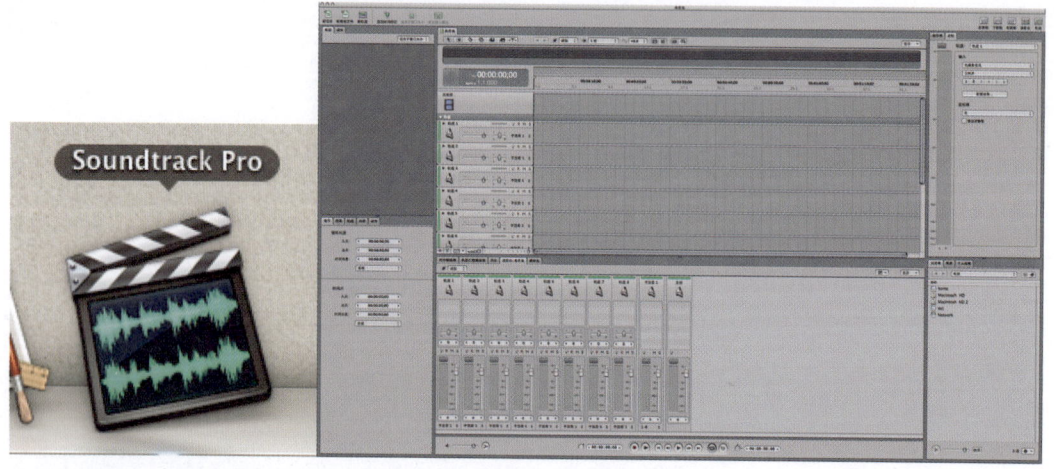

◆ Compressor 3.5

简化的数字输出可将作品输出到硬件设备上、发布到网络上以及刻录成光盘。

* Job Action 功能可自动处理多种编辑后转码任务,包括网络发布和刻录光盘。
* 使用批处理模板,自动处理端对端工作流程。
* 在不打开 Final Cut Pro 下使用 Droplet 功能进行编码,可直接将任意 QuickTime 影片拖到设置面板中,即可从现有文件创建转码设置。

◆ DVD Studio Pro4

DVD 制作工具,让你在拖放之间即可轻松制作出高度互动、专业品质的字幕。

* 拖放鼠标轻松设计菜单,选择转场效果,构建引人注目的幻灯片。
* 从简单的 DVD 光盘到复杂的商业字幕都可以轻松开发。
* 使用 SuperDrive 光驱刻录光盘,DVD Studio Pro 4 还可以制作用作商业复制的 DVD 母盘。

第一课　Final Cut Studio 介绍　

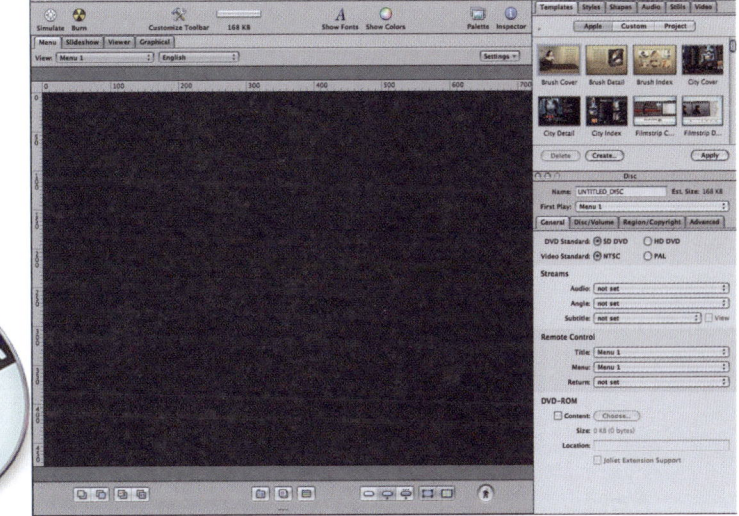

◆ Color 1.5

专为 Final cut pro 编辑人员制作的色彩分级工具并可打造高达 4K 的特色画面。

* 紧密整合意味着现在用户无需任何准备，可将编辑好的 Final Cut Pro 序列直接送至 Color 中。

* 以 4 K 分辨率进行分级和渲染，从而实现最高品质。

* 直接编辑 Sony XDCAM HD 422（50 Mbps）和 Panasonic AVC-Intra 等高端格式，或者使用新 ProRes 4444 格式凭借大量色彩信息进行分级。

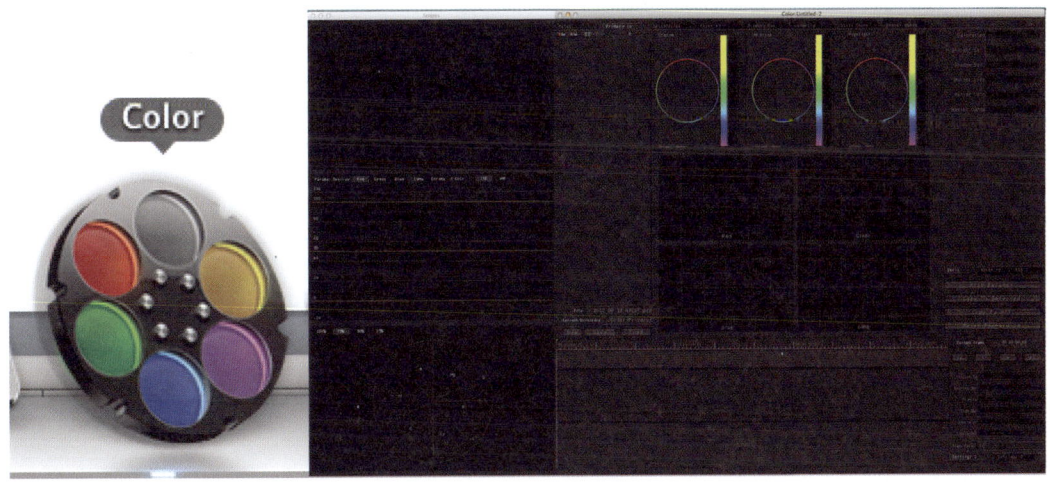

第二课　准备工作

下面就让本书带您走进曼妙的非线性编辑世界。我们从 Final Cut Pro 最基本的界面与功能讲起，即便您是零基础的新手，随着本书步步深入，也能快速上手，掌握先进的剪辑工具。从整理素材开始，到学习所有步骤并完成作品的发布。本书将提供手把手的指导，教会你整个编辑的过程。

编辑开始前我们应当了解非线性编辑的流程：

◆ **选择素材**

选择我们需要的素材，这里的"需要"不仅仅是我们认为构图好、色彩好等素材，还有场记本上列到的所有素材。

◆ **特技特效**

也就是蒙太奇加工的过程，这是制作过程中最重要的一个环节，有了它，可使本无意义且独立分散的素材进行变成了有意义的完整作品。这一步亦是我们艺术升华的过程，也是整个影片的灵魂所在。

◆ **声音与字幕**

没有声音，再好的戏也出不来。但配音和上字幕工作应当等到整个影片定稿后再进行。为的是避免因为主创团队的反复修改而造成的时间与金钱的浪费。

◆ 合成与输出

当下,影视后期中涉及的各类编码层出不穷,只有潜心学习,掌握了大量的编码知识才可以按照要求快速合成与输出影片。

◆ 发 布

不论是广播还是放映,不论是近在咫尺还是远在天边。如今的影片发布已越来越方便,任何人都可以通过互联网来分享自己的影片,可见网络时代的发布已经迅速到点指之间了。

1. 启动 Final Cut Pro

在开始学习之前,大家首先要安装好 Final Cut Pro 应用程序并将随书附赠的 DVD 光盘中的课程和媒体文件复制到磁盘中。完成以上两项工作之后,就可以开始学习 Final Cut Pro 了。

可以使用下列 3 种方法之一来打开或启动 Final Cut Pro:

(1)在硬盘中的"应用程序"文件夹中,双击 Final Cut Pro 应用程序图标。

(2)双击任何一个 Final Cut Pro 项目文件。

(3)单击 DOCK 中的 Final Cut Pro 应用程序图标。

将 Final Cut Pro 图标放置于 DOCK,便于在以后的课程中更方便启动 Final Cut Pro。

如果 Final Cut Pro 图标不在计算机桌面的 DOCK 中,那么可以在硬盘中的应用程序文件夹中找到这个图标,拖动该图标到 DOCK 后释放鼠标。

如果你的 Final Cut Pro 是首次使用,那么"选择设置"窗口会出现提示选择,即将要编辑的素材的格式。默认的格式是 DV-NTFS,虽然我们一般使用的都是 DV-PAL,但是我们可在后面的课程中进行调整。在这里可以单击"好"按钮,跳过这个对话框。

如果出现"外部 A/V"窗口，并且显示一条警告"无法找到外部视频设备"，此时选择提示框左下角的"不要再警告"，然后单击"继续"按钮。

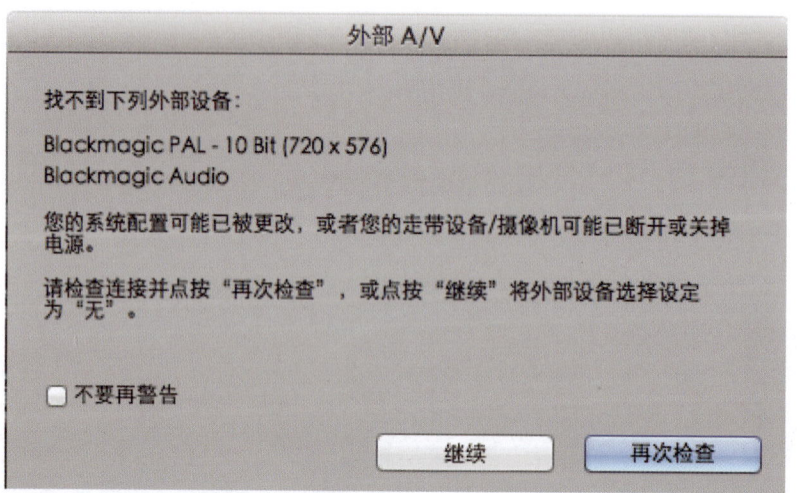

经过短暂的等待后，程序启动。在界面的左上角的浏览器窗口中会出现一个默认的项目标题"无标题项目1"，那么恭喜，你的 Final Cut Pro 已经正常启动了。

2. Final Cut Pro7 的界面探索

Final Cut Pro 的界面由四个主要窗口组成，分别为：浏览器、检视器、画布和时间线。这些窗口按基本功能被分为两个区：一个是浏览器和检视器窗口；另一个是画布和时间线。

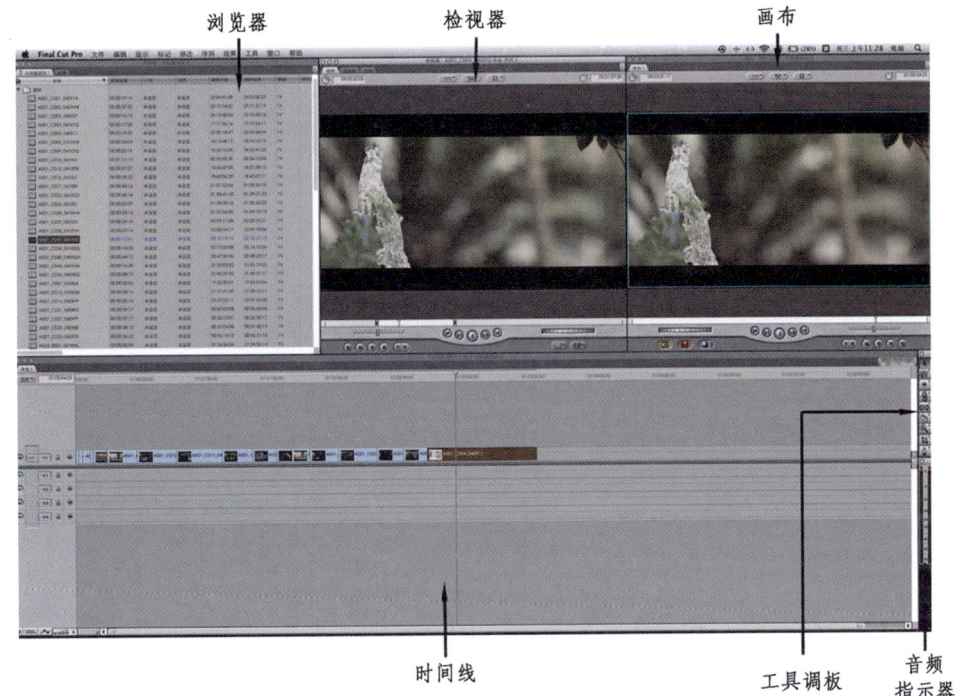

另外还有两个辅助窗口：工具调板和音频指示器。

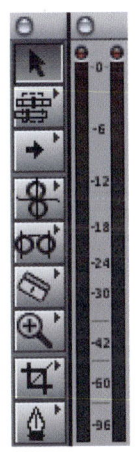

在编辑处理过程中，每个窗口都具有自己的用途：

浏览器：这里是用于存放导入素材的区域。可以采用列表或者图标的方式查看不同的素材。

检视器：这里是监看回放原素材和修改的区域。也是创建字幕、蒙版等素材的区域。

时间线：序列的一种表现形式。按照时间顺序和空间顺序来进行艺术创作的区域。

画布：序列的另一种表现形式。画布与时间线属于序列的两种不同的表达方式。时间线是以图形显示制作的成果，画布则是以画面的方式显示所有编辑。画布上显示的是时间线上播放头所在位置的画面。

工具调板：又叫工具箱，放置了 Final Cut Pro 编辑过程中需要的所有工具。

音频指示器：显示当前素材的音量与音频峰值大小。

3. 窗口属性

　　Final Cut Pro 的界面窗口具有与其他苹果系统软件的窗口相似的属性。使用这些窗口左上角的"关闭""最小化""缩放"按钮来使窗口关闭、最小化和重新调整大小。每个窗口都会在标题栏上显示其名称。

　　（1）单击检视器窗口激活它，然后单击窗口左上角的"关闭"按钮关闭它。

　　（2）如果要还原检视器窗口，选择菜单栏的"窗口"/"检视器"命令，或者按"Command-1"组合键。

　　注：通过选择"窗口"菜单中相应的窗口名称或者使用键盘的快捷键，可以开启和关闭任何一个界面窗口。

　　（3）拖动浏览器窗口的标题栏来移动该窗口，你会发现，不论浏览器贴近哪个窗口都会被"吸过去"，由此可见 Final Cut Pro 各个窗口间都具备吸附功能。将该窗口移动回原始位置。

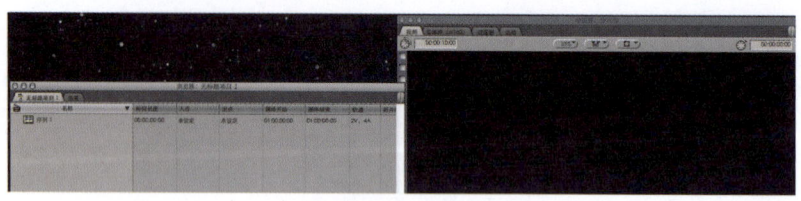

　　（4）在界面菜单栏中选择"文件"命令。

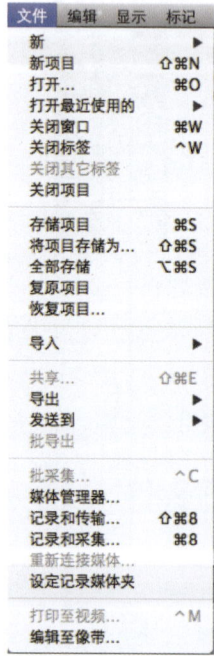

Final Cut Pro菜单包含了各种编辑功能。在每个菜单中，一些用途或者主题相似的功能被组合成一组。在"文件"菜单下，"新建"和"打开"功能组合成一组，另外还有"存储"功能组和导入功能组等。

（5）在菜单栏中选择"窗口"/"整齐排列"命令，出现一个子菜单。移动指针到子菜单中的"标准"命令上，也可使用快捷键"Control-U"。

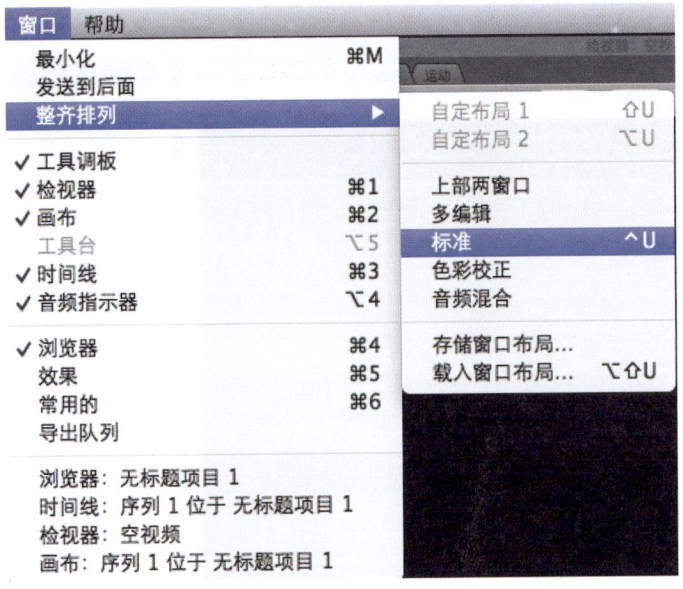

整齐排列分为上部两窗口、多编辑、标准、色彩校正、音频混合五个，分别如下：

上部两窗口：

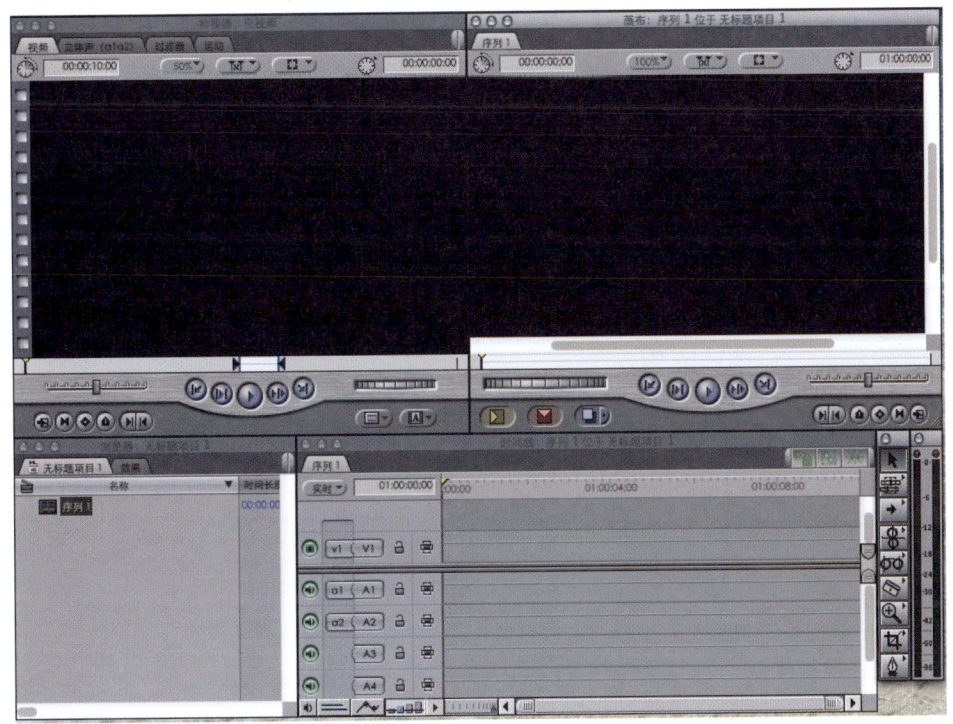

苹果视频编辑教程　Final Cut Studio

多编辑窗口：

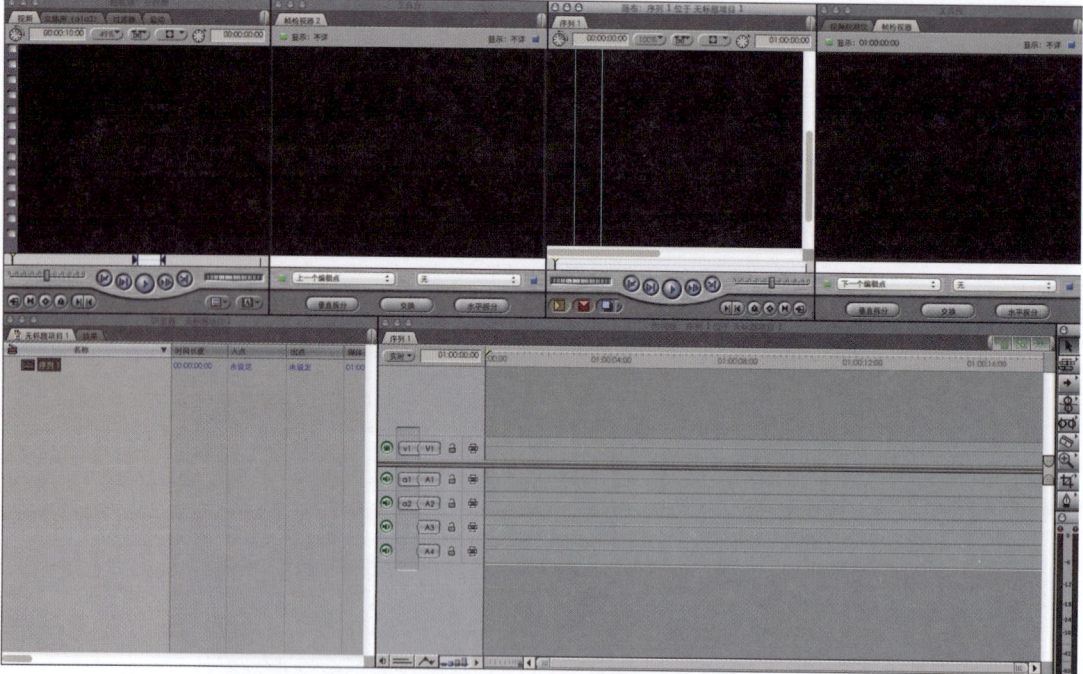

标准：

色彩校正：

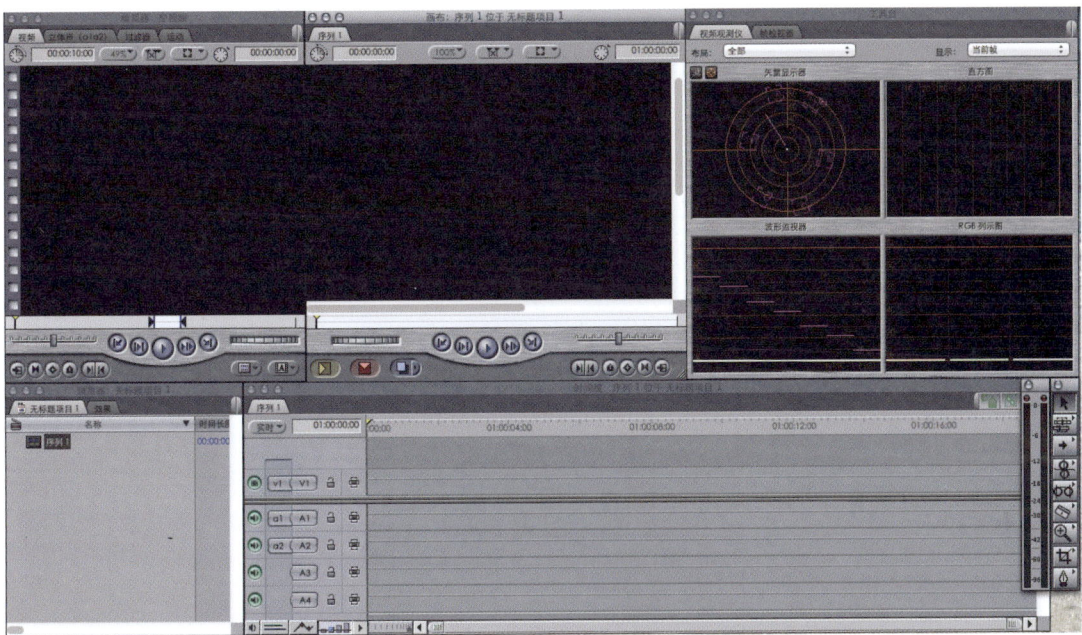

音频混合：

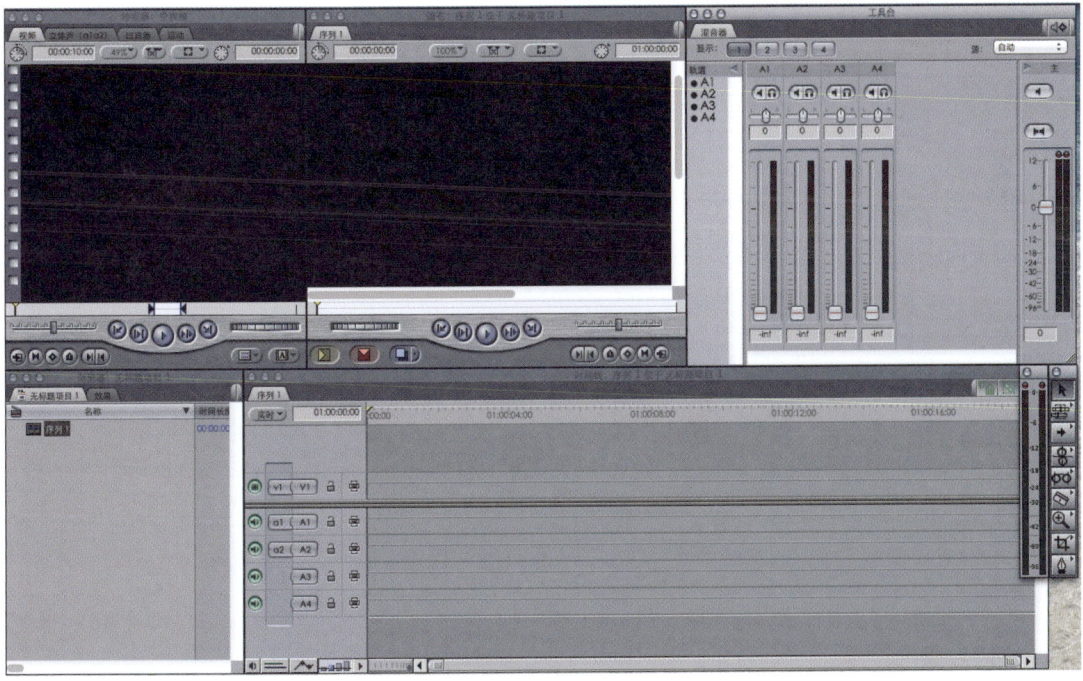

键盘快捷键出现在菜单和子菜单列表的右边。

在这个子菜单中，快捷键均使用字母 U 配合不同或者多个修饰键。苹果键盘上的 4 个修饰键为 Shift、Control、Option 和 Command（即苹果键）。

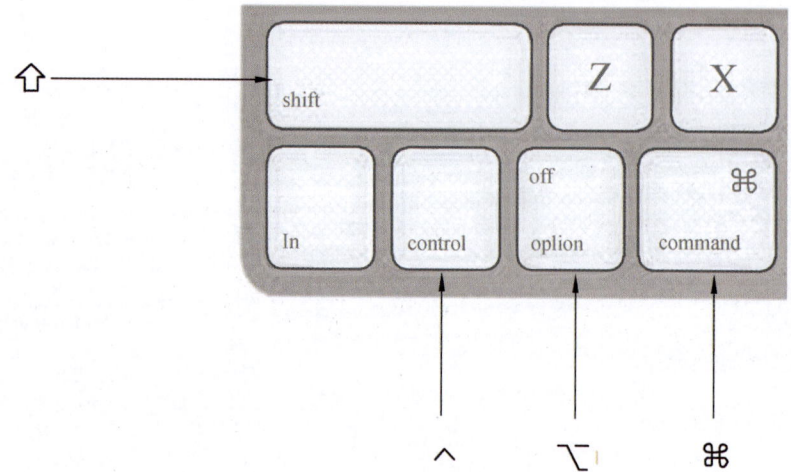

（6）单击"标准"命令或使用"Control-U"组合键，来选择默认的"标准窗口布局"，所有窗口恢复到默认布局状态。

第三篇 开始使用

Final Cut Pro7

第一课 设置软件

1. 初始设置

1) 系统设置

对于一个项目来说,最好在 Final Cut Pro 中仅设置一个暂存磁盘。

媒体素材原本保存到之前已经建立好的暂存磁盘文件夹中,如果改变了暂存磁盘的位置,已经做好的部分就可能变成媒体离线文件。

对于一个项目来说,一旦设置好了暂存磁盘的位置,最好不要再更改了。

建立一个新的项目后,应立刻起好一个文件名,并进行保存。

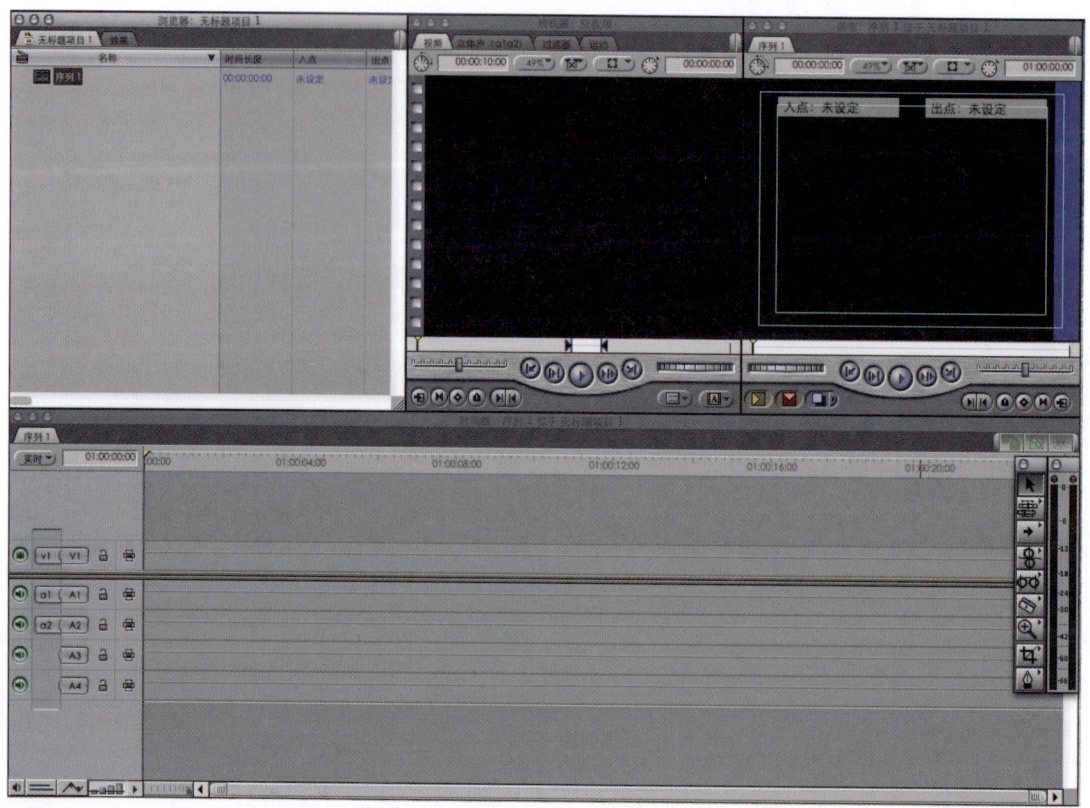

第一课 设置软件

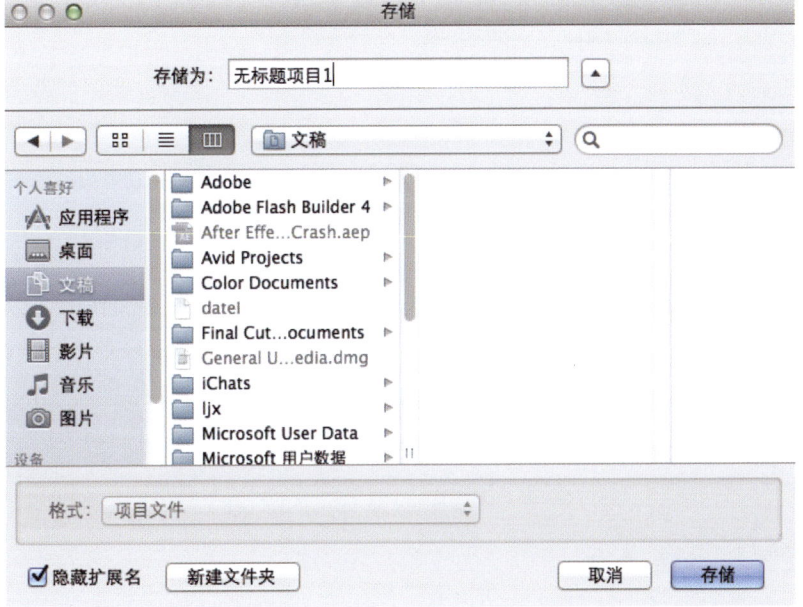

Final Cut Pro 会将所有媒体的素材、视频渲染文件，音频渲染文件和与该项目有关的媒体文件放到暂存磁盘中。

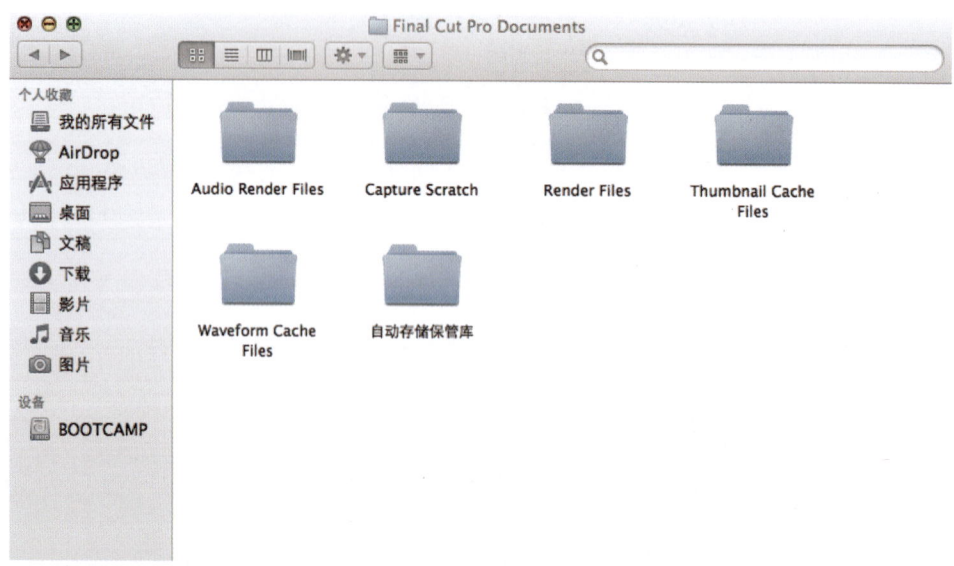

采集和导入的媒体素材会保存到暂存磁盘的 Capture Sarach 子文件夹中。

2）设置暂存磁盘

打开 Finder，在希望存放媒体素材的位置上建立一个名称为"项目 1"的文件夹。

项目1

选择菜单中"Final Cut Pro"/"系统设置",或是按"Shift-Q"组合键。

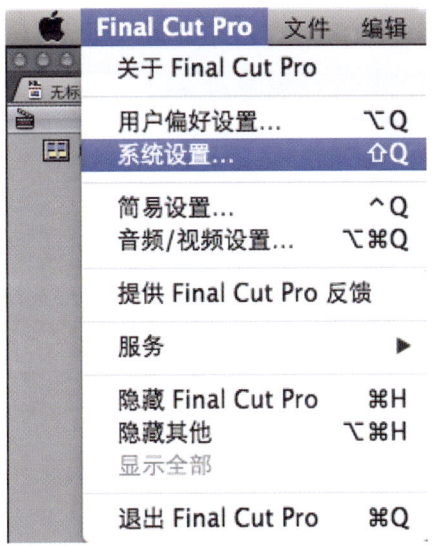

由于 Final Cut Pro 的暂存磁盘是用来存放媒体素材的,因此恰当地设置暂存磁盘十分重要,Final Cut Pro 因此获得较高性能和安全性。

首先,也是最重要的,这个磁盘应该是启动磁盘之外的一个独立磁盘。它可以是一个内置硬盘,也可以是外置的,但是必须是个独立的硬盘。未设置此功能会导致计算机空间快速减少,并很难找到渲染文件。

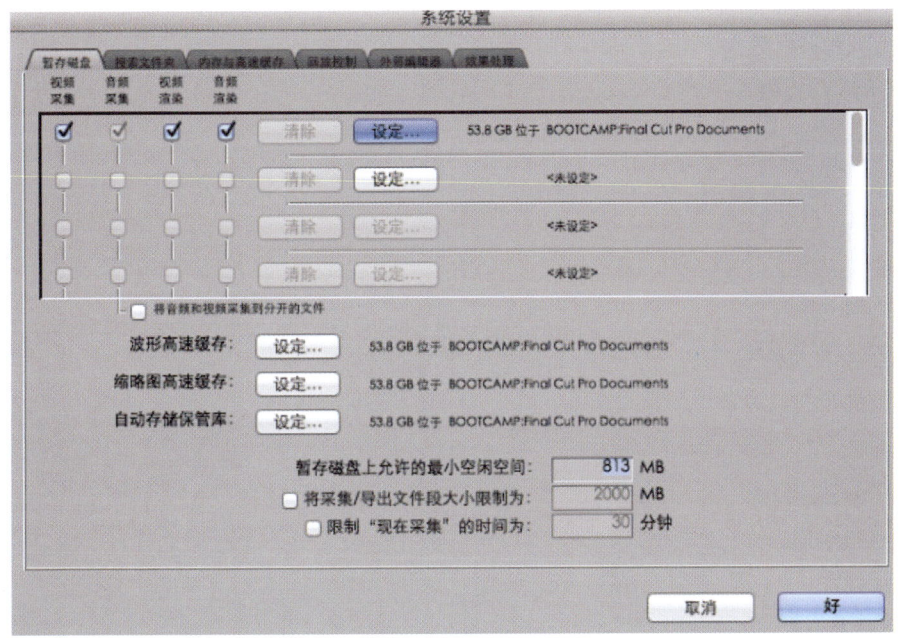

选择"暂存磁盘"选项卡，并通过最上方的设定按钮，将暂存磁盘的位置，以及"波形高速缓存"指定到刚才建立的"项目一"文件夹中。点击"好"回到 Finder 中再次打开"项目一"，便会看到出现的三个新文件夹："Audio Render Files"音频渲染文件夹，"Capture Scratch"采集素材文件夹，"Render Files"视频渲染文件夹。为什么没有"波形高速缓存"与"缩略图高速缓存"？原因在于我们还未开始导入素材。

如果是多个硬盘保存媒体素材，Final Cut Pro 会自动优先将媒体素材放置到可用空间相对大的硬盘中。

"波形高速缓存"指音频文件的波形图像；

"缩略图高速缓存"指视频文件的首帧图像；

"自动存储保管库"是备份项目文件，并确认媒体文件保存到两个不同的磁盘内。

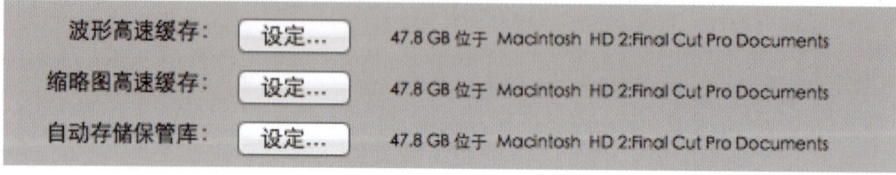

3）用户偏好设置

在菜单中，选择"Final Cut Pro"，选取"用户偏好设置"。

在 Final Cut Pro "常规标签"中，"取消已操作次数"默认为 10 次，最多支持 99 次的撤销操作。由于此操作会占用大量内存，因此将它设定为 25，这个数值可以在安全和性能上取得一个比较合适的平衡。

"实时音频混合"一般设置为 12 轨道，这样可确保音频正常回放。"音频回放质量"选择"低（较快）"，在这里，仅仅代表"回放"的音质。"将实时视频限制在"这个选项用于联网工作，个人或教学使用时不开启此功能。

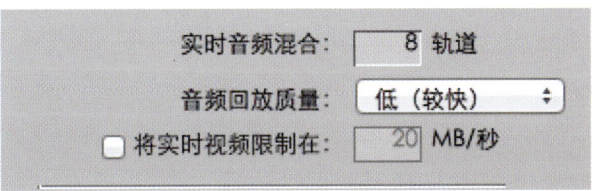

自动保存管理库是对用户的项目文件的一种备份机制。这里的设定表示每 15 分钟备份一次，每个项目最多可以备份 20 个文件，最多可以备份 15 个不同的项目。

自动渲染的意思是如果在 15 分钟内，没有任何鼠标和键盘的操作，那么 Final Cut Pro 将会自动渲染所有打开的序列。通常，当切换到别的应用程序后，Final Cut Pro 将变为后台程序。渲染的方式有"打开的序列""当前的序列""打开当前以外的序列"三种，设定 15 分钟，那么它便可以开始自动渲染的工作。

重要提示：我们现在越来越多地采用存储卡设备来记录拍摄的文件，若文件丢失了，根本没有一个可用于重新采集的原始磁带，因此，对文件进行备份非常重要！

在"编辑"标签里：

静止画面/静帧时间长度：指制作出静帧的时间长度；

预览卷前/卷后：指浏览某编辑点前后的位置，快捷键为"\"；

自动符合序列：指素材放入时间线时使用何种设置——是序列适配素材，还是素材适配序列的格式。

在"时间线选项"的标签里：

起始时间码：设置序列的起始时间，在新建序列里生效；

轨道大小：新建序列的轨道宽度；

缩略图显示：新建序列导入素材后显示素材首帧画面（在其他软件中也称为"肖像"）；

音频轨道标签：设置新序列中音频轨道的成组方式；

默认轨道数：新建序列预置几个视频轨，几个音轨的设置；

轨道显示：新建序列轨道上显示的信息；

片段关键帧：新建序列片段上拥有的信息。

注：本标签中所有设置只影响新建序列。

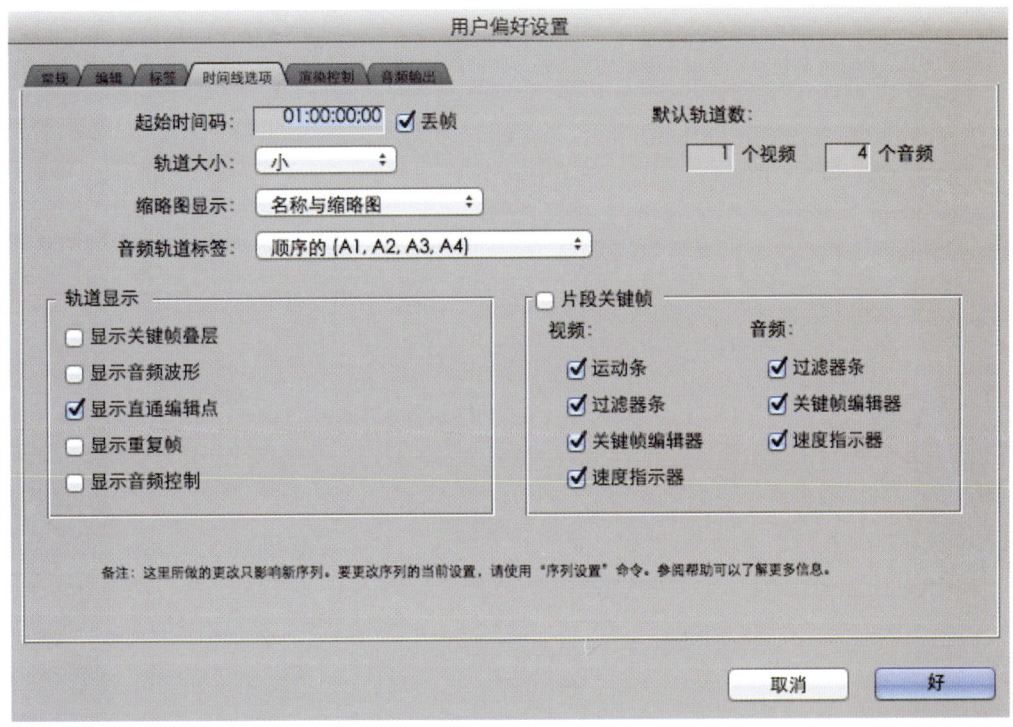

2．重新链接媒体

这个操作并不难，但是用户需要了解几个要点：

Final Cut Pro 允许用户将项目文件存储在任何地方。但是 Final Cut Pro 会假设用户采集、传输或者导入的媒体文件的原始文件是不变的，同时，它还假设这些文件及包含它们的文件夹是不会被改名的。

如果这些文件被移动或者改名，在浏览器中，该片段的名字上就会出现一个红色的斜杠，在时间线上，使用了该片段的地方会变成白色，检视器和画布上也会显示出红色的媒体离线的警告。

注意：Final Cut Pro 的工作方式是无损于原素材的，所有导入的素材都是假设存在的。故会出现无需"数据库"的文件管理方案。

苹果视频编辑教程　Final Cut Studio

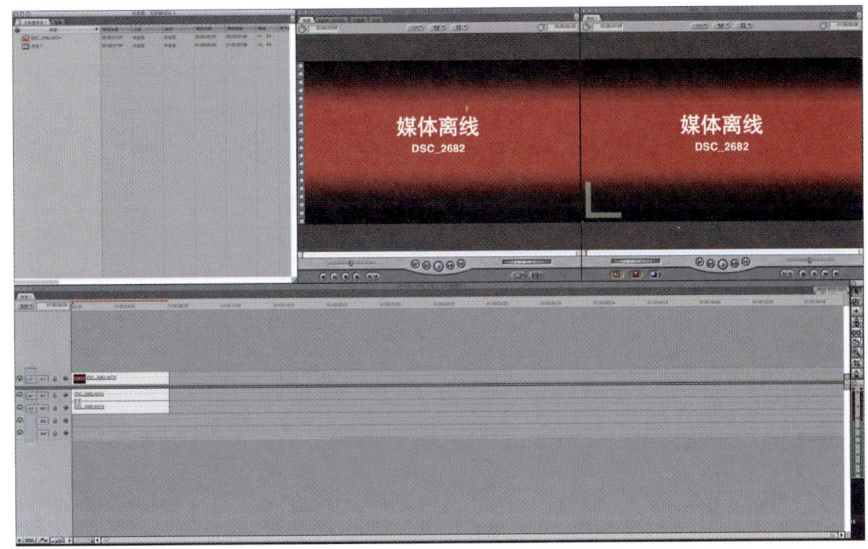

Final Cut Pro 有三种可以重新链接的媒体：离线、在线和渲染文件。

首先，永远不要重新链接渲染文件。渲染文件的名称命名非常难以理解，想要找到对应的文件实在是太麻烦了。

其次，重新链接浏览器窗口中在线片段的唯一理由是：该片段当前链接在硬盘上的文件不正确。

最后一种情况则是最常见的，原始媒体文件被移动到其他位置，或者被更改了文件名，这时候需要重新链接离线片段文件。

无论哪种情况，你都可以在浏览器中或者时间线上对素材点击右键选择需要重新链接的片段，然后在菜单中选择"文件"/"重新连接媒体"。

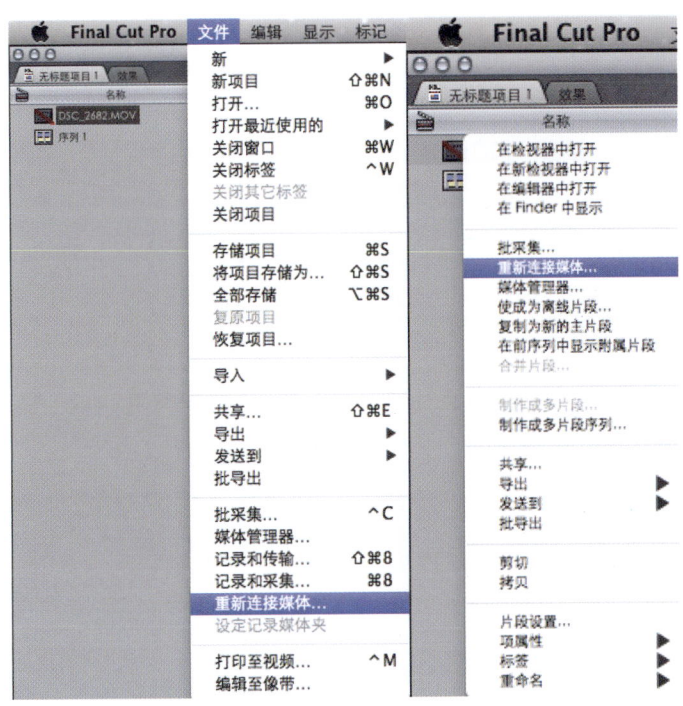

接着,你有两种方法可以使用:查找位置和搜索。

如果已知改名后或改变位置后的素材路径,便可手动查找位置并将其重新链接。使用查找位置,如果媒体文件已经被改变了文件名,就需要手工地找到它。

第一课 设置软件

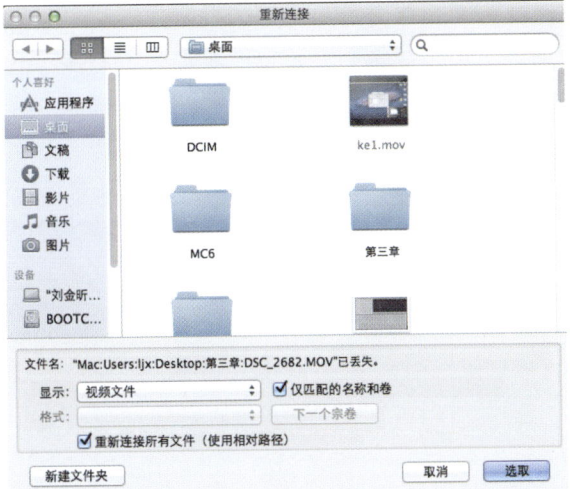

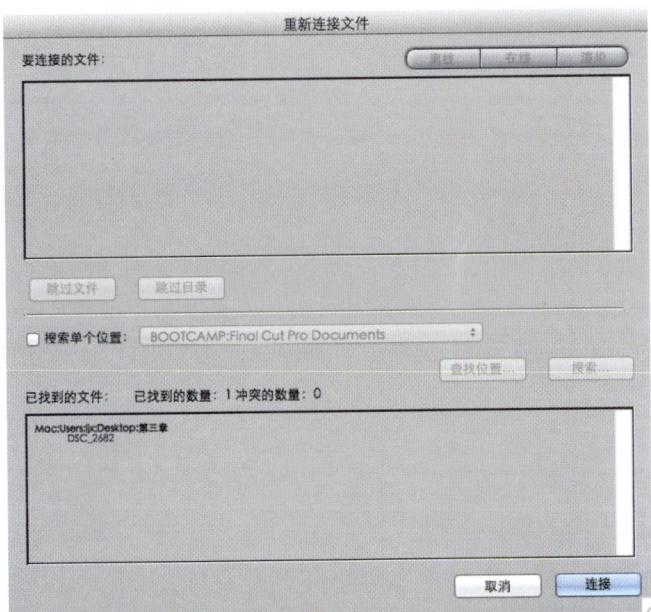

如果仅仅是更改了文件的位置而没有更改文件名,那么使用"搜索"便会很快地帮你找到所需文件并自动链接回去。使用搜索,如果仅仅是移动了文件,但是没有更改文件名称,那么可以让 Final Cut Pro 来找到它,而且,查找的速度也是非常快的。

3. 归档项目文件

进入 Final Cut Pro 界面之后,首先新建一个项目或者打开一个现有的工程文件。制作完一个项目或者只做了其中一部分后进行保存,那么下次启动 Final Cut Pro 时,它将会被自动打开。

1)新建项目文件

启动 Final Cut Pro 后,选取菜单中的"文件"/"新项目"命令即可新建一个项目工程。新建项目之后,将会打开一个新的布局窗口,并在浏览器中显示出新的项目名称,如果先前有做过的工程项目,不会被删除或是覆盖掉。

如果要打开一个已经存在的项目文件来进行修改或是编辑,可以选取菜单栏中的"文件—打开"命令。这时会出现一个选取文件的对话框,选中要修改的项目文件,然后点取"选取"按钮即可。

第一课 设置软件

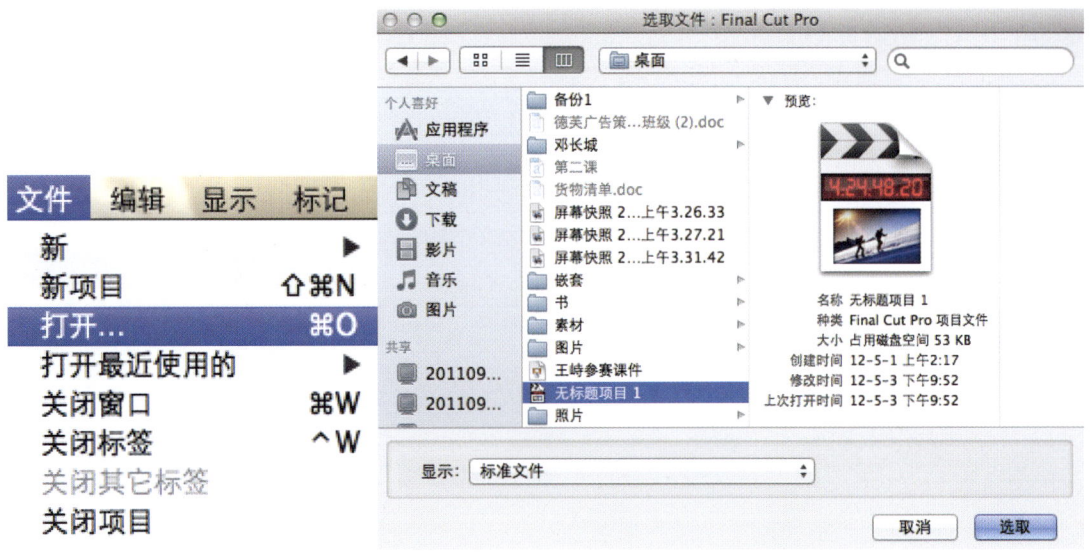

2）存储文件

文件存储是剪辑视频中的一个重要环节，在 Final Cut Pro 中，如果要存储文件，可以选取"文件"/"存储项目"命令，将项目存在指定路径中。选择存储命令后，会出现存储的对话框，在该对话框中还可以点击新建文件夹按钮 [新建文件夹]，将要存储的项目文件保存在一个新的文件夹中。或者是选取"文件"/"将项目存储为"菜单命令，将项目存在指定路径。

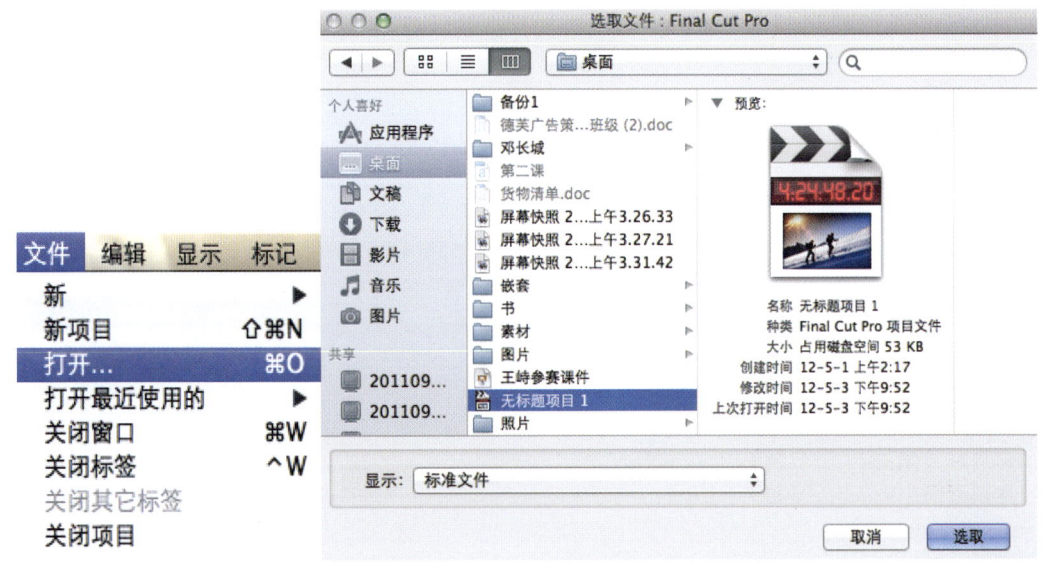

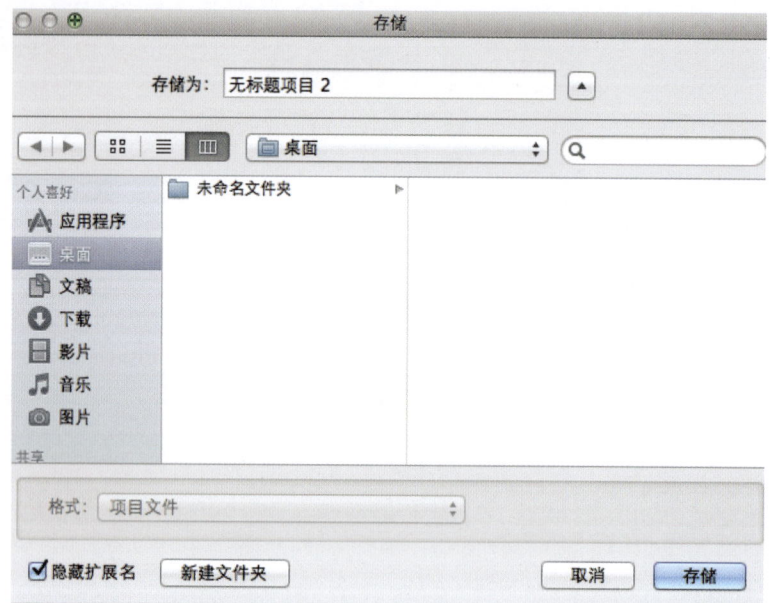

3）存储项目副本

在对项目文件进行编辑时，如果要保证原始项目不被改动，可以将项目文件存储为副本，然后在副本文件上进行修改。

要创建项目文件的副本，可选取"文件"/"将项目存储为"命令，打开"存储"对话框。该项目名称后面多出"副本"2字，将项目文件选取一个存储位置，点按存储按钮。

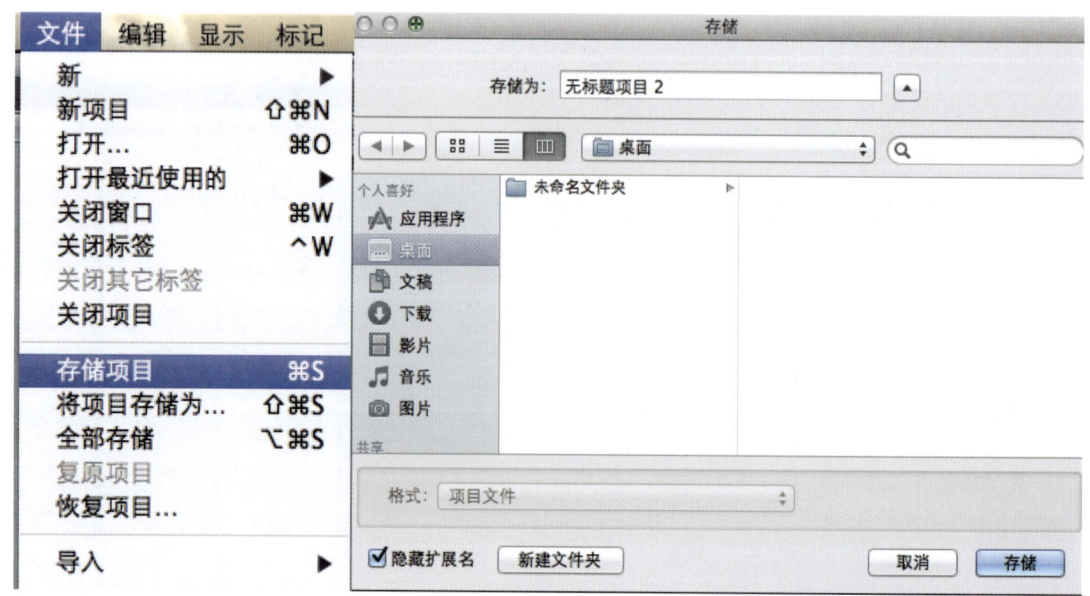

4）关闭项目

如果要关闭当前项目文件，可以选取"文件"/"关闭项目"或者"文件"/"关闭标签"

菜单命令。若对当前文件做了修改却尚未保存，系统将会显示一个对话框，询问是否要存储该文件所作出的修改。选择"是"保存文件，选择"否"则不保存文件。

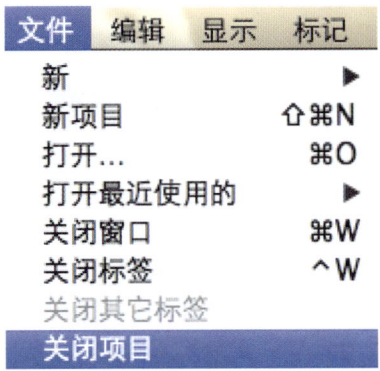

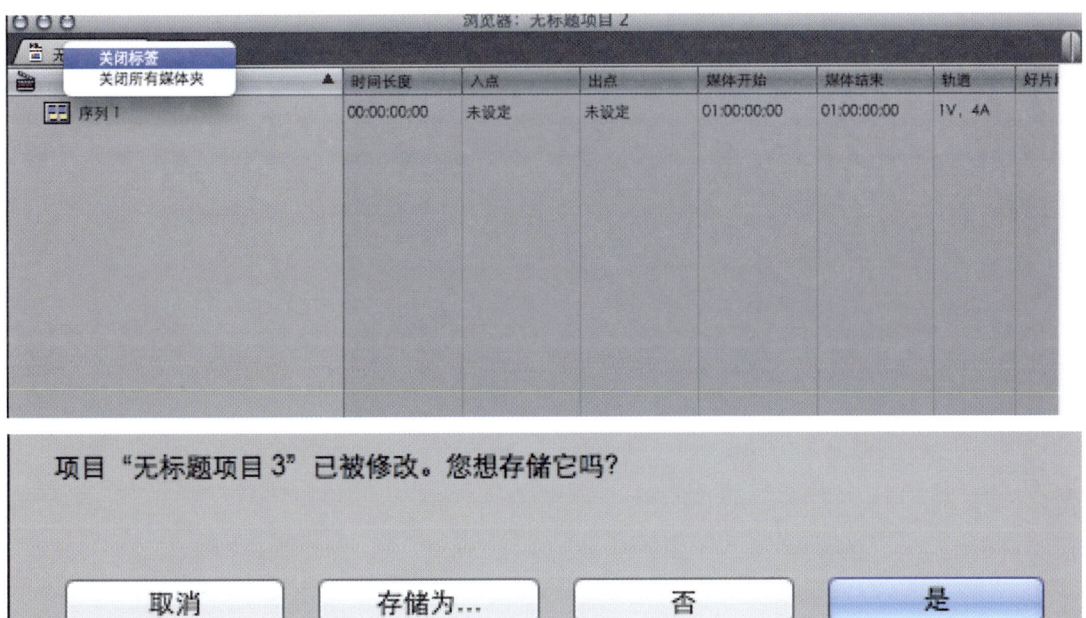

当完成所有的操作后，需要退出 Final Cut Pro 时，可以选取菜单中的"Final Cut Pro"/"退出 Final Cut Pro"菜单命令或按"Command-Q"组合键即可。

5）设置序列文件属性

序列片段就是一组已经编辑在一起的视频、音频以及添加的效果与转场特技，因此序列文件是组织影片的一个重要部分。每个项目标签下默认设置为一个名为"序列 1"的文件。要查看和设置序列文件的属性，需要在时间线激活的状态下，选取"序列"/"设置"命令或是按"Command-0"组合键，或者是对浏览器中的序列 1 点按鼠标右键，在弹出的子菜单中选取设置命令。

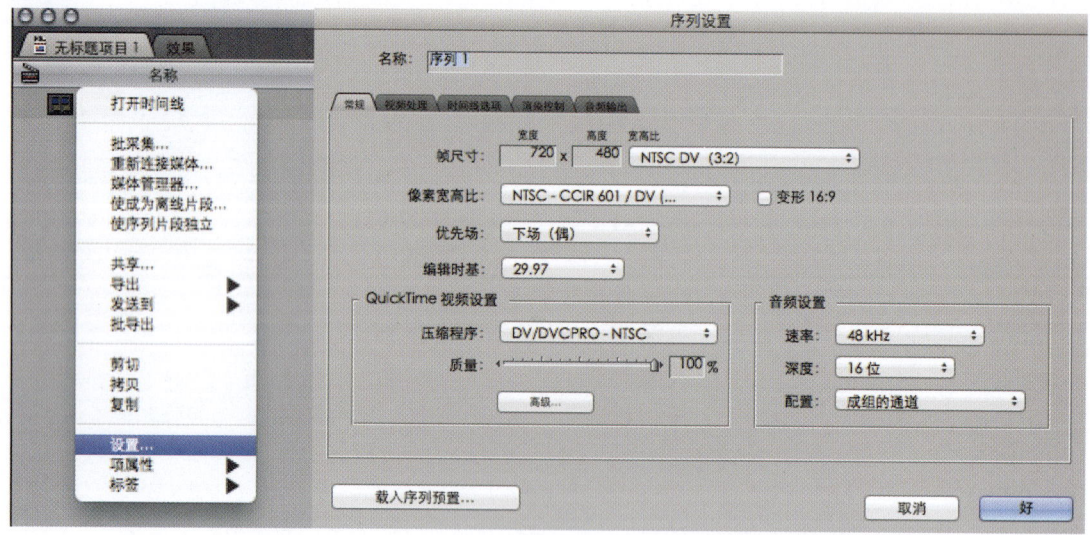

"序列设置"对话框打开后,可以在常规标签按下设置序列的基本属性。例如:名称、帧尺寸、优先场、QuickTime 视频设置、音频设置等。

选取"Final Cut Pro"/"用户偏好设置"命令,打开"用户偏好设置"对话框,然后点按"时间线选项"标签。在"时间线选项"标签下同样可以对时间线属性进行设置。

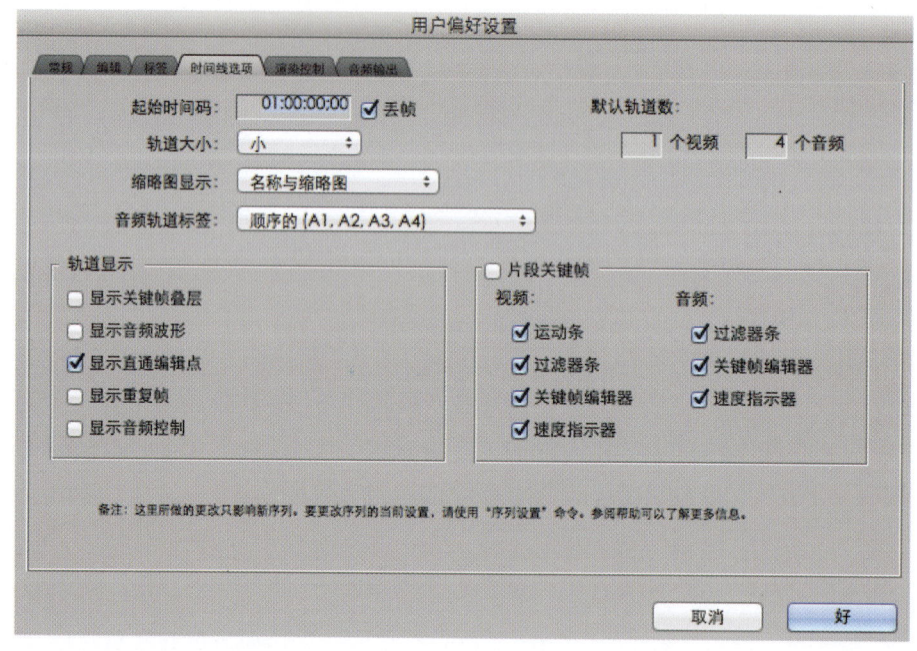

6)查看片段属性

在浏览器窗口点击右键,将显示方式调整为"显示为列表"后,点按浏览器窗口左上角的最大化按钮,或点住浏览器右下角拉开以将窗口最大化,这时,名称栏的右侧显示了所有片段的属性信息。要查看更多信息,可以拖动窗口底部的滚动条显示更多的信息。点按"Control-U"组合键可以返回到标准窗口。

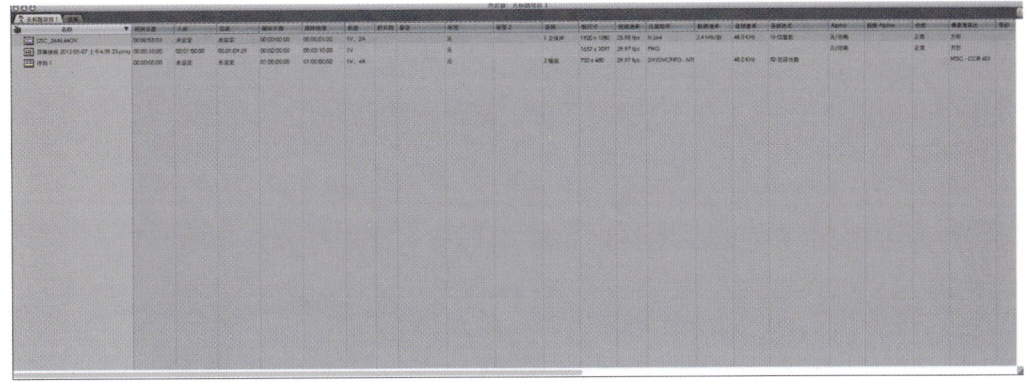

还可以在时间线上按住 Control 键点按要查看的片段，或者用鼠标右键点按片段，然后从弹出的快捷菜单中选取"项属性—格式"命令。

在打开的"项属性序列"对话框中，可以查看片段的项目信息，如片段的大小、视频、速率、帧尺寸、压缩程序等内容。

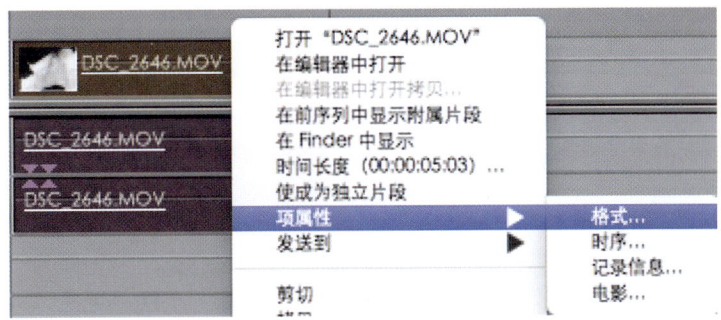

4．导入素材

在 Final Cut Pro 中，可以导入音频，视频或是图片等文件。也可以导入文件夹。
打开 Final Cut Pro 有三种方法：
（1）单击 DOCK 上的 Final Cut Por 图标。
（2）双击应用程序下的 Final Cut Por 图标。

（3）双击工程文件图标。

导入文件的方法如下：
（1）"文件"/"导入"/"素材"/"导入素材"/"01.MOV"。

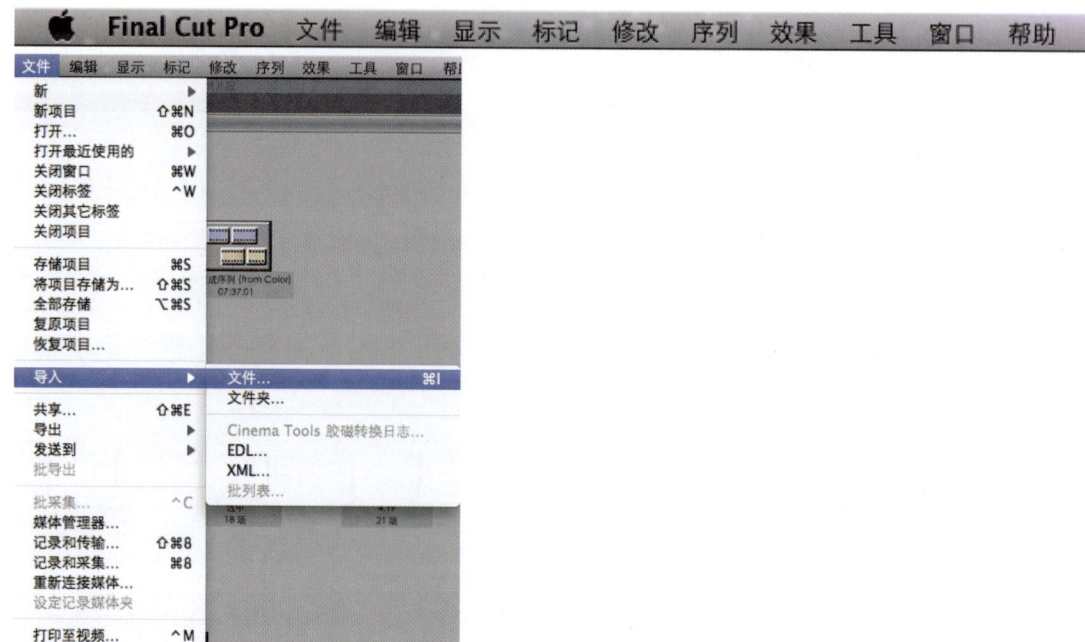

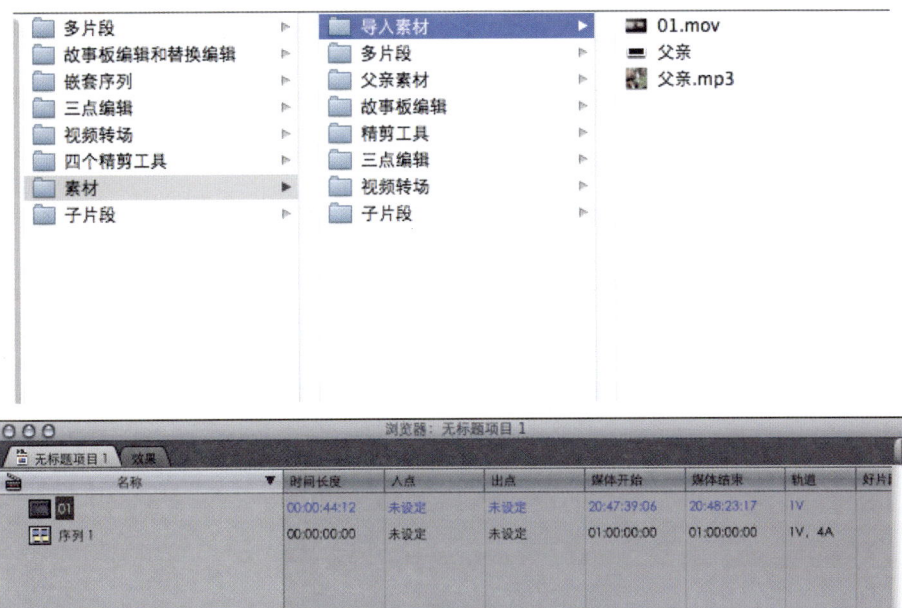

（2）在浏览器灰色区域单击鼠标右键或按住 Control 键单击"鼠标"/"导入"/"素材"/"父亲.mp3"。

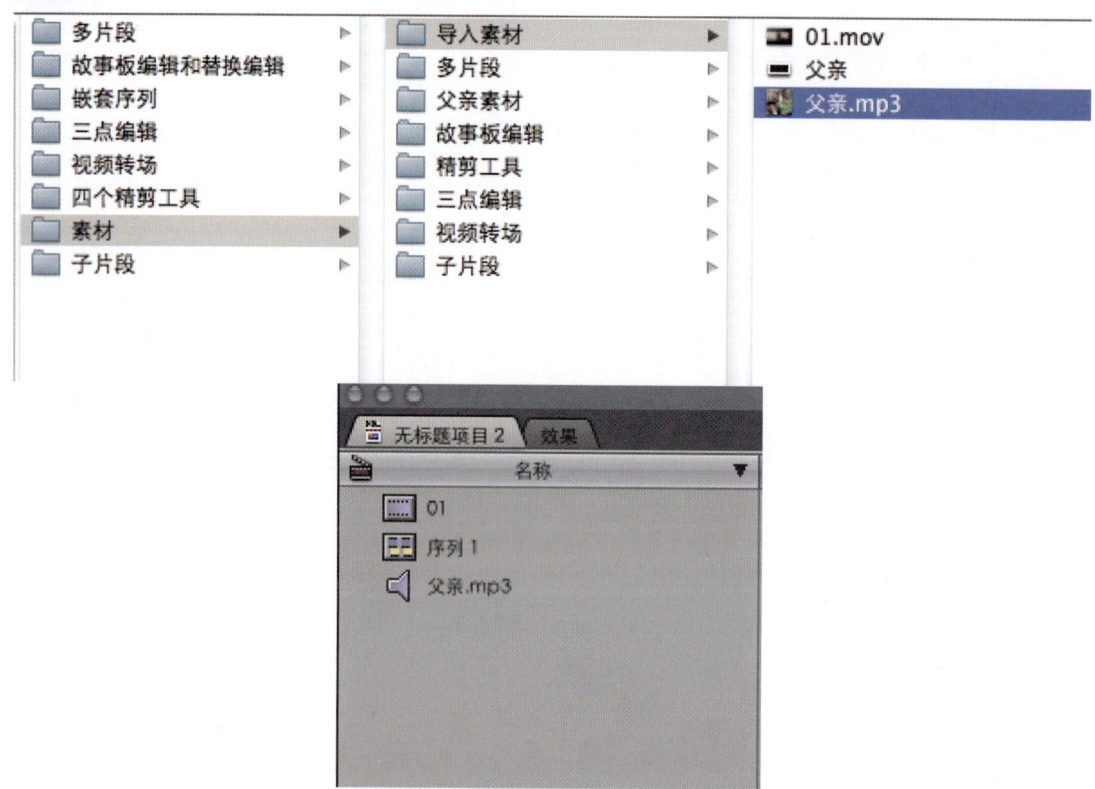

(3)按"Command-I"导入"文件"/"文件"/"素材"/"导入素材"/"父亲"。

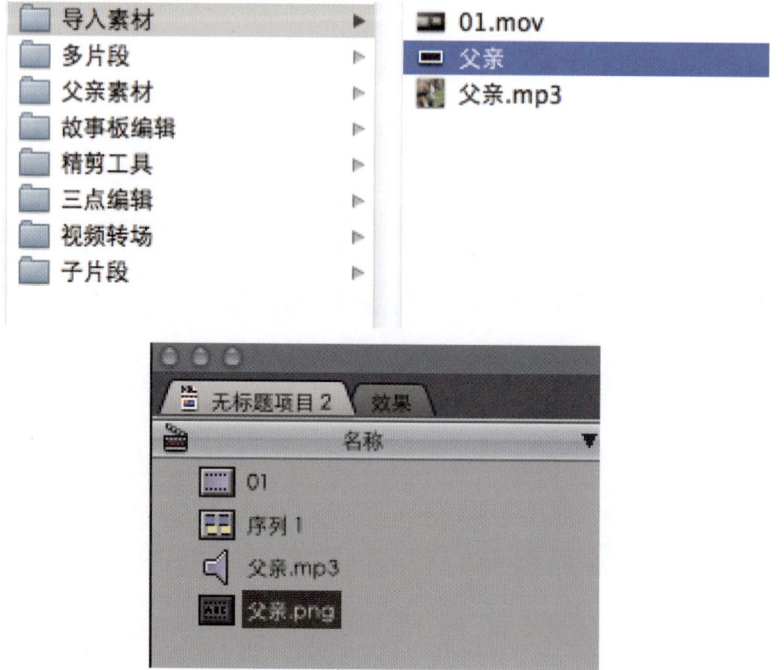

(4)打开"Finder"/"素材"/"导入素材",将其拖拽到素材库中进行导入,或者用鼠标右键点击"文件"/"文件夹"/"素材"/"导入素材"。

第一课　设置软件

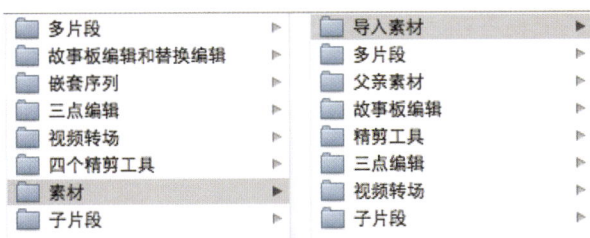

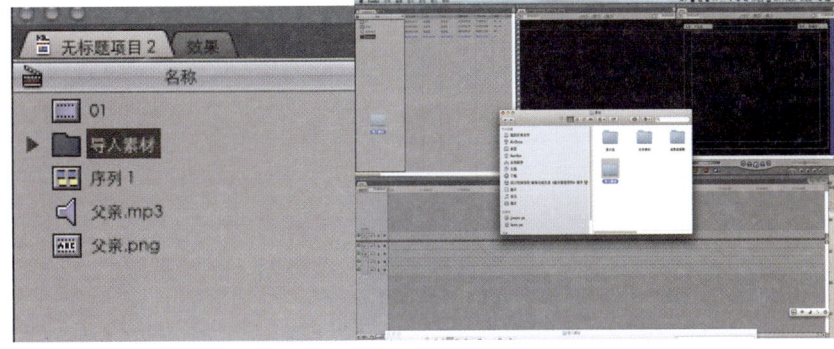

5．浏览素材

1）浏览器

在浏览器中的灰色区域点击鼠标右键，或按住 ctrl 键点击鼠标，在下拉菜单中选中"显示为大图标"。其中 01 为视频素材，02 为音频素材，03 为图片素材。序列为时间线。选择文本大小——大，观察素材名称。

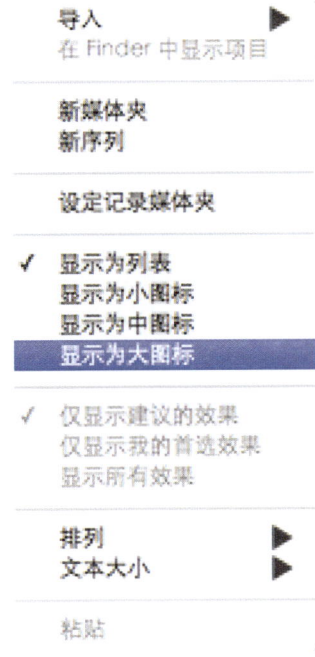

将鼠标放置于分栏上,当显示为←‖→时将分栏向左右两侧拖拽,看看分栏的变换,拖动浏览器至屏幕中央,拖拽浏览器右下角将其放大,可看见标签、音频、帧尺寸、视频速率、压缩程序等视频信息(在显示为列表状态下)。

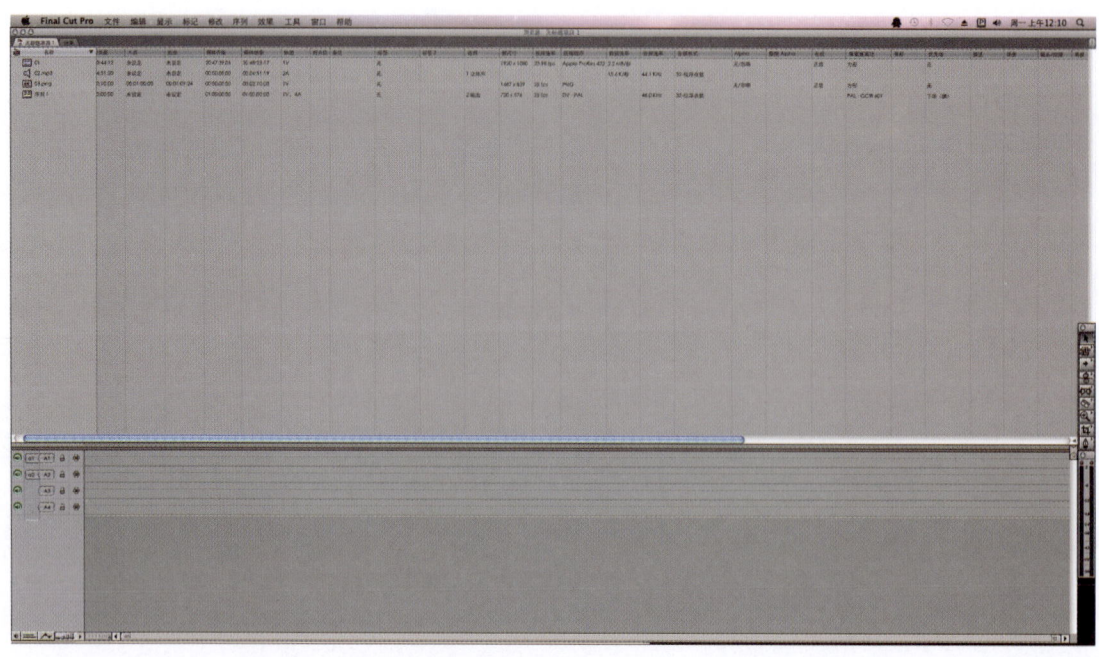

第一课　设置软件

将压缩程序标签栏向左拖动至时间长度标签栏前方,按"Control-U"(初始化布局)。由此,我们可将一些需要的信息放置于信息栏最前方,方便选取素材时使用。

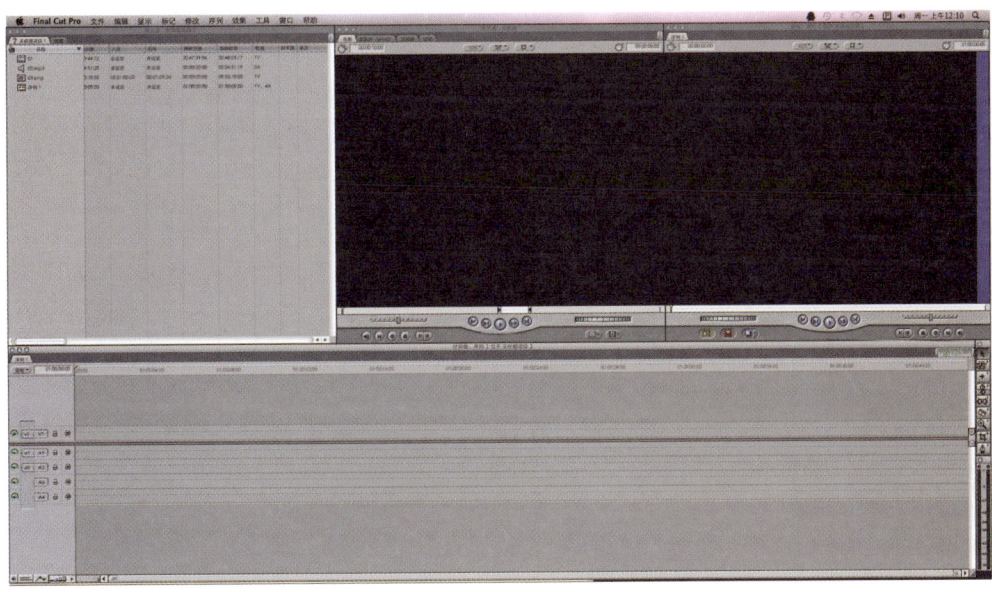

2)检视素材

将素材放到检视器中的三种方法:
(1)双击浏览器中素材01,在检视器中打开。点播放键,浏览检视器中素材。

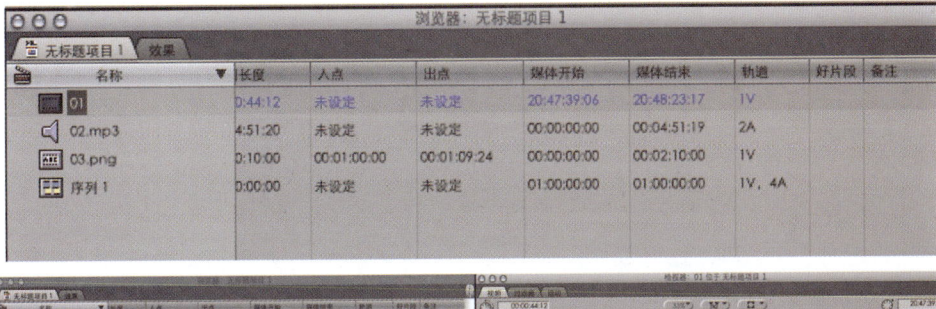

激活检视器,按键盘上空格或者按"L"键进行播放。

(2)将素材01从浏览器中拖拽至检视器中,点空格键进行播放。

(3)双击浏览器中素材会自动在监视器中打开素材,按空格键进行播放。

在监视器中,观察上端有四个标签:视频、立体声、过滤器、运动。

单击立体声标签,在音量0 db数字输入区内输入3,播放视频的音乐。

将音量"推子"向右继续拖动,拖至数字区域显示5 db时停止,播放视频的音乐。

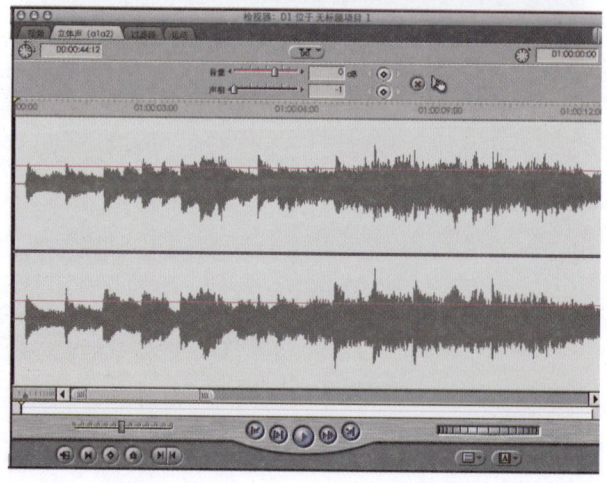

第一课 设置软件

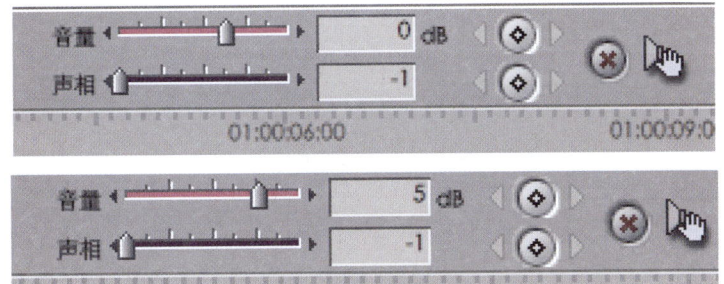

将音频波形图上的红线向下拖动。拖至-3db时停止,播放视频音乐。
拖动声相"推子"至最左,听本段音乐。再拖回中央位置。

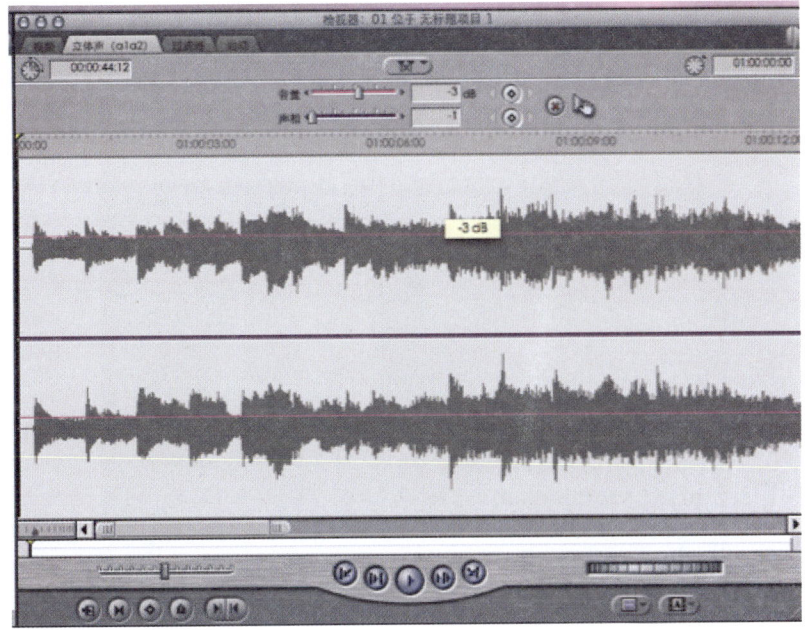

选中视频标签,单击画面上方三个按钮中第一个按钮,分别选中100%与12%,看到画面有所改变。再按回合适窗口(Shift-Z)(适用于"检视器""画布"和"时间线")。

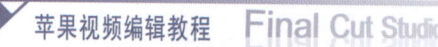

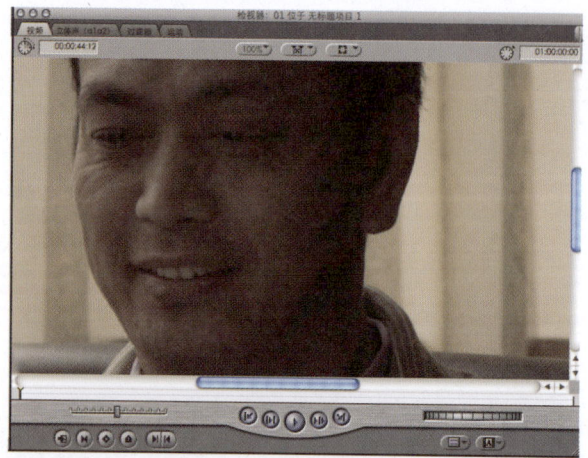

点击画面中上方三个按钮中右侧按钮,选择图像+线框,观察画面中出现一个交叉实线。

拖动交叉实线可看见画面随之移动。

第一课 设置软件

再选择"线框",画面监视器中只剩下一个黑底交叉实线(本功能用于制作视频运动),一般在检视器窗口下选择"图像"便可,快速切换请按"w"。

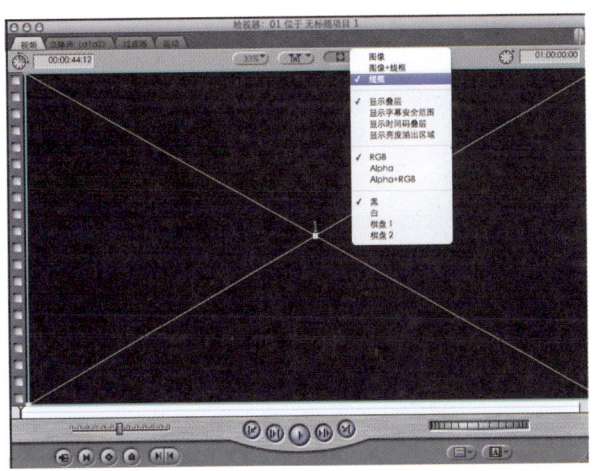

点击"显示叠层":

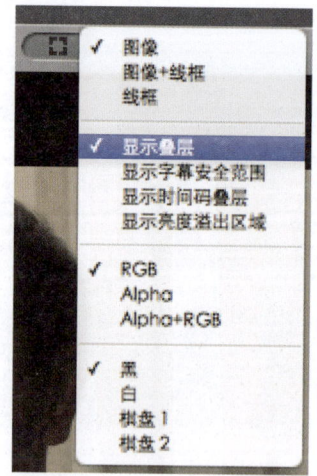

再选中"显示字幕安全范围"可在检视器中看到一个双层方框,又叫"安全框",其主要目的是保证将来播出的影片的所有画面能够展示在观众面前,包括文字、动画及画面内容。

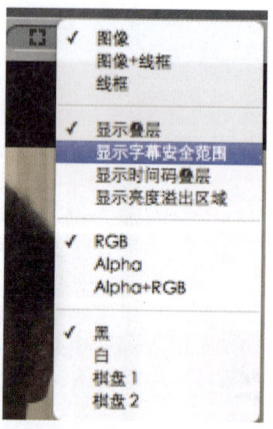

其中内框为字幕安全框,一般字幕放置其中,外框为动画安全框,放置一些动画、Logo。在安全框内左右两侧各有一堆小竖线,其作用是告诉剪辑师 4:3 与 16:9 的一个分界。

第一课　设置软件

在检视器中左右两侧各有一个时间码输入区域，左侧显示当前片段的总时长（入点至出点），右侧显示当前播放头所在的位置。

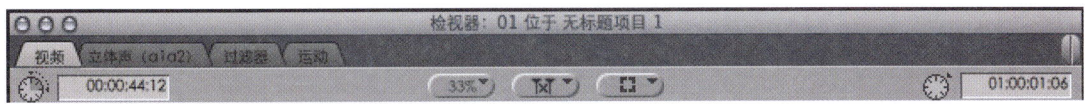

将搓擦条上播放头向右拖拽，当看见黑色场记板地 38 场 1 镜第 7 次出现时，停止拖动。

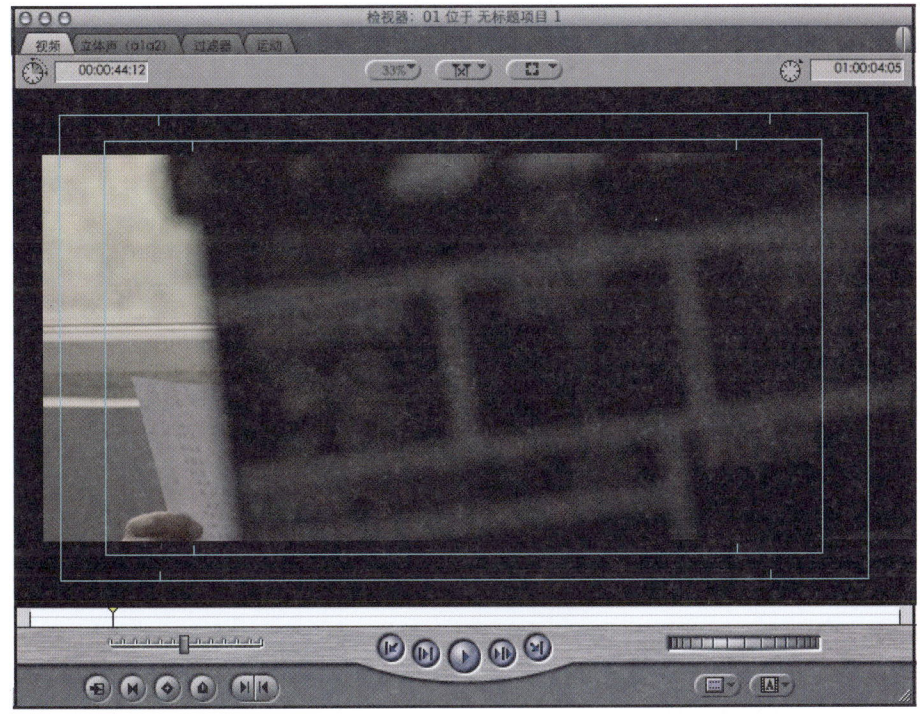

时间码为 01:00:04:05，在此处打个入点"I"播放片段，
当播放到王老师低头看手机之前时间码为 01:00:38:22 时打一个出点"O"。点击窗口下方跳到上一编辑点 与跳到下一编辑点按钮来观察播放头。

观察检视器在上角时间码区，片段 01 的总时间长度由原来的 44 秒 12 帧变为 34 秒 18 帧，

这也就说明一个片段的长度取决于它的入点到出点之间的长度。

3）画　布

序列的另一种表现形式。画布与时间线属于序列的两种不同的表达方式。时间线是以图形显示制作的成果，画布则是以画面的方式显示所有编辑。画布上显示的是时间线上播放头所在位置的画面。

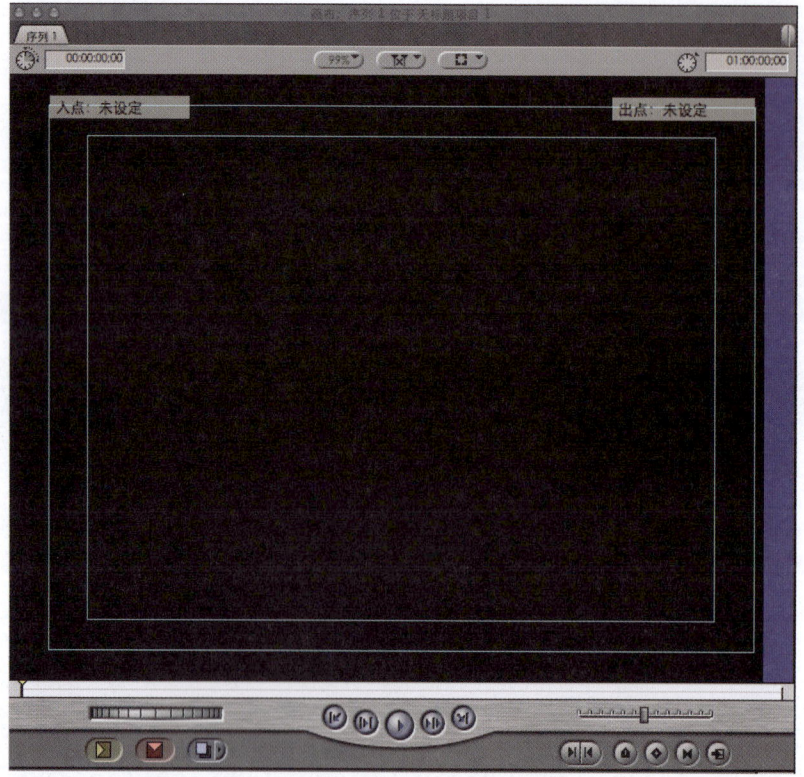

4)时间线

对整个影片的剪辑、转场、字幕等的修饰都在这个窗口完成。

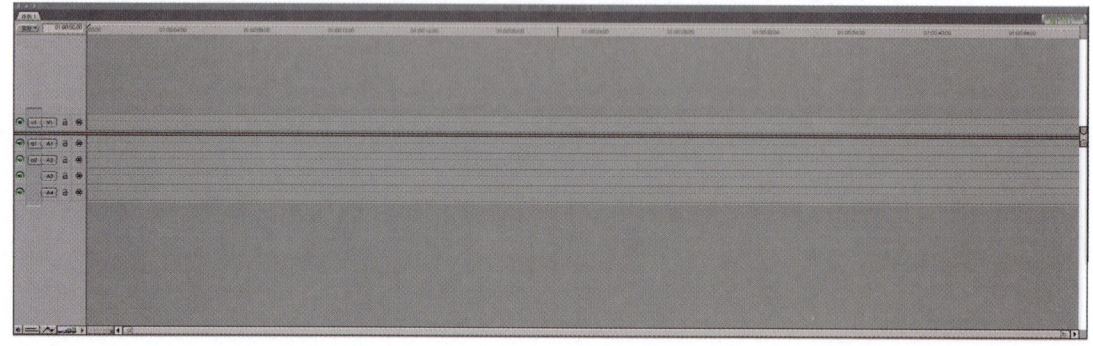

6. 管理时间线

在粗编几个片段后,序列中原本显示的片段在屏幕中就显示不下了。时间线的管理可以着重显示某个特定片段或某个序列区域,或者同时显示时间线窗口中所有片段。放大轨道来观看序列是一种管理时间线的方法。可以通过两种方法来放大片段:横向放大,时间线轨道中的片段变得宽一些;纵向放大,时间线轨道里的片段变得高一些。放大时间线轨道并不改变片段在序列中的长度,只是改变它在时间线中的显示方式。

第一课　设置软件

（1）要放大片段以读取它的名称，先将播放头移动到那个片段上，并且按"Option-+"组合键。再按一次可进一步放大。越放大片段就越宽。这只是视觉上的改变，而不是片段的实际长度或者持续时间发生了变化。

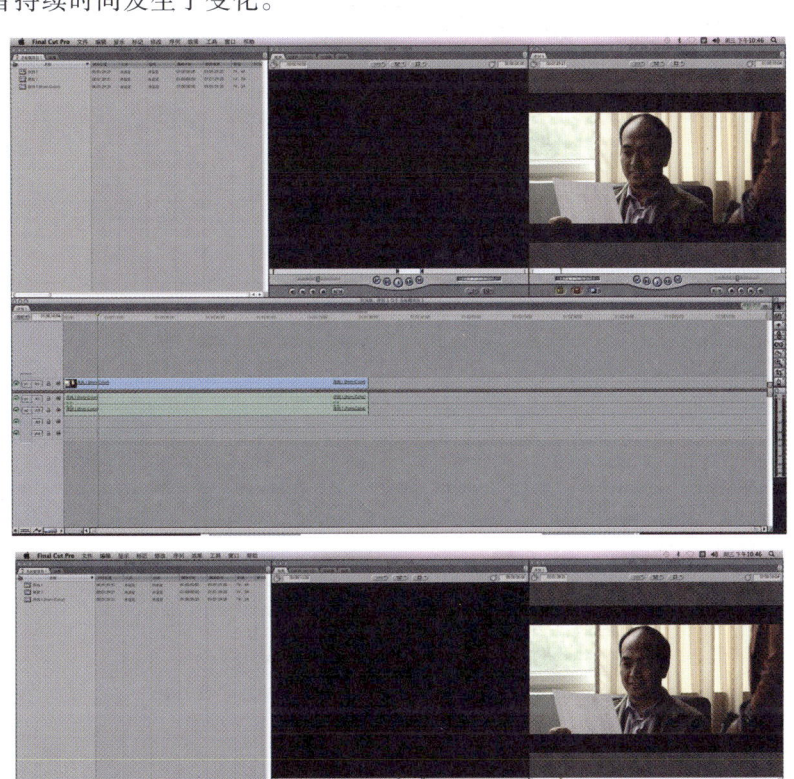

越放大片段就越宽。这只是视觉上的改变，而不是片段的实际长度或者持续时间发生了变化。

时间线中有两个控制器来缩放时间线区域或移动序列的显示区域，即"缩放控制器"和"缩放滑块"。它们都位于时间线面板的底部，音频轨道的下方。

（2）想要看到序列开始处中的片段的放大视图，可以将"缩放滑块"向左拉。"缩放滑块"可以改变在时间线中序列所显示的部分。

（3）想要看时间线中所有粗剪的片段，可以向右拖动"缩放控制器"中的控制点，来缩小序列中片段显示的大小。也可以使用"Option-—"组合键来实现缩小功能。

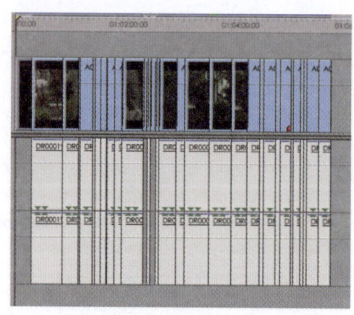

"缩放控制器"可以调节轨道水平方向的显示比例。使用键盘快捷键或"缩放控制器"都可以播放头所在的位置为参照点进行缩放。

这条紫线代表播放头在序列中的位置。单击它可以方便地跳回到当前播放头所在的位置。

（4）想要在时间线窗口中看到整个序列，按"Shift-Z"组合键。

除了在水平方向上放大轨道外，也可以沿垂直方向拉伸轨道，让它们在时间线上显得更高。

（5）在时间线的底部，将鼠标指针移动到"轨道高度控制器"（在"缩放控制器"的左侧）。

单击不同的列柱，可以改变轨道的高度。轨道越高，其中片段的图标就会越大。当轨道的高度缩到最小时，片段的图标就不显示了。

（6）重复按"Shift-T"组合键，可以切换轨道高度选项。选择第2或第3高度的选项，就可以清楚地看到片段的"缩略图"。

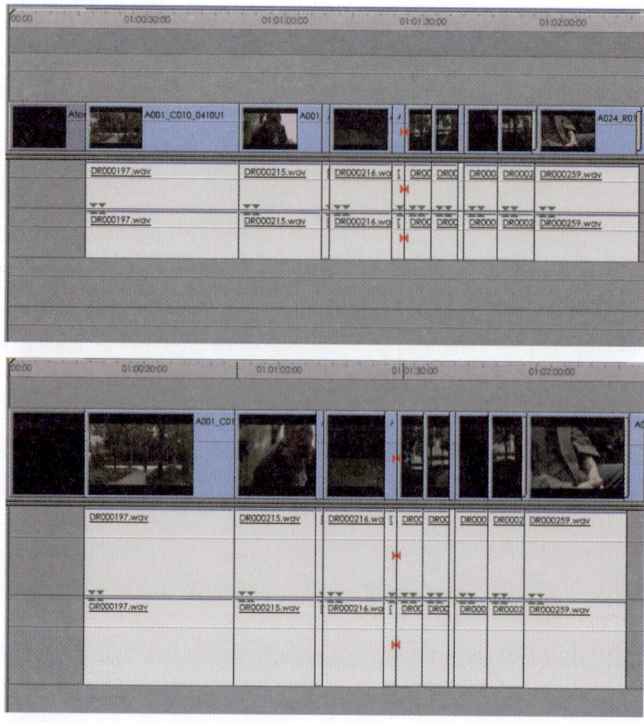

（7）单击工具调板中的"放大"工具（放大镜），或按下快捷键"Z"。

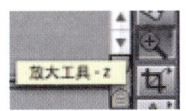

有时需要放大片段中的图像来看清背景上的东西，或添加一些效果。另外，有时在使用"Command-Z"或"Shift-Z"组合键过程中，不小心只按了"Z"键而放大图像。当看到蓝色的滚动条出现在检视器或画布的下面或旁边时，可以重新设定图像的大小，就像在时间线中改变序列的大小一样。

 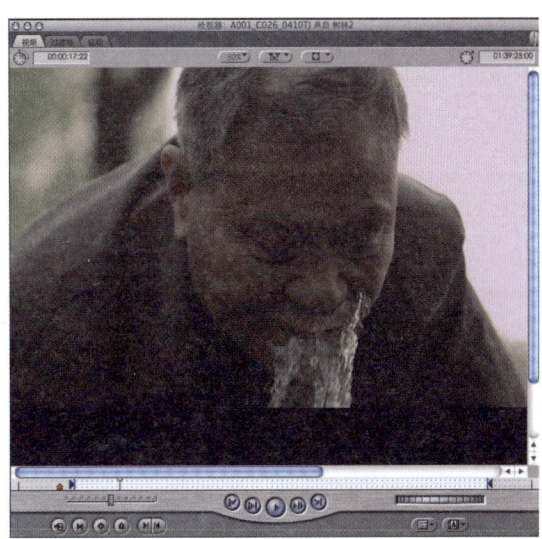

（8）在检视器中，按"Shift-Z"组合键，可以使图像调整到适合窗口的大小来显示。蓝色的滚动条不会再出现于检视器中了。按"A"键返回到默认"选择"工具状态。

第二课　粗　编

1. 五种编辑方式

插入编辑：插入编辑是将检视器中选定的素材以插入的方式放置到时间线上的方式，其放置过程中不损害自身或时间线上其他素材的长度与内容，但会增加时间线的总长度。

覆盖编辑：覆盖编辑是将检视器中选定的素材以覆盖的方式放置到时间线上的方式，其放置过程属于删除式编辑，被其覆盖的区域上原有素材将会被删除，但时间线的总长度不变。

替换编辑：替换编辑是用检视器中选定素材替换当前时间线上选定区域内的素材。这种编辑方式要求用来替换的素材长度大于时间线上选定区域的长度，同样，这种编辑也是一种删除式编辑，但时间线总长度保持不变。

适配填充：适配填充使用检视器中已选定素材，无所谓素材的长短。当将已选定素材以适配填充的方式放置到时间线上时，系统默认拉长或缩短用于填充的素材来适应时间线上已选定的区域。

叠加：叠加功能主要将检视器中选定素材以叠加层的方式放置于时间线上，但是它只会放置于当前源所对应的轨道的上一层（源与目的在后面课程中将会详细讲解）。

以上五种编辑方式都是在自动编辑时生效，（将素材从检视器拖到画布或用快捷键）。如用手动，可以手动将素材以插入、覆盖方式放入时间线。时间线上有一条虚线，将时间线轨道分为上三分之一和下三分之二，当你将素材放到上三分之一时为插入编辑，拖入下三分之二时为覆盖编辑。手动编辑时三点编辑失效。

2. 三点编辑

许多刚刚进入非线性编辑行业的人经常喜欢将采集到的片段直接放到时间线上用剪刀进行剪辑，其实这样做会给计算机造成很大的系统资源浪费。剪辑也是可以不用剪刀来完成的，那就是利用"点"来进行编辑的一种方法，其中最常用的便是"三点编辑法"。

所谓"三点编辑法"即是通过三个点来进行编辑的一种手段。这三个点可以是检视器中的入点、出点、时间线上播放头所在的位置，也可以是它们任意的排列组合的位置。比如：

检视器中入点和出点、播放头所在时间线上的位置或时间线中的入点；

检视器中入点和出点、时间线上的出点；

时间线中入点和出点、检视器中的入点；

时间线中入点和出点、检视器中的出点。

三点编辑法分为"顺向时序编辑"和"反向时序编辑"：

顺向时序编辑法：检视器上打好入出点，时间线上打入点。

反向时序编辑：时间线上打出、入点，检视器上打出点。

下面，让我们一起做一个"三点编辑法"的练习。

① 双击打开三点编辑的序列。

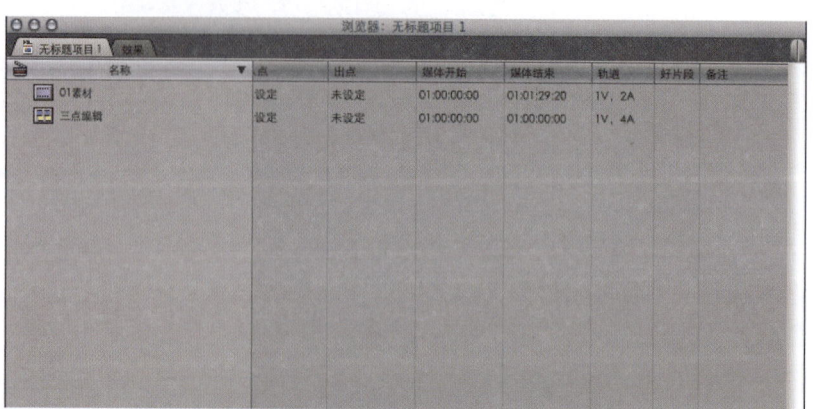

② 双击 01 素材。

③ 在检视器右侧时码区输入 01:00:04:05 打一个入点。

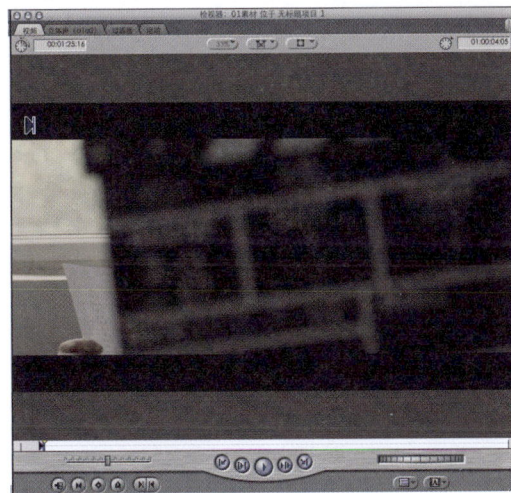

④ 再输入 01:00:44:11 打一个出点。

⑤ 点击键盘上"shift-\"播放入点到出点之间的片段。发现我们实际需要的镜头并不是场记板的画面,也不需要最后导演喊停之后的画面,因此我们需要重新找到需要的片段,接着激活检视器,在右上角时间码处直接点击键盘输入 01:00:09:06 按"I"。

⑥ 再输入 01:00:41:22 点"O"打一出点。

⑦ 将时间线的播放头按"Home"键放置到序列起始位置。将检视器中素材 01 拖拽至画布中覆盖编辑区域,然后松开鼠标。

⑧ 观察时间线上播放头的位置,发现由原先的序列起始点 01:00:00:00 推至 01:00:32:17。

由此我们知道,当检视器中入出点之间的片段放置在时间线上时,以播放头的位置为起始点,这就是最常用的三点编辑法。

⑨ 再激活检视器,直接输入 01:01:11:19。

⑩ 打入点"I"。

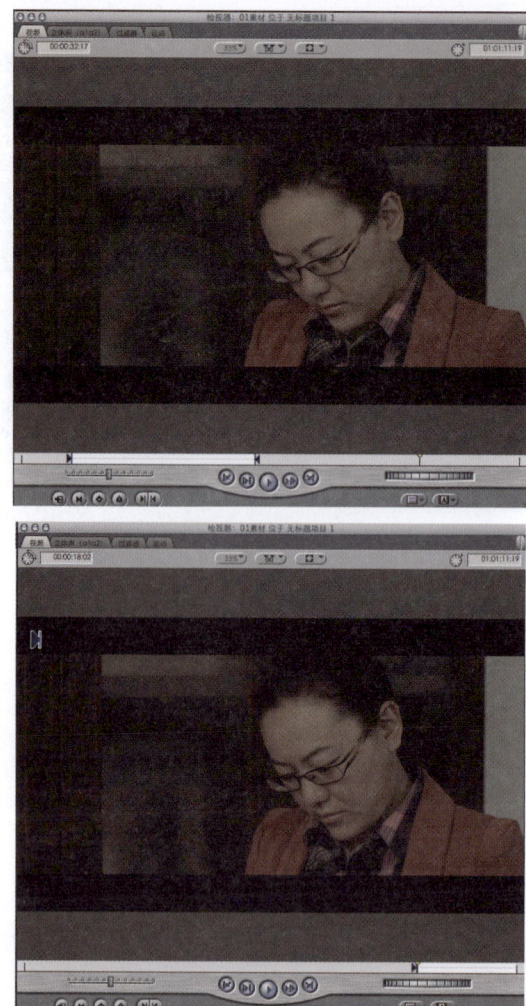

⑪ 再输入 01:01:26:12 打出点"O"。

⑫ 在序列中输入 01:00:40:19 打一个入点 "I"。

⑬ 将播放头放置回时间线起始位置，按画布左下角的红色覆盖编辑按钮（将时间线上播放头放置于第一个片段的最后一帧上，画面右下角有一个反"L"标识）将素材放置时间线上。

由此得知，当时间线上入点与播放头同时出现时，以入点优先，我们叫这样入点与入点对齐，出点按检视器出点位置确定片段的方法为顺向时序编辑法；反之，若时间线上有出点，那么，出点与出点对齐，入点以检视器上入点为准的编辑方式称为反向时序编辑法。

第三课 嵌套编辑

1. 将一个序列嵌套到另一个序列

Final Cut Pro 允许像片段一样建立序列。可以在检视器里打开序列，并且设定入点和出点，甚至可以将一个序列编辑到另一个序列中。将一个序列放到另一个序列中称为"嵌套序列"。位于另一个序列中的序列是已嵌套的序列。包含已嵌套的序列称为"父序列"。

在第一次将一个序列嵌套到另一个序列（父序列）时，在原始已嵌套序列中作出的影响其时间长度的更改会在父序列中反映出来。例如，如果缩短原始已嵌套序列中的一个片段，总体序列时间长度将发生变化。结果，父序列中的已嵌套的序列的时间长度也将缩短，并且父序列中的后继片段将产生波动以补偿缩短的已嵌套序列。

已嵌套的序列使用起来非常方便，其使用方式与片段使用方式相同。可以向它们添加音频滤音器和视频滤镜，在时间线中设定不透明度和音量叠层，在检视器的"音频"标签中处理它们的音频，并且在检视器的"运动"标签中调整它们的运动参数。

嵌套一个在检视器中打开的序列：

（1）通过执行以下一项操作，在检视器中打开嵌套的序列。

将序列从浏览器拖到检视器中，或者按住 Option 键，然后在浏览器中双击序列（这将在单独的检视器中打开它）。

（2）在检视器中，设定源序列的入点和出点（这可以嵌套全部序列或者只嵌套序列的一部分）。

（3）在时间线中就像编辑片段一样，将该序列编辑到另一个序列。

通过将序列拖到另一个序列中来嵌套序列：

将序列从浏览器或检视器拖到时间线的另一个序列中，就像编辑片段一样。

使用"嵌套项"命令制作一个已嵌套的序列

无需添加已嵌套的序列，也可以使用"嵌套项"命令将序列现有范围内的片段转变为已嵌套的序列。

（1）在时间线中，选定想要使用已嵌套的序列替换的片段项范围。如果片段项是链接的，那么链接到时间线中的这些子项的任何子项也将被选定。

苹果视频编辑教程 Final Cut Studio

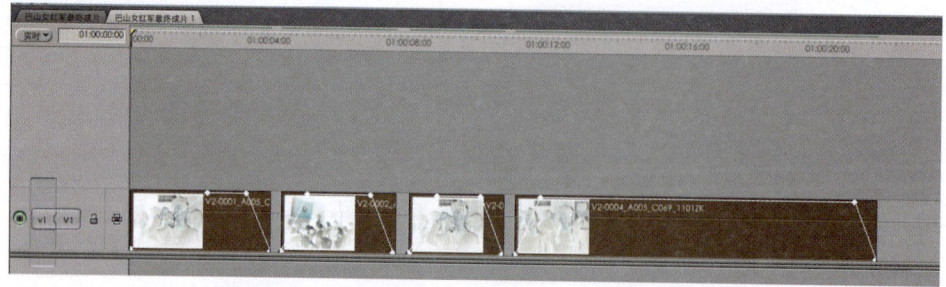

（2）选取"序列"/"嵌套项"或者按下"Option-C"组合键。
（3）在"嵌套项"对话框中，输入将要放置选定的项目到新序列的名称。

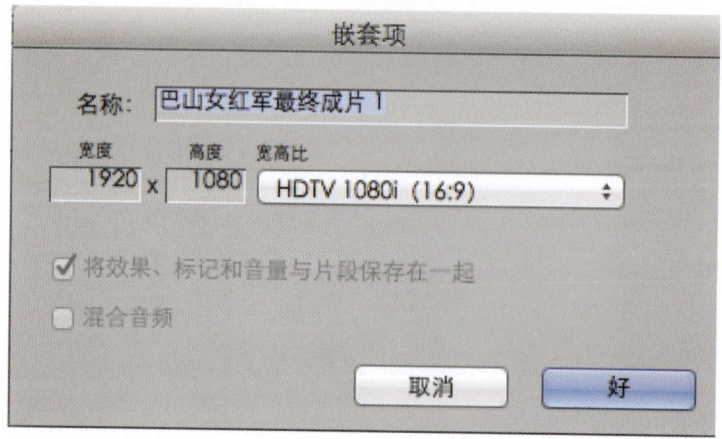

（4）为将要被制作以包含选定片段的新序列，选取一种宽度和高度（帧尺寸）。在通常情况下，应该使用提供的默认设置，因为这些设置与新序列与将被嵌套到的序列相匹配。
（5）要将与选定片段相关的所有效果、标记和音量移到新序列中，选定效果、标记和音量的片段保存在一起。
（6）要渲染新序列中的所有音频，请选定混合音频。这将使已嵌套序列的音频处理需要降到最低。
（7）点击"好"，选定的所有项已放置在新序列中，并且新序列替换了时间线中选定的项目。

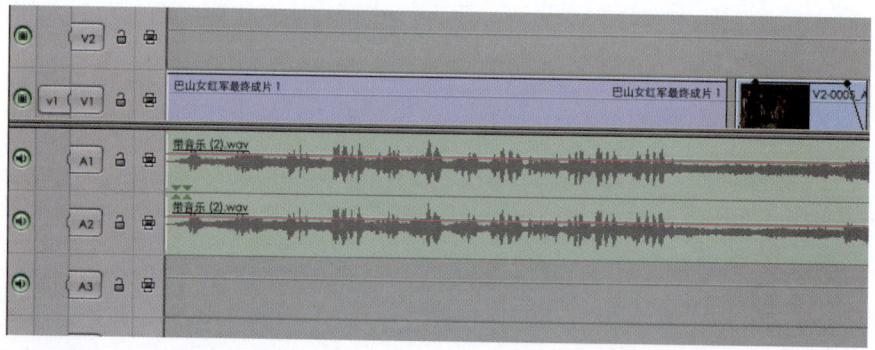

◆ 基本实例

（1）打开本课的工程文件。
（2）播放序列，了解它的内容。

(3)在浏览器中,点击鼠标右键或者按"Control-左键"在浏览器中创建一个新的序列,名为"新序列"。

(4)双击打开新序列,把播放头放在序列的开始位置。

(5)在浏览器中选择"巴山女红军最终成片"序列,并双击,将其在检视器中打开。

(6)将其拖拽到画布中的覆盖编辑窗口。

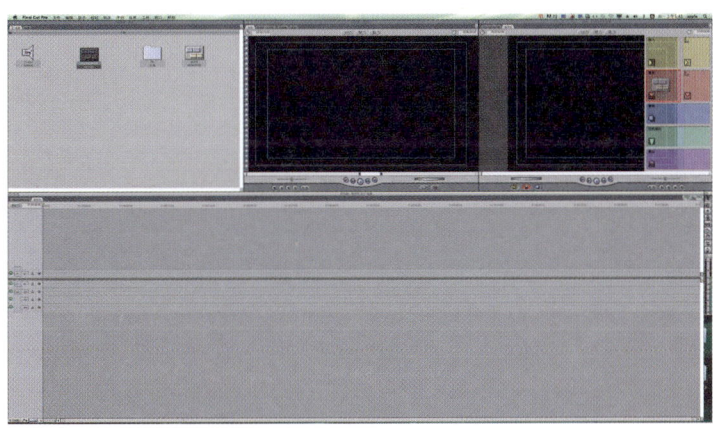

此时就将"巴山女红军最终成片"序列嵌套在"新序列"里了。

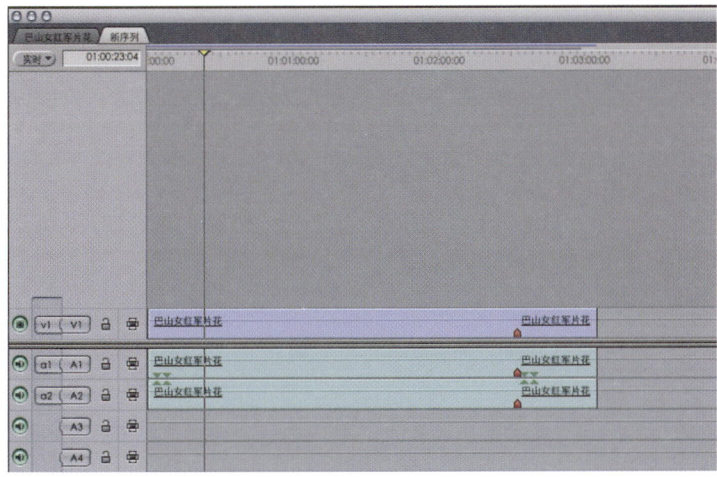

(7)将"巴山女红军最终成片"序列中的男女主人公的镜头用鼠标拖选并选中。

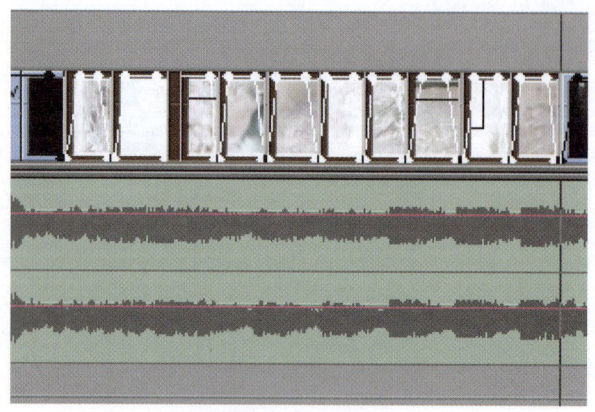

(8)按下"Option-C"组合键或是菜单栏中序列选项,单击嵌套项选项。

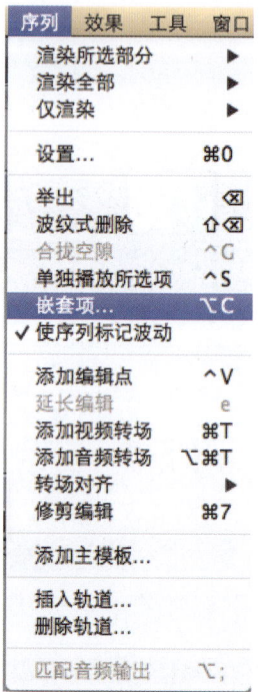

(9)在"嵌套项"对话框中,输入将要放置选定的项目到新序列的名称。

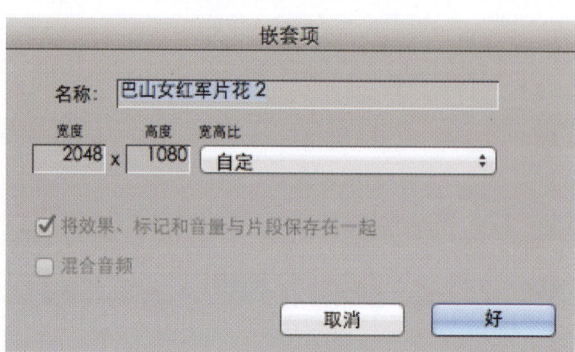

（10）点击"好"。选定的所有项目已放置在新序列中了，并且新序列替换了时间线中选定的项。

在播放巴山女红军最终成片序列时，原巴山女红军最终成片序列中的所有内容都会被播放出来。

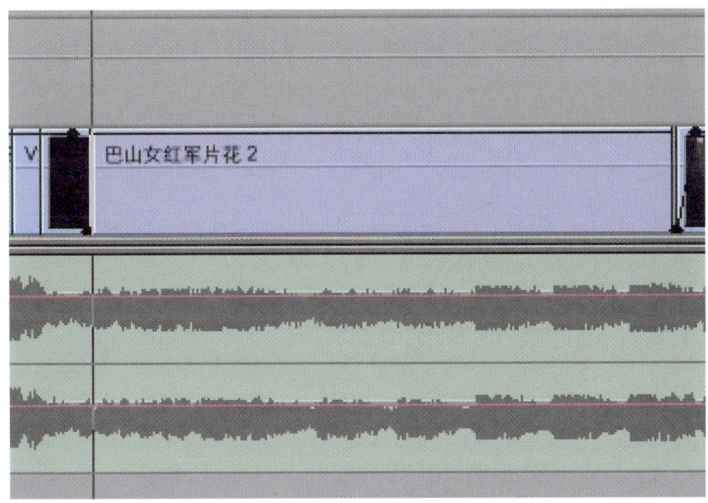

2. 关联链接的概念

一个嵌套序列和它的原来剪辑的序列保持着一种关联关系。任何对嵌套序列中的片段或者其他对象的修改都会反馈到父序列上。

（1）在时间线上，单击"巴山女红军最终成片"标签。
（2）将播放头放到序列总标题片段的任一位置。
（3）单击v2轨道中的标题片段，在检视器中将其打开。

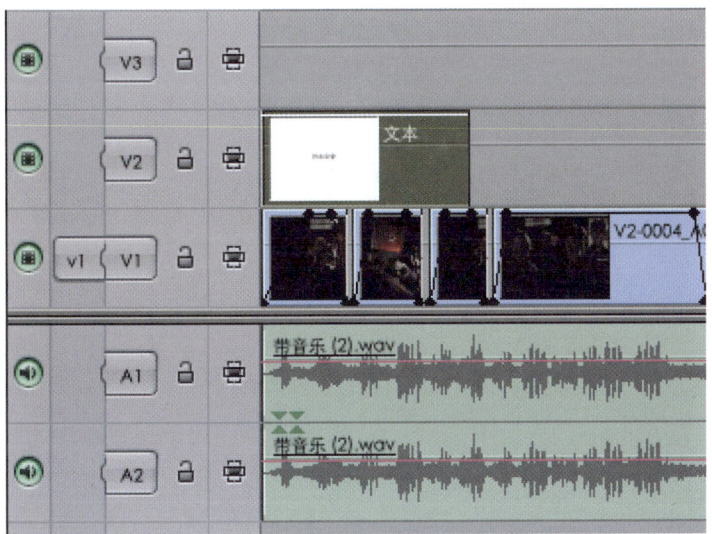

（4）在检视器窗口中，单击"控制"标签，在文本输入框中输入"巴山女红军"。

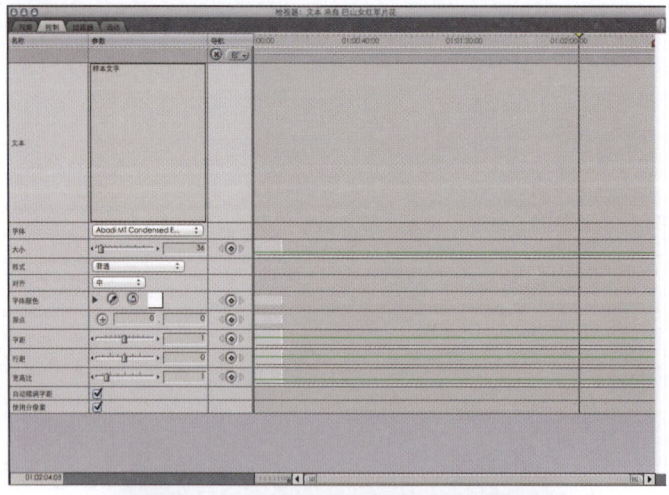

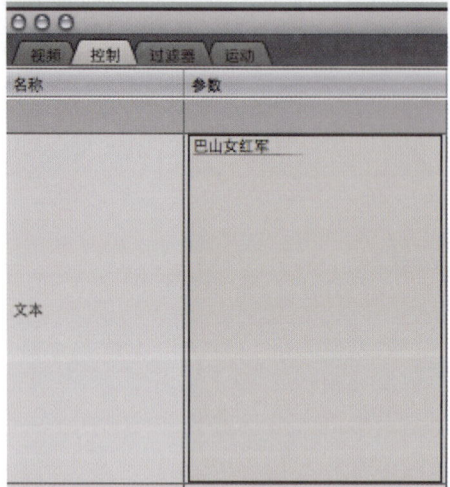

此时,按 Tab 键或是单击画布中文字以外的区域。画布发生相应变化。

(5)在时间线上,单击"新序列"标签(如未打开,请双击浏览器中"新序列"标签)。

(6)拖拽播放头通过嵌套序列"新序列"观察字幕的变化,字幕已经变成了"父亲"。

当你在检视器窗口"控制"标签中修改来自父亲序列的嵌套序列中的字幕片段时，对片段的改变也会传递到父序列"新序列"中。

3. 嵌套序列的优点和缺点

任何事物既有其有利的一面，也有其不利的一面。嵌套序列的使用也有其优点和缺点。

◆ 优　点

嵌套序列允许我们重复使用整个序列中的片段。更改一处，可以在所有的位置反映出来。这样可以方便我们的编辑工作，而且可以节省很多的工作和时间。

◆ 缺　点

（1）嵌套序列需要一段时间来显示，尤其是多级嵌套序列，因为它们需要附加处理。
（2）如果要输出 EDL，那么已嵌套序列可能会生成混乱的时间码和卷名。
（3）如果输出 OMF 文件，那么已嵌套的序列将混合到一起，并导出为单个音频媒体文件。
（4）在媒体管理方面会相对复杂一些。

第四课　子片段

在 Final Cut Pro 中，仅仅使用其中的一些基本编辑方法就可以完成一部分影片的编辑，比如说，我们刚刚学的三点编辑法。但如果您熟悉了其他的工具和技法，这些工具和技法很可能会大幅度提高工作效率，而且质量也会更好。

"子片段"：主片段的一部分。在任一片段中制作子片段时，子片段本身便成为了"主片段"。我们制作子片段的目的是为了让某个主片段上的部分能够独立成为一个完整的片段。当子片段创建完成时，它便具备了与主片段完全一致的使用级别。并且使用子片段功能来分割开主片段对编辑机处理器进行处理时是有帮助的。处理多个短素材要比处理一个长素材要省力很多。

（1）打开 Final Cut Pro，选取"文件"/"导入"或"Command-I"命令，选中"素材"/"mov"，点击选取，将"素材一.mov"导入到 Final Cut Pro 中。

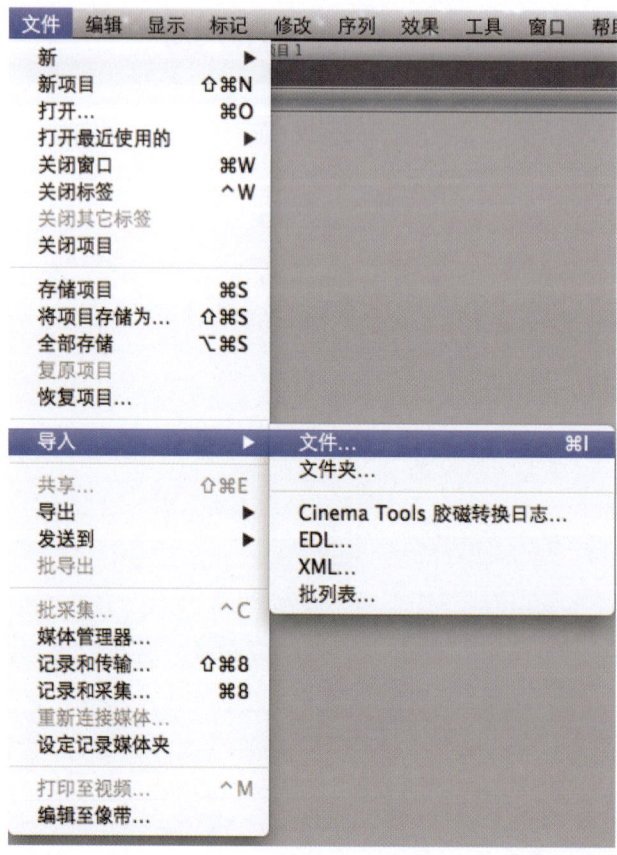

第四课　子片段

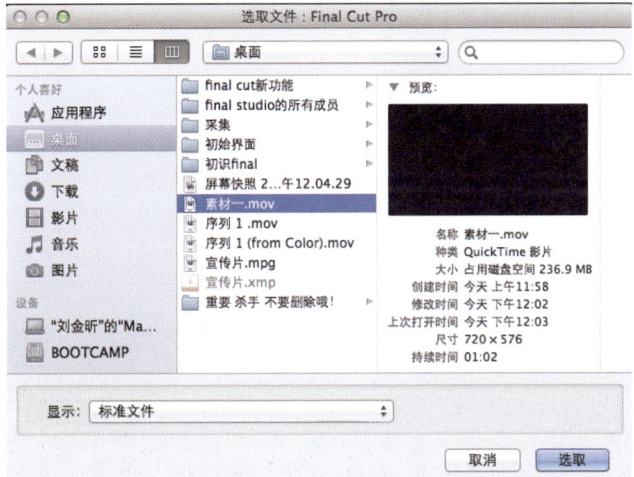

（2）在浏览器中，双击素材，将素材在检视器中打开，点击播放按钮浏览素材的内容。

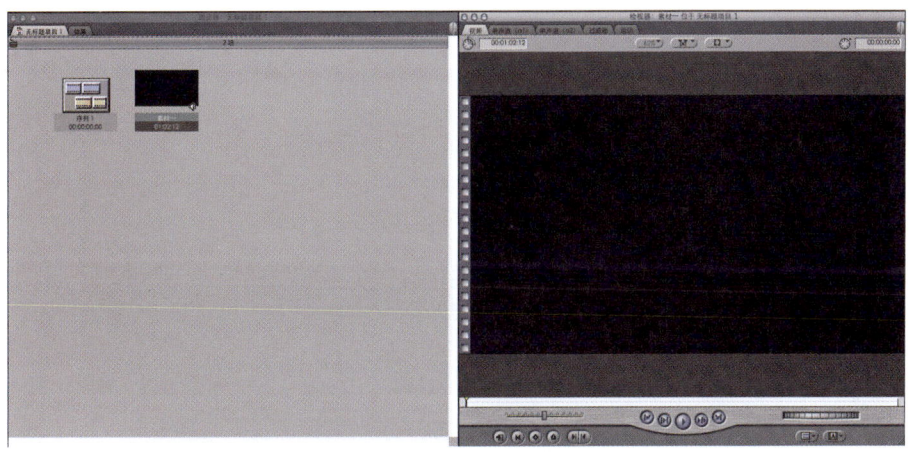

观察它的时长。这段素材中有许多倒计时和设备展示的视频。通过将这个片段分割成多个子片段，可直接访问和使用每个设备展示的视频（本宣传片为"pro studio 工作室"2012年宣传片）。

要创建一个子片段，需通过标记入点和出点来确定要独立出来的片段部分，记住使用这些标记的目的是创建一个新的片段，而不是设置标记去精确编辑一个动作。

（3）播放"素材一.mov"的开头，在"00：00：08：00"处，设置一个出点，也就是倒计时刚完的时段，在片段开始设置一个入点，记录下所标记部分的时间长度。

尽管不用入点就可以进行编辑，原因在于软件默认视频开始位置为入点，但若没有设置入点和出点便无法创建子片段。

（4）选择菜单中的"修改"/"使成为子片段"，或者按"Command-U"组合键。

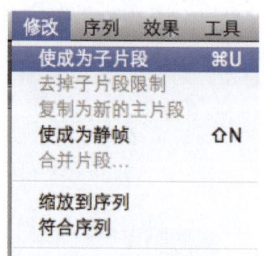

浏览器窗口被激活，在素材下面出现一个新的图标，子片段图标的边缘是锯齿状的，就像是从原始片段上撕下之后成独立片段一样，尽管子片段在建立之后还共享着原始片段的名字，但其文字框已经是高光的，因此可进行修改。

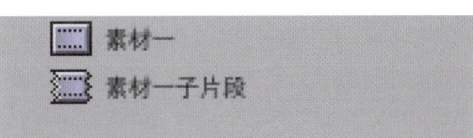

如果在"修改"菜单里面的"使成为子片段"命令为"不可选"状态,那请确定检视器窗口是否处于激活状态并且在这片段中已标记入出点了。

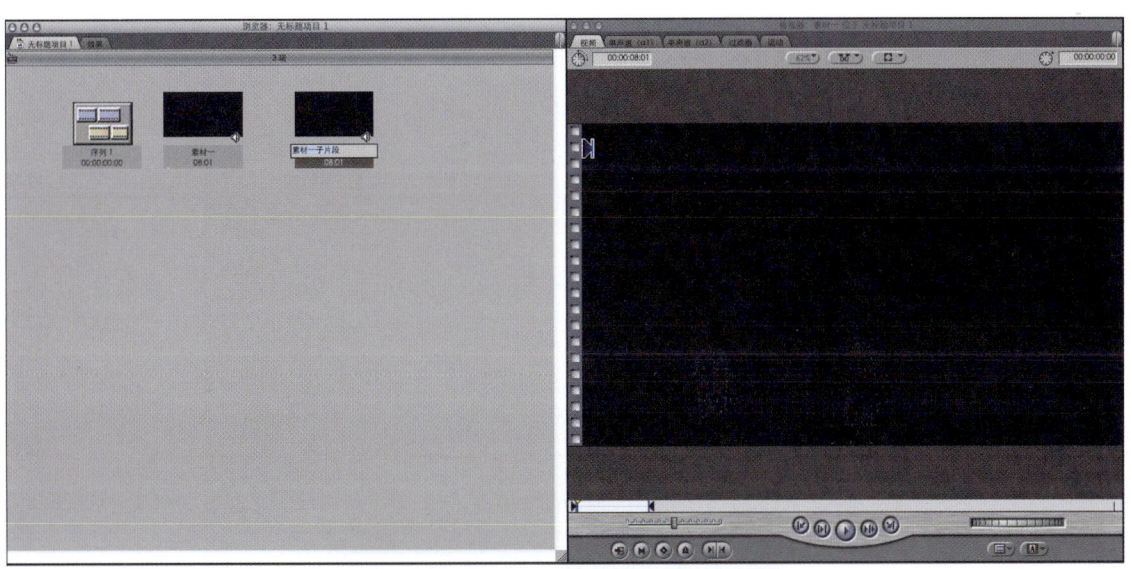

(5)将其重命名为倒计时,然后按"Return"键即回车键,确认修改。

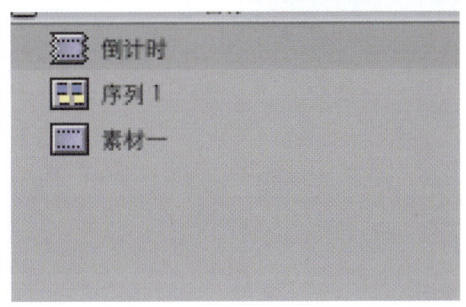

(6)双击倒计时片段,在检视器中打开,先按 End,再按 Home,来查看片段的停止和开始位置,播放这个片段。

苹果视频编辑教程　Final Cut Studio

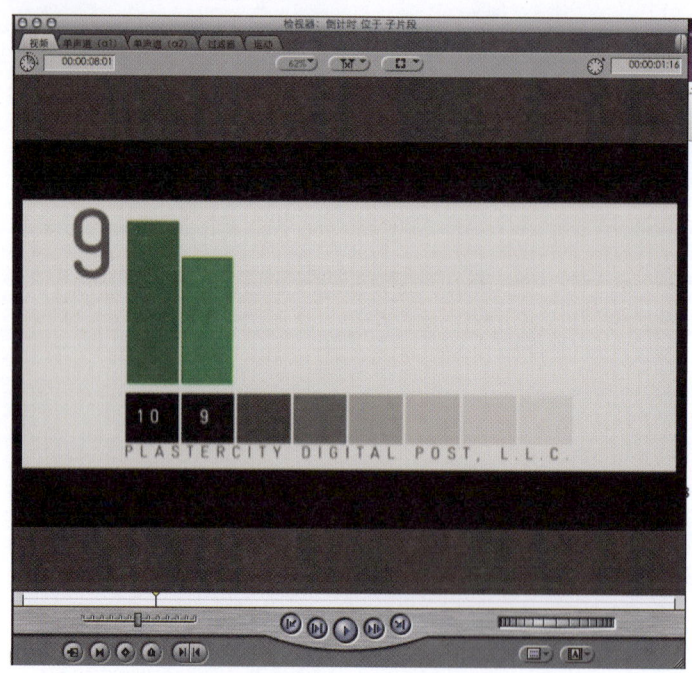

检视器中片段开头和末尾的胶片图案代表是当前素材的首尾帧。

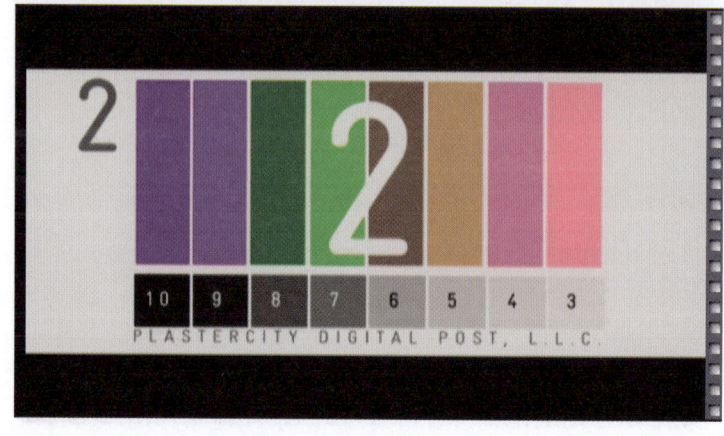

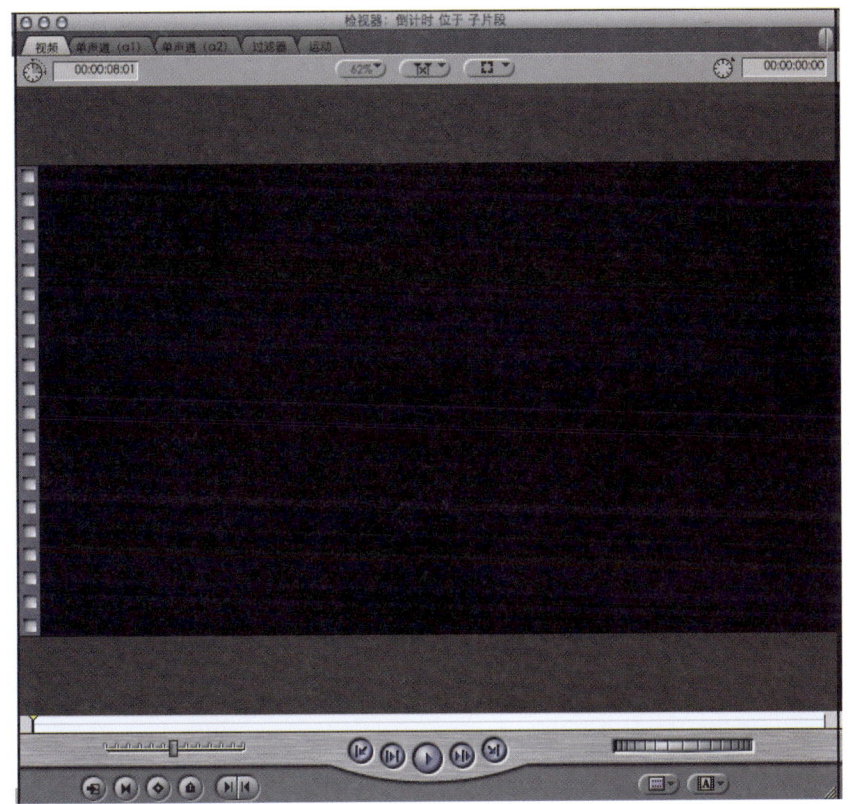

现在"倒计时"素材的长度为"00：00：08：01"，正好是其主片段"素材一.mov"的倒计时部分，它现在已成为独立素材了。

将一个子片段编辑到一个序列中后，子片段不能再变长，也就是没有余量了。可以通过选择序列片段后，选择菜单中的"修改"选项中"去掉子片段限制"命令移除附加在子片段上的限制。这个方法将片段恢复到原始主片段的长度，同时保留子片段的名称，给片段添加标记。

（1）将"素材一.mov"片段在检视器中打开。

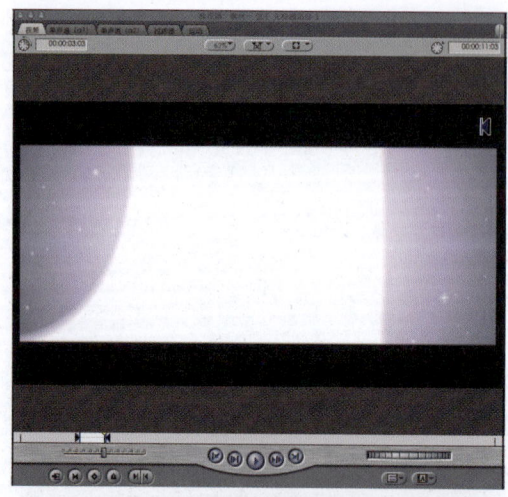

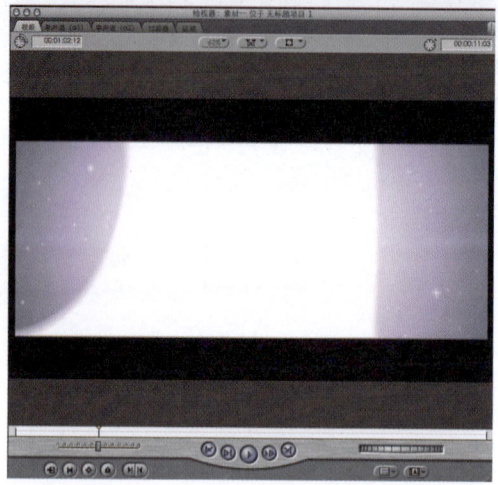

按"Option-X"组合键删除入出点,知道了这个片段中素材的内容,就可以将相关素材标记出来,在检视器设置标记在此段上。也可以在"编辑标记"窗口给标记命名。

(2)将播放头放置在"00:00:11:03"处,按 M 键创造一个标记。

第四课　子片段

再次按 M 键打开"编辑标记窗口"。

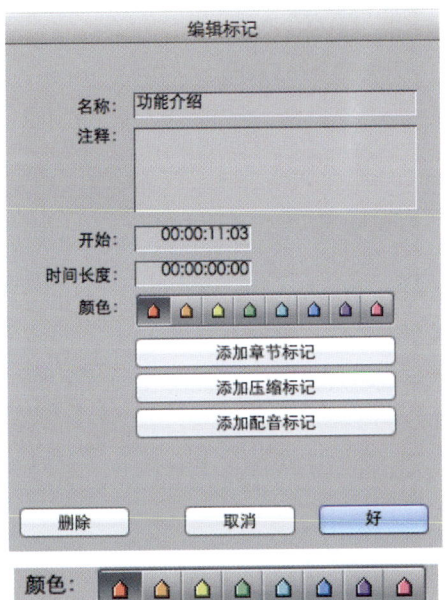

给这个标记命名为"功能介绍",单击"好"。

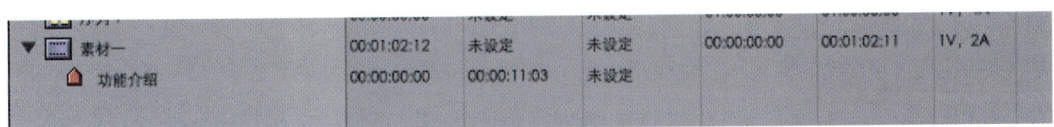

除非选择一个不同的标记颜色,默认颜色是红色。就像在时间线上做过一样,可以选择标记的颜色。

(3)在浏览器中,单击素材旁边的三角号展开主片段。

(4)在素材片段的如下位置添加标记并命名如下:

00:00:14:19 处命名"AJA 设备"(红色标记点):

00：00：18：18 处命名"经典案例"（红色标记点）：

00：00：33：20 处命名"苹果设备"（蓝色标记点）：

第四课 子片段

现在在检视器搓擦应该有 4 个标记，每个标记都代表这个片段中某个部分的起点。
在浏览器中，这 4 个标记已经附加在这个片段上了。

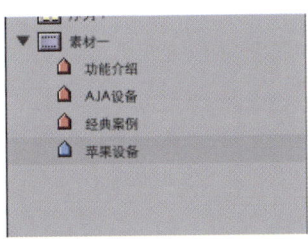

（5）在浏览器中，双击 AJA 设备标记，在检视器中播放，子片段有特定的出点，与此不同的是，这个片段从标记位置开始，一直延续到这个片段的下一个标记处，如果没有其他标记存在，那么将持续到这个片段的末尾。

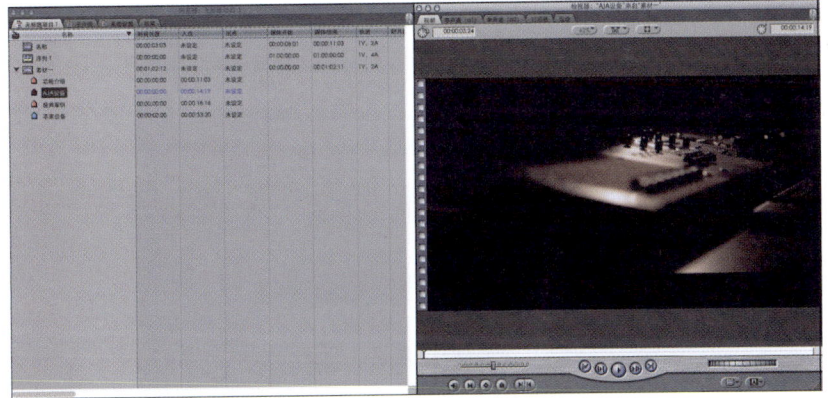

（6）在浏览器中单击"功能介绍"这个标记，选择"修改"选项中"使成为子片段"命令。

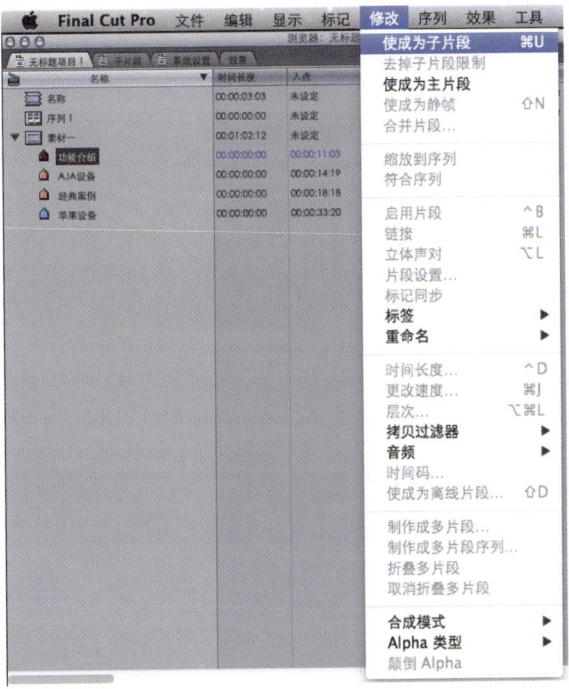

一个新的子片段创建出来，它名称形式是"标记名称 + 片段名称"。

（7）双击新的子片段，在检视器中打开并播放。

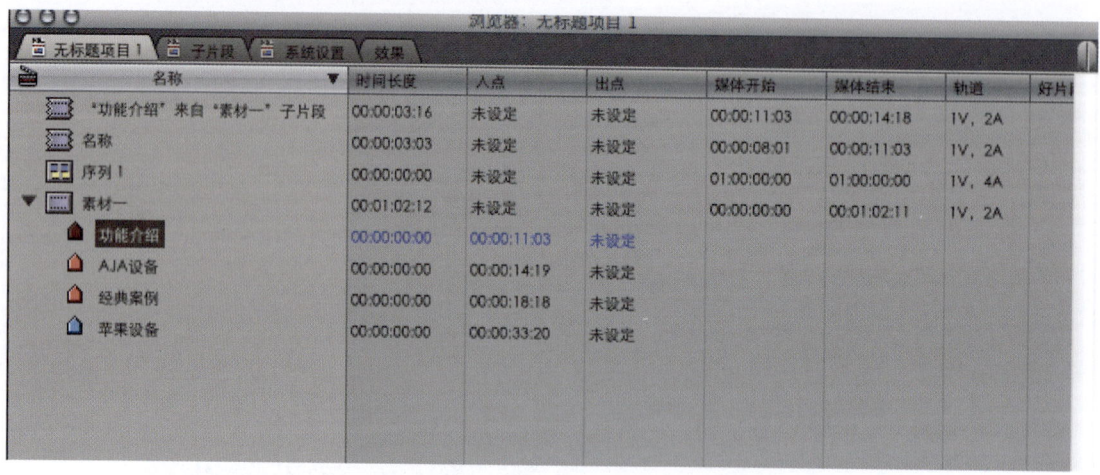

（8）单击右键或在灰色空白处"Control-左键"，选择新媒体夹命令，命名为"素材标记"。

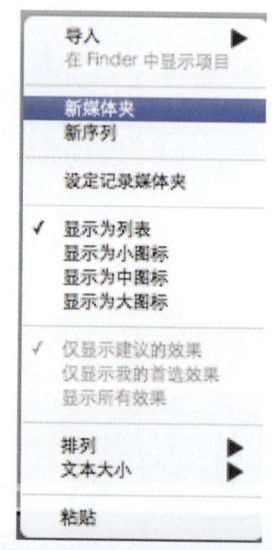

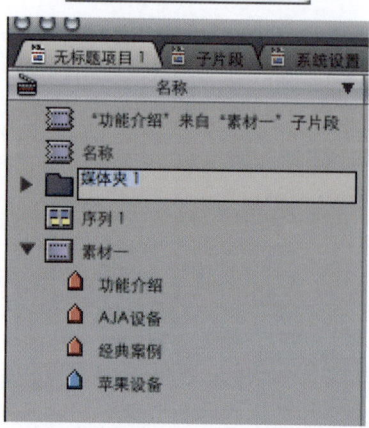

第四课 子片段

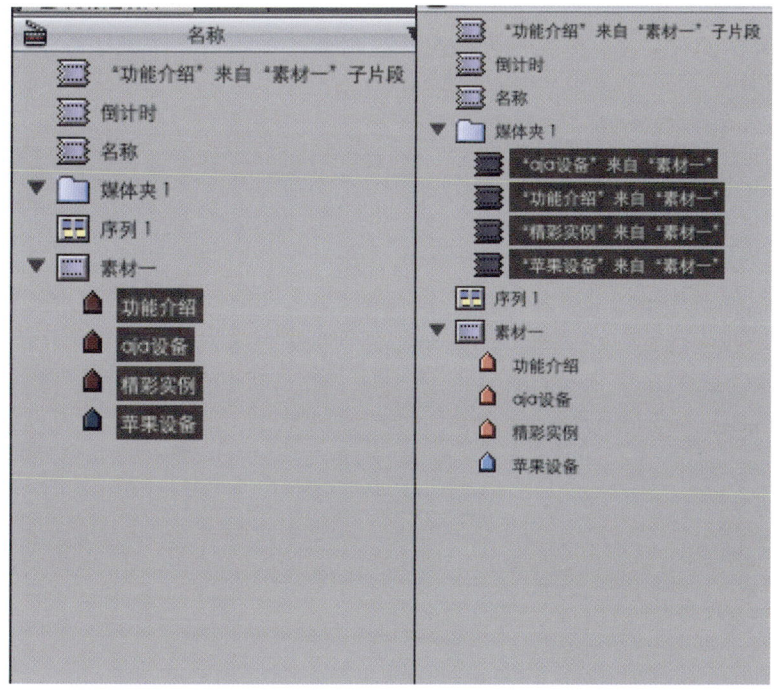

单击此媒体夹的展开三角。

(9)选择所有素材的标记点,将其移到标记点媒体夹。被选择的标记将转换成子片段。

第五课 故事板编辑法和替换编辑法

1. 故事板编辑法

故事板是一种用图片和绘画来说明故事流程的方法。例如，要说明一个场景被剪辑在一起的时候是什么样子的，艺术家会绘制摄像机镜头的草图，然后将它按一张为一帧的连续序列排列在一起。这样导演可以清楚地想象拍出来的电影会是什么样子，或者预测在拍摄过程中可能遇到的问题。

出色的作品带给剪辑师的任务永远是苛刻的，为了将序列中的片段位置形象化，用户可以在 Final Cut Pro 中使用图标视图作为视觉参照来创建自己的故事板。在特定的编辑环境下，故事板编辑是一个很出色的工具。例如，可能已经知道在一段访谈中应该使用的声音片段，但不确定应该将它们排成什么样的顺序；又或者可能想要编辑动作蒙太奇，但一段段的移动素材非常不方便。

尽管故事板编辑非常简单，只需要几个步骤就可以完成，但还是有必要在动手做之前做一些准备。例如，需要将片段放在一个媒体夹中，用图标视图来排列片段，并改变标志帧使其容易识别。

（1）双击"故事板编辑法"与"替换编辑法"。

（2）在时间线上单击"巴山女红军片花"序列标签并播放音乐轨道。然后把 a1 和 a2 轨道"源"控制标记与对应的"目的"控制标记断开连接，因为只需要编辑视频。

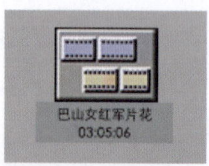

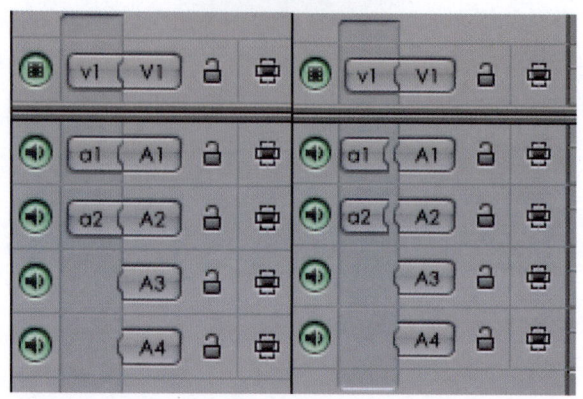

第五课 故事板编辑法和替换编辑法

（3）在浏览器中，关闭所有的媒体夹。双击"素材"媒体夹作为一个单独的窗口打开。观察名称及"名称"栏旁边的"时间长度"一栏。为了在故事板编辑中使用这些片段，需要将媒体夹视图变为图标视图。

（4）按 Control 键并单击名称栏下方，从快捷菜单中选择"显示为大图标"命令。

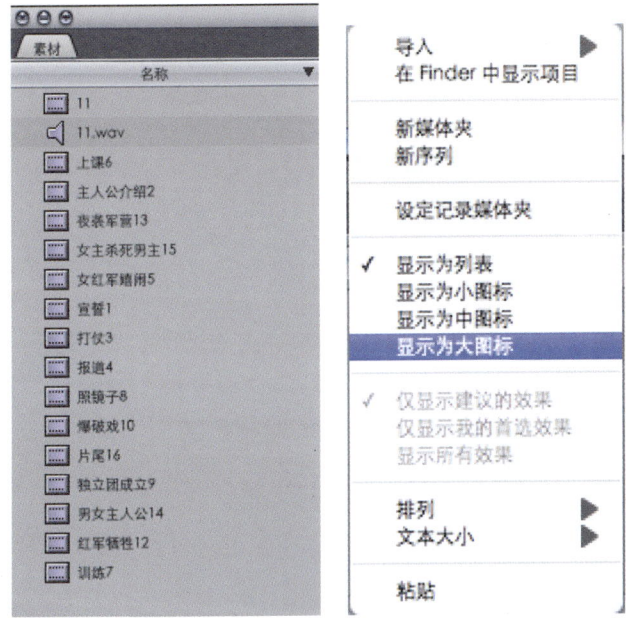

如果媒体夹窗口很小，就可能看不到所有的片段。可以扩大窗口以适应片段图标，并重新安排片段以填充这个窗口。

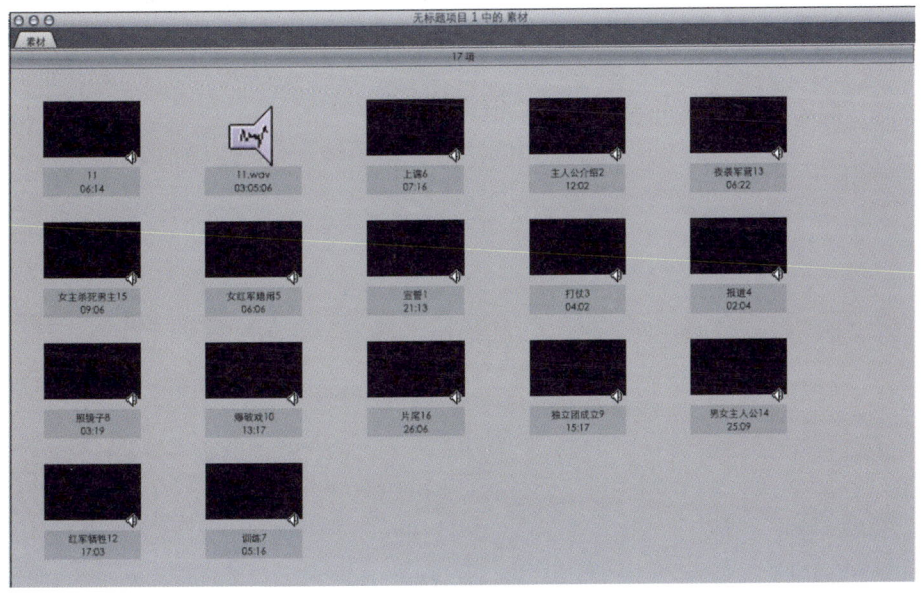

（5）向下和向右拖动这个窗口的右下角（如果这个媒体夹覆盖了其他界面窗口也没有关系）。按"Control"键并单击媒体夹的灰色区域，在快捷菜单中选择"排列"/"按名称"命令。无论何时调整媒体夹窗口大小，都可以排列片段来适应这个窗口的大小。

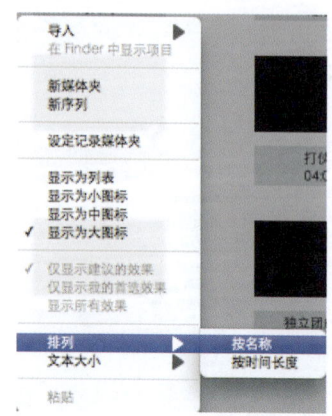

为了方便我们已经将素材重新命名了。请注意每个片段图标都关联一个片段。您所看到的代表这个片段的这一帧叫标志帧，就像电影海报是电影的视觉表达一样。默认设置的标志帧是采集片段的第一帧，但是也可以选择这个片段中的其他帧作为标志帧。

（6）双击素材"宣誓1"，在检视器中打开。

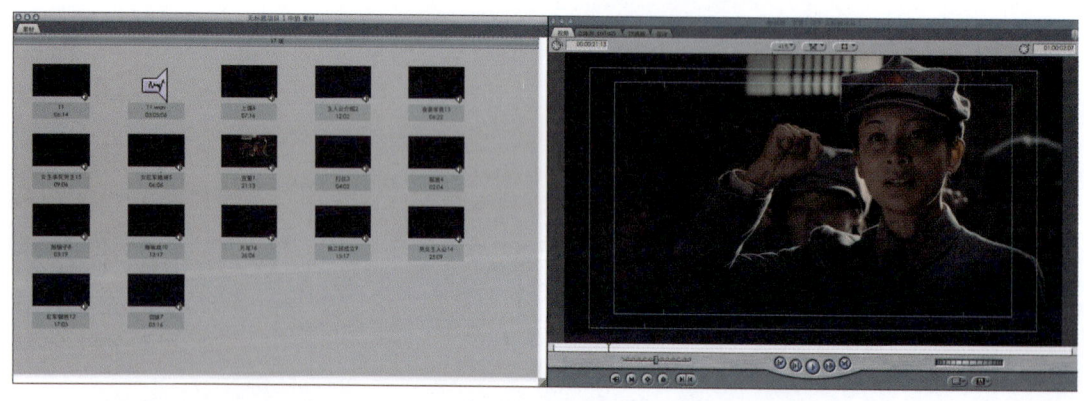

在检视器中，将播放头放到男生刚刚走进画面的前一帧。选择菜单中的"标记"/"设定标志帧"命令，或者按"Control-P"组合键。在"素材"媒体夹中，新的标志帧让这个片段更容易被识别。

第五课　故事板编辑法和替换编辑法

（7）在媒体夹"素材"中，双击片段"男女主人公2"。用相同的手法将它的标志帧改为小莲站起来的前一帧。

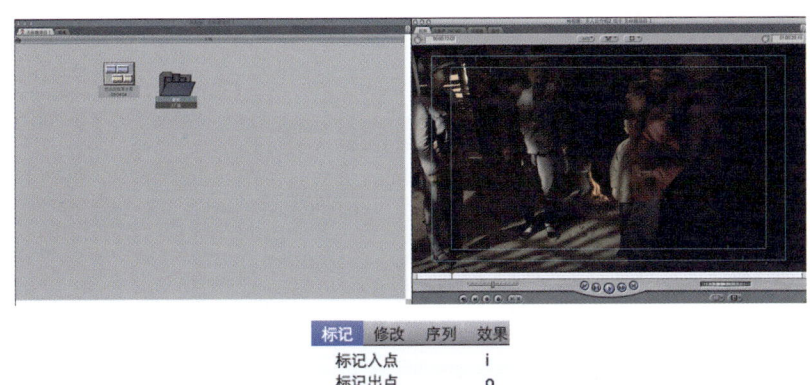

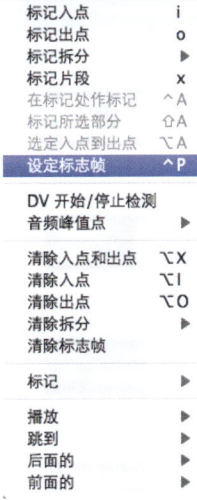

要用这组片段来创建一个故事板，首先需要将它们在序列中按照所希望的顺序进行排序。在Final Cut Pro中，故事板编辑法的标准是由上到下，由左至右。媒体夹中图片的排列位置会决定它们在时间线序列中最终的排列方式。Final Cut Pro的顺序是从媒体夹左上角的第一个片段开始，然后横向读取，接着移到下一行，如此往下读取，就像读书的顺序一样。

（8）按以下的顺序排列这些片段到这个媒体夹的第一行。

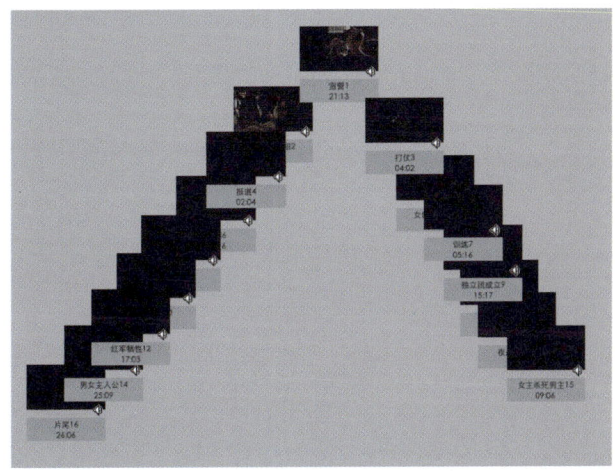

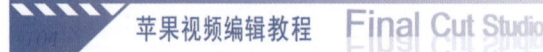

按行放置片段是决定它在序列中顺序的因素之一，另一个重要因素是它在行里面的高度。

根据故事板编辑的规律由上到下，由左到右，高一些的片段会较其他同行内的片段优先被编辑到时间线上。从高到低的顺序优先于从左到右的顺序。

（9）在"素材"媒体夹中，按"Command-A"组合键来选择所有的视频片段。

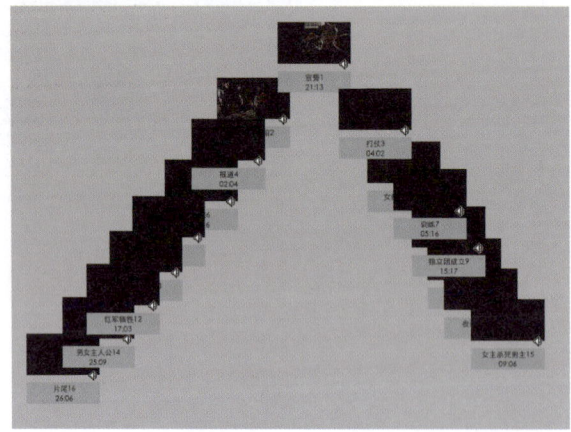

（10）将选好的片段图标向下拖到时间线上，将其吸附到序列的头部。当看到向下的覆盖箭头的时候释放鼠标，播放这个序列。

所有的片段按照它们在"素材"媒体夹中的顺序放置。只有标记的部分被编辑了。

故事板编辑完成之后，可以用编辑工具和标记来改良和完善这些片段的位置。

2．替换编辑法

在安排好序列上的片段后，无论是对其单独编辑还是使用故事板，都可以使用替换编辑的功能来替换单独的片段。替换编辑法特别适用于以下情况：如果对序列中的每个片段的长度和位置都满意，但是希望以原始片段的长度和定位作为参照，此时用另一个片段替换当前片段的方法非常适用。

与覆盖及插入编辑功能不一样，不管是在新片段中还是序列中，替换编辑都不依靠入点和出点。只取决于播放头在检视器和时间线上的位置。

（1）在时间线上单击"巴山女红军片花"标签。

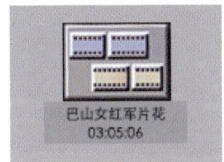

这是在巴山女红军片花的粗剪工程，序列的缩略图显示已经被关闭，以便更好地读取片段的名称。

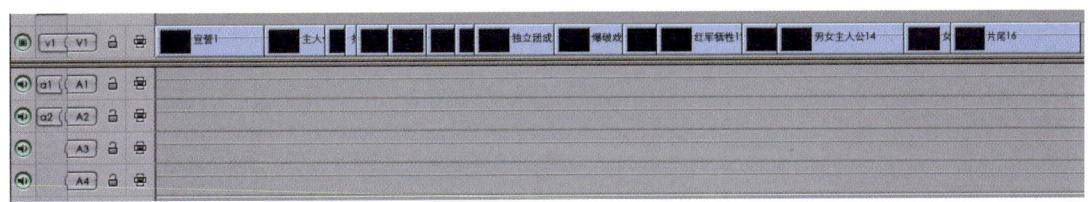

（2）将播放头移动到"v3-0005"的第一帧，放大到这个片段（Option-"+"）。

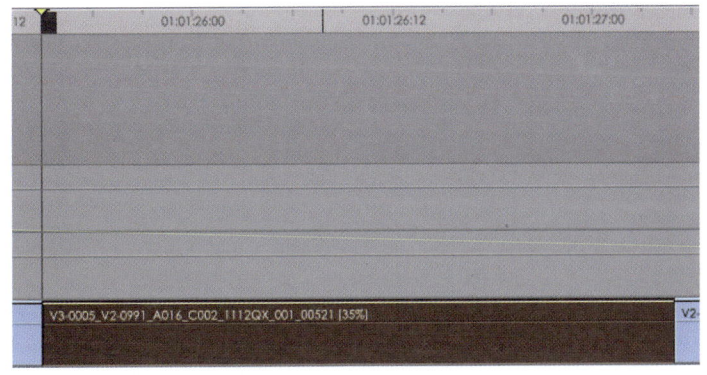

不像序列中其他使用入点和出点的编辑，在这里并不需要用入点或出点来限定片段的时间长度。事实上，替换编辑使用的是播放头所指的当前片段长度。使用播放头来定义替换功能可以节省许多时间。由于这个片段有特定的长度，因此序列上只有片段所占据的这个部分会被影响。

（3）在"ph"媒体夹中，找到"v3-0008"的素材。搓擦这个片段，将播放头放到这个要替换的"v3-0005"的素材上，从播放头位置开始使用这个片段。再次提醒，用替换编辑的时候，只需要用到播放头，而不要用入点和出点。

 苹果视频编辑教程

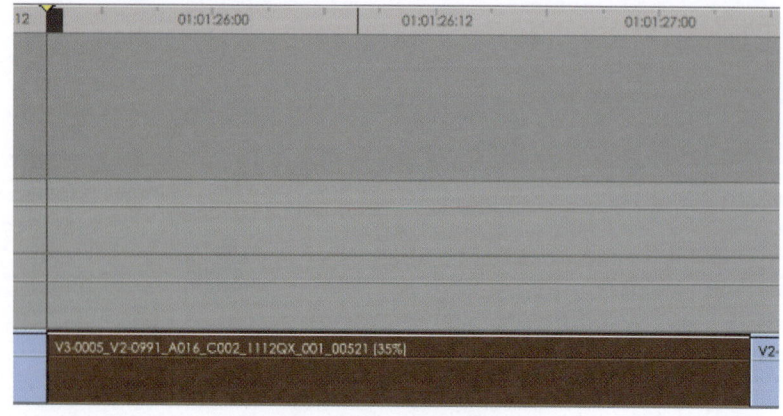

将源素材片段从检视器中拖动到画布窗口中"编辑叠层区"的蓝色"替换"区域。释放鼠标,然后播放这个编辑。

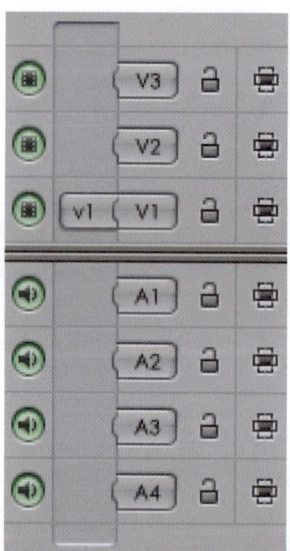

第五课 故事板编辑法和替换编辑法

"替换"是一种非常常见的编辑手段,在很多时候都用得上它。可以将播放头定位在一个动作上,在时间线上设置一个同步点,然后单击"替换"按钮来实现同步;可以在时间线上标记一个区域,然后替换掉;也可以在检视器和时间线上定位想要的出点,再利用替换工具将片段替换。纪录片与 MV 当中经常会用到替换编辑。

第六课 智能工具

1. 精准修剪

滑移、滑动、波纹和卷动工具专门用于对序列中片段的入点和出点进行细微调整。使用这些工具的微调编辑也称为精准修剪。

余量：任何一个片段都有一个已知长度，也就是常说的入点到出点的长度。在剪辑时常用到一个片段的某一个区域，也就是说重新定义了这段素材入出点的位置，那原来的入点到新入点的距离与原来出点到新出点的距离都称之为本段素材的余量。换句话说，将一个素材剪断并不是真正剪断，而是重新定义了它的入、出点的位置，可以称为入出点的提前式延后。

2. 使用"滑动"工具编辑

（1）在时间线中滑动片段。

执行滑动式编辑，就可以在时间线其他两个片段之间移动片段的位置，而不会产生空隙。片段的内容不变，只是它在时间线中的位置发生了变化。滑动片段时，两端的相邻片段都会变长或缩短来填补产生的空隙。这三个片段的总时间长度不会改变，因此序列的时间长度也不会改变。简单地讲便是它自身长度不变但影响相邻片段长度序列，总时长不变。

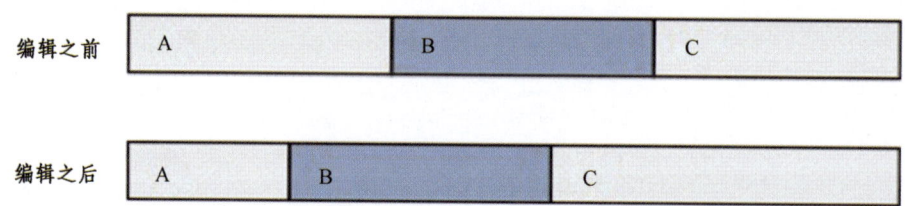

在上图中，片段向左滑动。滑动式编辑更改了片段 A 的出点和片段 C 的入点，但片段 B 的入点和出点保持不变。片段 B 的时间长度和序列的总长度都没有改变。

注：要在两个其他片段之间滑动一个片段，前面和后面的片段必须有余量（片段入点和出点以外的额外媒体）。

（2）要通过拖移在时间线中滑动片段。

• 在工具调板中选定滑动工具（或按下 S 键两次）。

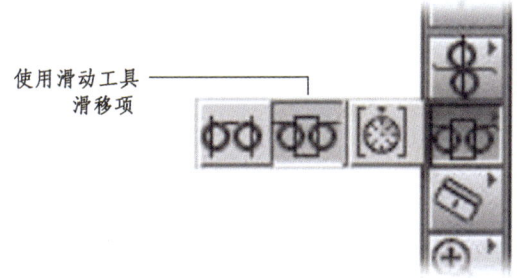

使用滑动工具
滑移项

- 选定片段,然后将它向左或向右拖移,在拖移时,画布会显示左边片段的出点帧和右边片段的入点帧。

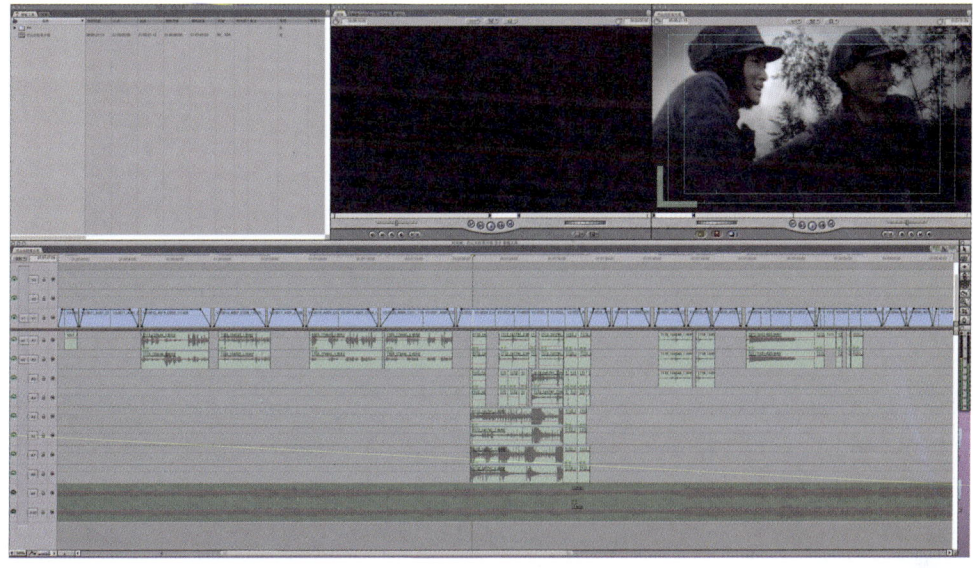

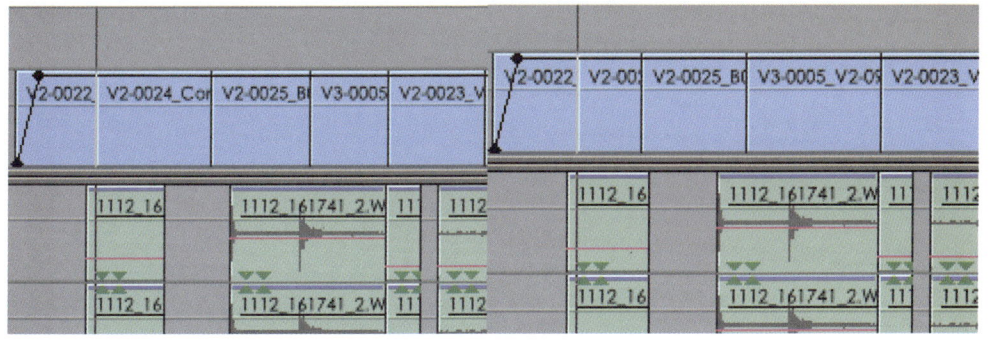

（3）使用时间码在时间线中滑动片段。
- 在工具调板中选定滑动工具（或按下 S 键两次）
- 在时间线中选定一个片段，或按下 Shift 键以选定多个片段。还可以使用"Command"来选定不相邻的片段。

提示：可以同时滑动多个片段。但是，如果其中一个片段不能滑动，则其他片段也无法滑动。

- 键入"+"（加号）或"-"（减号）及要滑动的帧数，然后按下"return"键。
- 按下"["（左方括号）或"《"（左尖括号），以将片段向左滑动一帧。
- 按下"]"（右方括号）或"》"（右尖括号），以将片段向右滑动一帧。
- 按下"Shift-["或"Shift-《"，以将片段向左滑动默认帧数。
- 按下"Shift-]"或"Shift-》"，以将片段向右滑动默认帧数。

注：可以指定要修剪的默认帧数，方法是在"用户偏好设置"窗口的"编辑"标签中更改"多帧修剪的长度"设置。

3．使用"滑移"工具编辑

（1）在时间线中滑移片段。

执行滑移式编辑不会更改片段在时间线中的位置和时间长度，但更改了片段的媒体在时间线中显示的部分。滑移工具允许用户同步移动片段的入点和出点。

在时间线中排列片段，使编辑点与音乐节拍或序列中其他固定同步点对齐时，需要保持片段位置正确。在这种情况下，调整片段的空间很小，因为不能更改片段的时间长度。也不能将该片段移动到时间线中的其他地方，因为它不与序列的音乐节拍或其他同步点对齐。因此，只能同步移动片段的入点和出点，保持片段的时间长度不变。简单地讲便是在使用"滑移"工具时，不改变任何素材的长度，只改变自身素材的内容，即出入点。

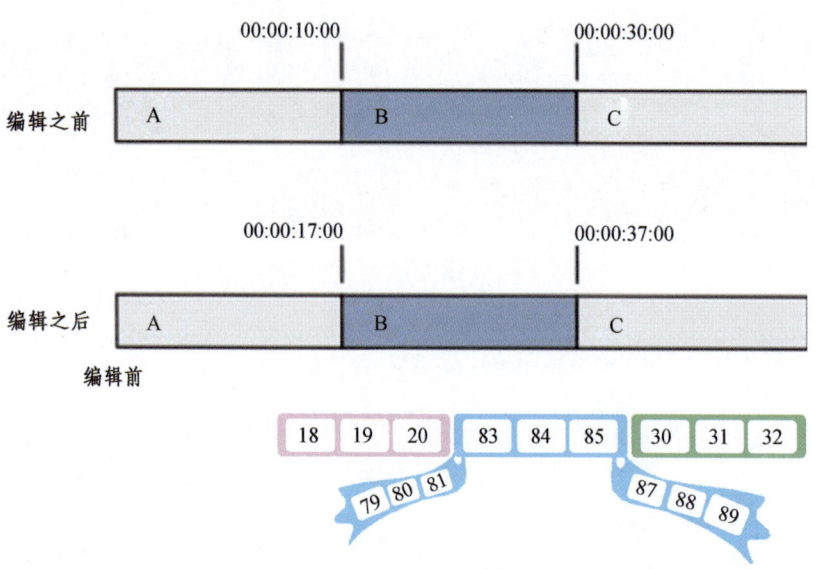

编辑前

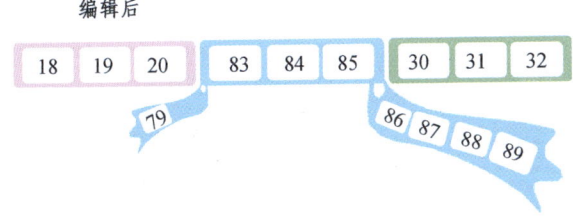

（2）使用滑移工具执行滑移式编辑。

使用滑移工具在检视器中执行滑移式编辑：

- 连按一个序列片段，以在检视器中打开此片段。
- 在工具调板中选定滑移工具（或按下 s 键）。

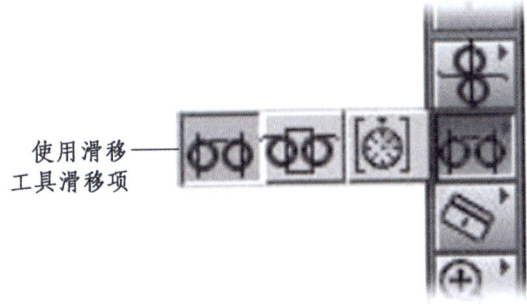

- 沿着检视器的搓擦条拖移入点或出点。

苹果视频编辑教程　Final Cut Studio

- 当片段定位到用户想要的帧范围时，松开鼠标按钮。入点和出点一起移动，使片段的时间长度维持不变。

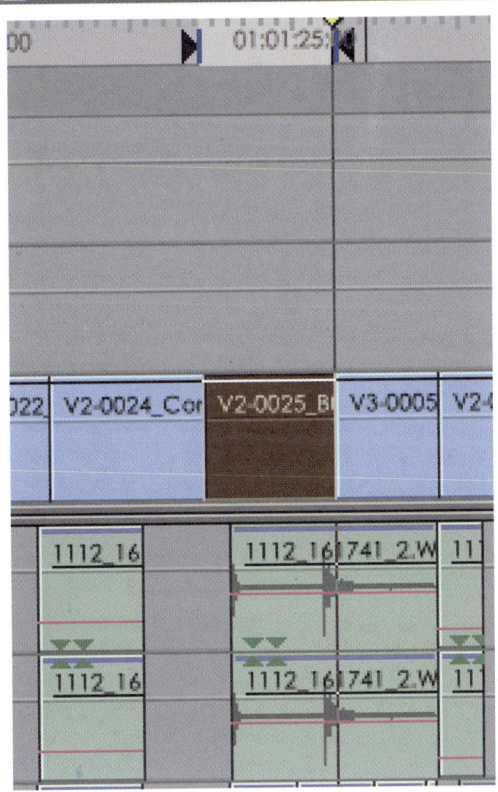

● 点按"播放入点到出点"按钮（或按下"Shift-\"），以观看序列片段的入点和出点之间的新部分。该片段在时间线中自动更新。片段和序列的时间长度保持不变，周围的片段不受影响。

（3）使用滑移工具在时间线中滑移片段。

- 在工具调板中选定滑移工具（或按下 S 键）。
- 点按片段，然后将它向左或向右拖移。在拖移时，会显示片段的整个范围的轮廓，表示片段中当前选定范围的左边和右边的可用媒体量。同时，画布会显示入点和出点处的帧。

● 当片段定位到用户想要的帧范围时，松开鼠标按钮。执行该操作后，序列中所有片段的时间长度和位置保持不变。

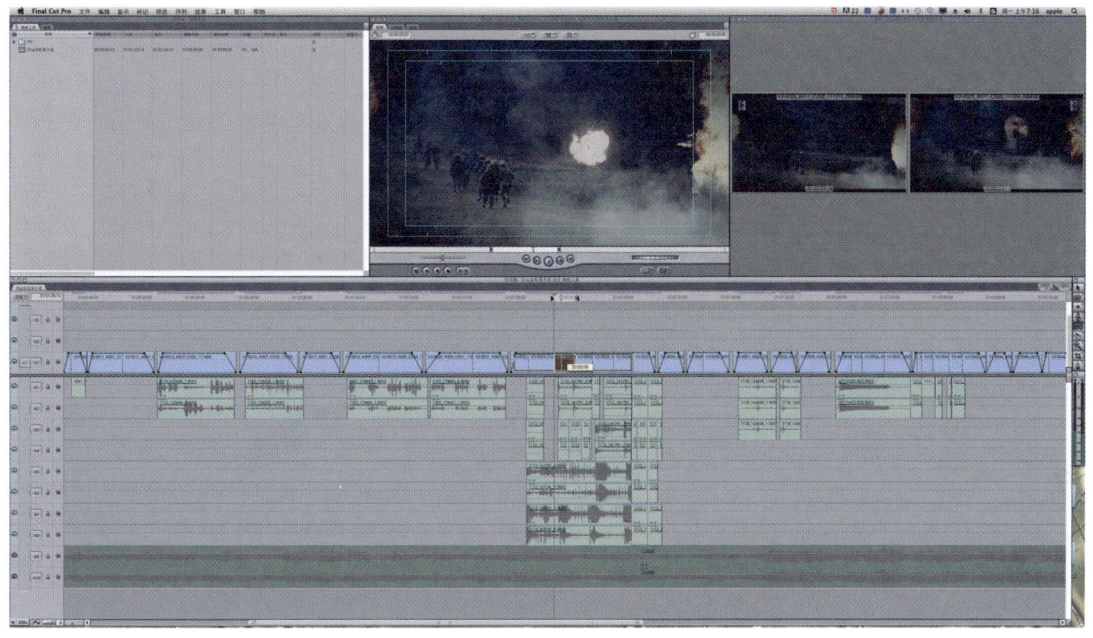

● 点按"播放入点到出点"按钮（或按下"Shift-\"），以观看序列片段的入点和出点之间的改变部分。

（4）以数字方式执行精确的滑移式编辑。

使用鼠标将片段滑移几帧很难控制，若以数字方式来精确片段简单很多。

（5）使用时间码在时间线中滑移片段。

● 在工具调板中选定滑移工具（或按下 S 键）。

● 在时间线中选定一个片段。

注：要选定多个片段，按住 Shift 键选定每个片段。

● 键入"+"（加号）或"–"（减号）及要滑移的帧数，然后按下"Return"键。

● 按下"["（左方括号）或"《"（左尖括号），以将片段向右滑移一帧。

● 按下"]"（右方括号）或"》"（右尖括号），以将片段向左滑移一帧。

● 按下"Shift-["或"Shift-《"，以将片段向右滑移动默认帧数。

● 按下"Shift-]"或"Shift-》"，以将片段向左滑移默认帧数。

注：用户可以指定要修剪的默认帧数，方法是在"用户偏好设置"窗口的"编辑"标签中更改"多帧修剪的长度"设置。

● 点按"播放入点到出点"按钮（或按下"Shift-\"），以检查序列片段入点和出点之间的改变部分。

（6）在时间线中同时滑动多个片段项。

● 在工具调板中选定工具（或按下"A"），也可以按住"Command"键，将滑移工具暂时切换为选择工具。

● 在时间线中选定多个片段项。

- 选定的片段项可以位于一个或多个轨道。选定的片段项无需相邻。例如，可以在点按片段时按下"Command"键，以选择非相邻片段。
- 在工具调板中选定滑移工具（或按下"S"）。
- 输入一个正时间码数字或负时间码数字，以便按此量滑移选定的所有片段项，然后按下"Enter"键。选定的片段项按照输入的时间长度滑移。如果其中一个选定的片段项不能滑移，则所有项都不滑移。

4．使用波纹工具修剪编辑

波纹式编辑用于调整片段的入点或出点，使片段变长或缩短，并且不会在时间线中留下空隙。片段时间长度的更改向外波动，将所有后续片段在时间线中前移或后移。如果更改片段时间长度时不使用波纹式编辑，则缩短片段时会留下空隙，或者使片段变长时会覆盖现有片段的一部分。使用波纹工具是执行波纹式编辑的主要方式，但是也可以在时间线中选定一个或多个片段，然后执行波纹式剪切或波纹式删除。此时，片段将被删除，所有后续片段在时间线中将前移以填充该空隙。

波纹式编辑是单端编辑，只会影响单个片段项的一个入点或出点。被缩短或延长的片段：后面的所有片段在时间线中相应移动，因此，波纹式编辑会影响已修剪片段和所有后续片段在时间线中的位置。此操作比仅仅修剪单个片段的长度更重要。简单地讲："波纹"工具属于删除式工具，它只针对一个编辑点发挥作用，在所有智能工具中，它是唯一一个会改变序列长度的工具。

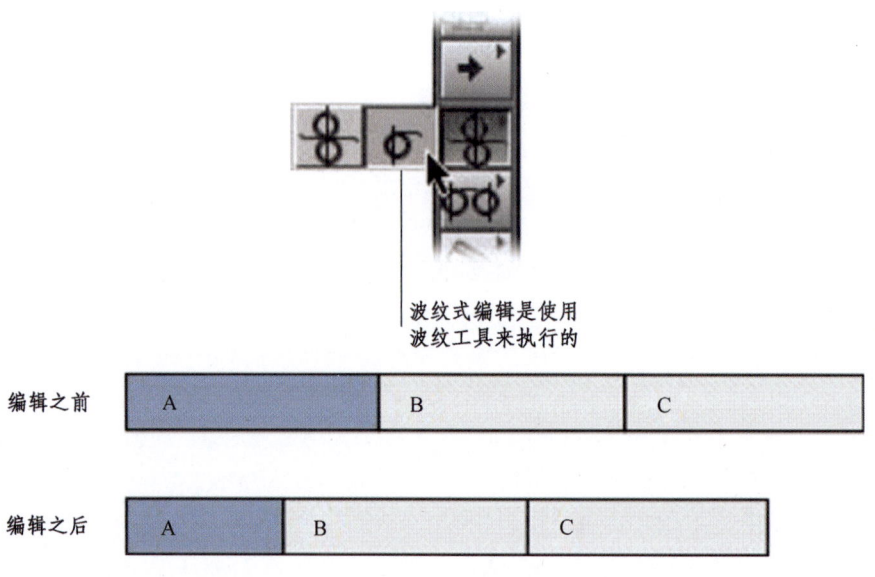

波纹式编辑是使用波纹工具来执行的

注：在使用波纹式编辑时请注意不同轨道的片段项之间的同步，因为一个轨道上的所有片段项会前移或后移，而其他轨道上的片段项并不移动。

（1）在时间线中进行波纹式编辑。
- 在工具调板中选定波纹工具（按下"R"键两次）。

第六课 智能工具

- 在片段项的边界附近点按鼠标左键以选定片段项的入点或出点。
- 波纹工具更改方向,以指示需要选定哪个片段项边界。如果打开了链接选择,那么也会同时选定链接项的编辑点,如音视频同时选择。
- 拖移该编辑点以延长或缩短序列中的片段。请注意在时间线中预览的片段边界。

或者双击打开修剪编辑,键入"+"(加号)或"-"(减号)并在后面键入从当前编辑点开始往前或往回移动的帧数,然后按下"Return"键。

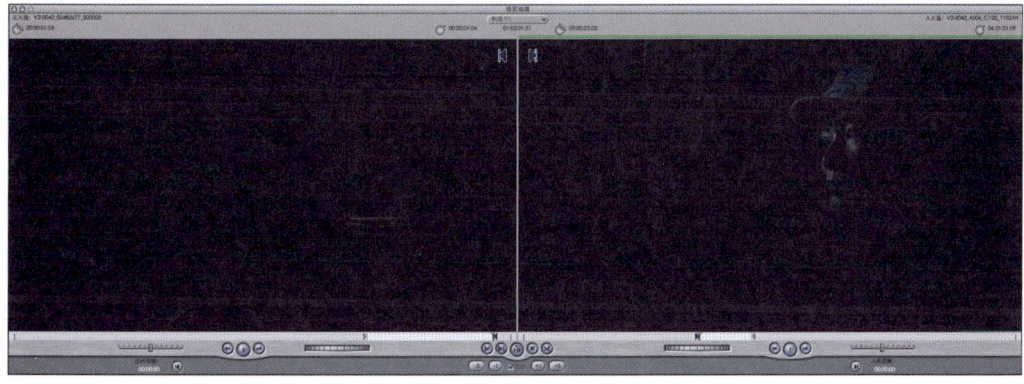

使用波纹工具调整片段时,画布中会显示并排的两个窗口,出片段项的出点位于左边,

而入片段项的入点位于右边。使用这两帧来决定将编辑点放置到什么位置。该编辑点后面的所有片段项都向左或向右移动，以适应片段的新时间长度。

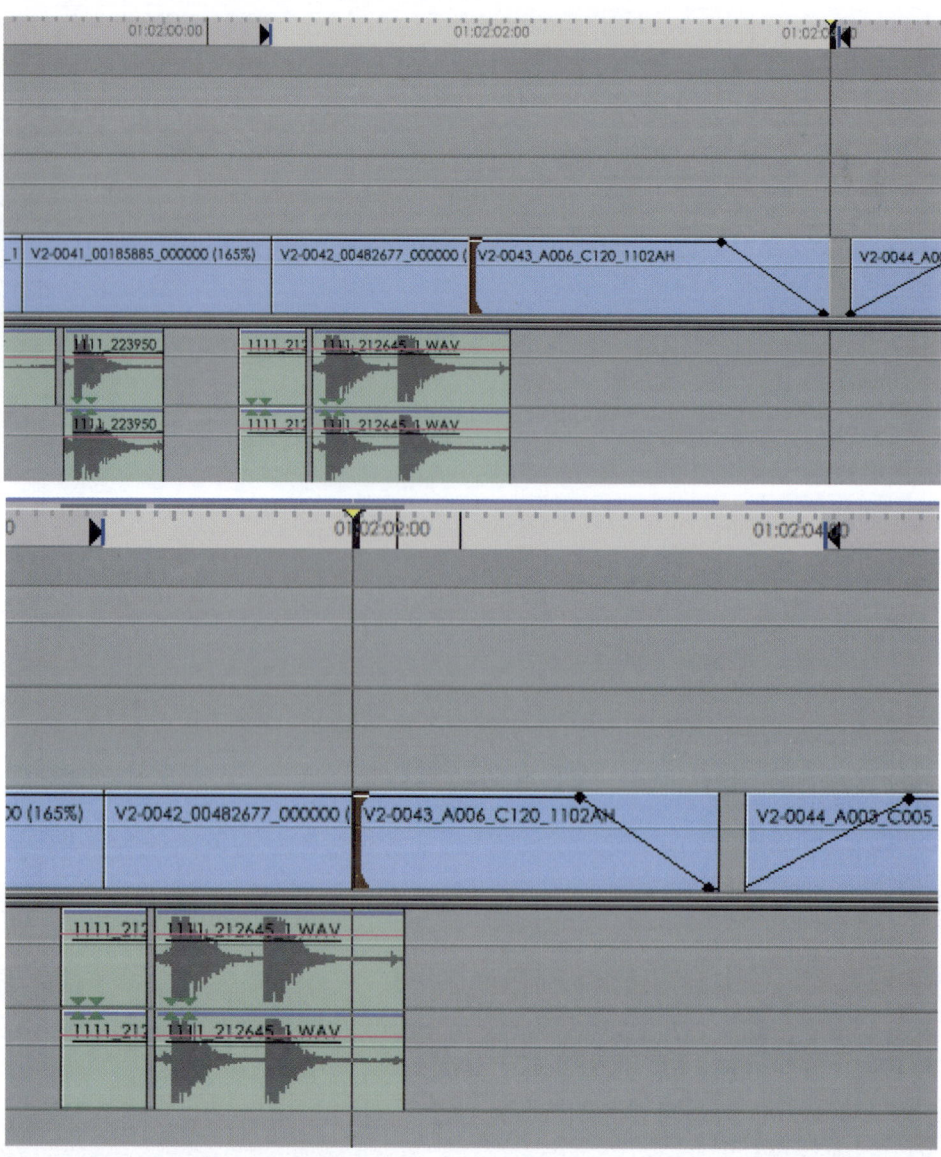

（2）在检视器中执行波纹式编辑。

有时在决定要对哪个帧进行编辑之前，可能想要查看整个片段的媒体。在这种情况下，在检视器中打开一个序列片段比较简单。只要在检视器中设定入点或出点时选定了波纹工具，就会在时间线中执行波纹式编辑。

- 在检视器中连接一个序列片段。
- 在工具调板中选定波纹工具（按下"R"键两次）。
- 沿着检视器的搓擦条，将入点或出点拖到片段中的新编辑点。或者使用走带控制或"J"、"K"和"L"键将检视器中的播放头移动到片段中新的编辑点处。然后使用"标记入点"和"标记出点"按钮或者使用"I"和"O"键，来设定新的入点或出点。

5. 使用卷动工具修剪编辑

卷动式编辑同时调整两个相邻片段的出点和入点。如果要将两个片段放置到时间线中的某个位置，但不想更改剪切点出现的时间，可以使用卷动工具。这样，时间线中将没有片段移动，只有两个片段之间的编辑点移动。这是一种双端编辑，指两个片段的编辑点同时受到影响，第一个片段的出点和下一个片段的入点都由卷动式编辑调整。

注：执行卷动式编辑时，序列的总时间长度维持不变，但两个片段的时间长度都会改变。其中一个延长，而另一个则缩短以作为补偿。这意味着用户无需担心不同轨上的链接片段项之间会出现同步问题。但是，序列中的其他片段不受影响。简单地讲：卷动工具作用于两个相邻的编辑点，在修剪时只修改这两个相邻素材的长度，不改变序列总长度。

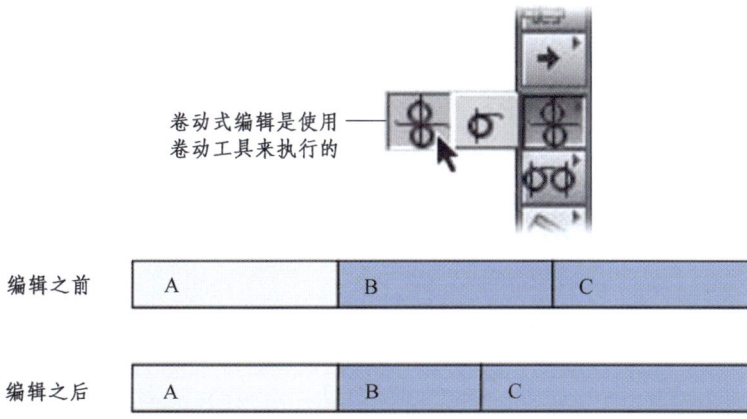

在上图中，片段 B 缩短而片段 C 延长，但两个片段的总时间长度不变。

（1）在时间线中进行卷动式编辑。
- 在工具调板中选定卷动工具（或按下 r 键）。
- 选定两个片段之间的编辑点。如果打开了链接选择，那么也会选择链接项的编辑点。

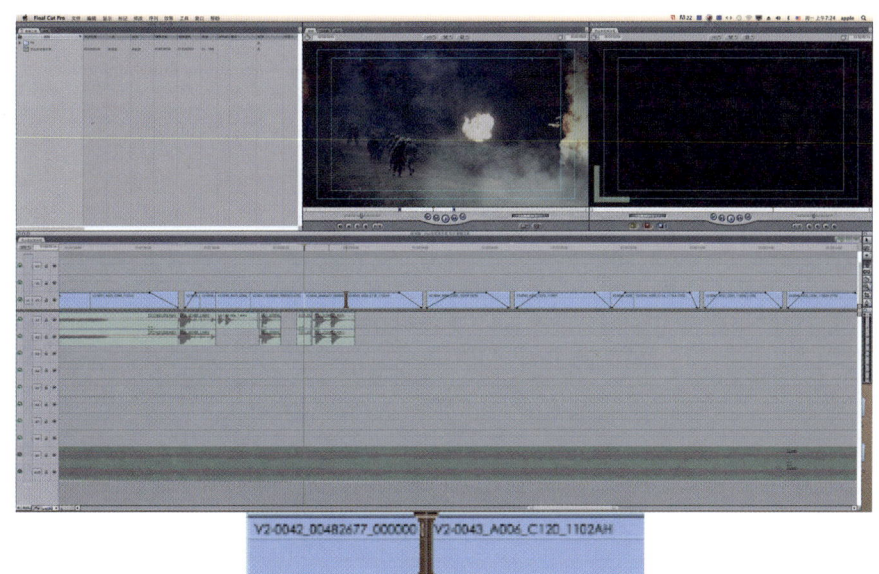

- 向左或向右拖移编辑点。在拖移时，画布会显示并排的两个窗口，出片段的出点位于左边，入片段的入点位于右边。

（2）同时卷动多个轨道上的编辑点。
- 按下"Command"键同时点按以选定多个编辑点。
- 在工具板中选定编辑点选择工具（或按下"G"键），然后进行拖移以选定需要的编辑点。

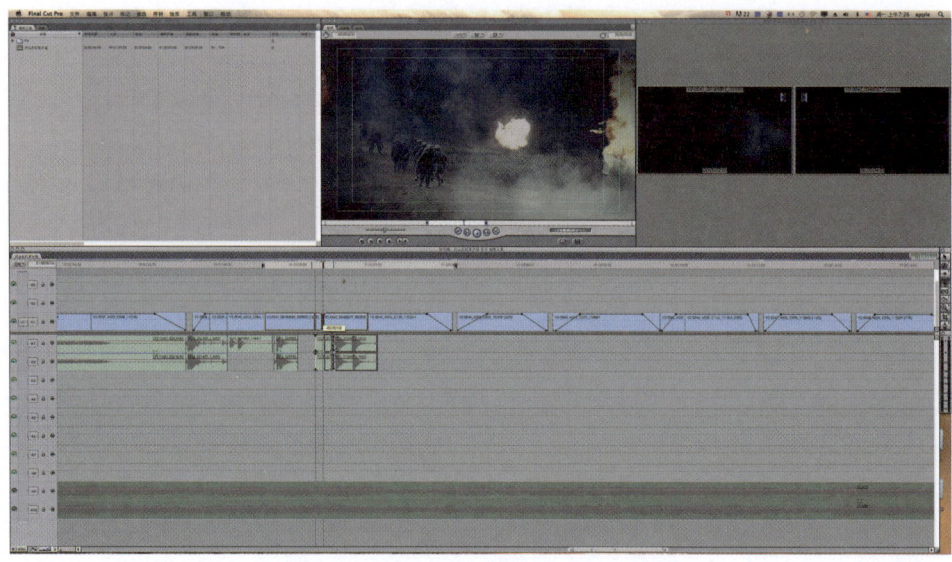

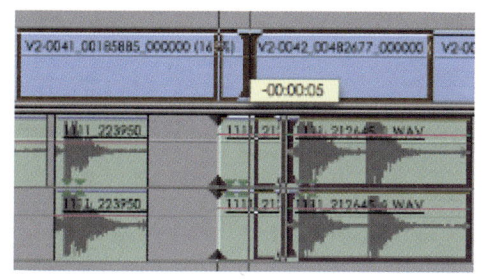

- 使用卷动工具在所有轨道中执行卷动式编辑。

（3）在检视器中进行卷动式编辑。

- 在检视器中打开一个序列片段。
- 在工具调板中选定卷动工具（或按下"R"键）
- 沿着检视器的搓擦条拖移入点或出点以便卷动编辑点。或按下"I"或"O"以设定新的入点或出点。

注：如果在卷动编辑点时不能再进一步拖移，则表示两个片段中一个已经到达媒体终点。此时，Final Cut Pro 会显示一则"媒体限制"信息。

选定卷动工具后，按住"Shift"键会临时切换波纹工具。

在拖移时，按下"Command"键可以"减速"并进行更精确的编辑。

通过移动片段的入点或出点，或移动两个片段之间的编辑点来调整片段的时间长度，称为修剪。在 Final Cut Pro 中，可以使用时间线、检视器以及"修剪编辑"窗口进行修剪编辑。

（4）选定要修剪的编辑点和片段。

实际上不论在哪里修剪片段，几乎都是在时间线中选定编辑点。除了只是选定片段的入点或出点，或两个相邻片段的出点和入点，选定编辑点与选定整个片段很相似。如果打开了链接选择，那么与选定的编辑点或片段链接的任何编辑点以及片段本身也会被选定。

第七课　多片段编辑（多机位剪辑）

多片段编辑时常用的剪辑方案功能强大，常作为电影、电视栏目、MV、音乐会等多机器共同作业并记录的项目后期制作方案。多机位剪辑有其特定的要求，下面就简单地介绍一下这些要求。

在一个多片段中，不要求有同样的时间长度，但是所有的角度必须要使用相同的编解码器、影像尺寸和帧速率。

需要使用相同的采集预置。

可以使用"浏览器"窗口中的任何素材来制作多片段，比如视频片段、音频片段、静止影像等。

短片段最多可以包含128个机位，但是只可以实时播放16个。

每个角度可以是一个包含视频和音频、仅包含视频或者仅包含音频的片段。

在一个多片段中，一次只可以有一个活跃视频项，但是可以有多个活跃音频项，最多24个。

在一个多片段中，音频的数量由包含最多音频项的角度决定。比如有3个机位，其中机位1有6个音频项，机位2有4个音频项，机位3有2个音频项，那么该多片段应该有6个音频项。

活跃视频和音频项可以独立地切换到不同的角度。

1. 多片段的工作流程

在Final Cut Pro中制作和使用多片段时，有一个基本的流程，一般需要按着该流程来进行工作。下面简单介绍一下该流程中的这几个过程。

◆ **拍摄并记录一个时间的同步信息**

在该过程中，需要使用多台摄像机从不同的角度、距离来拍摄和记录相同的主题和事件。在专业的多镜头拍摄中，每台摄像机接收来自主时间码发生器的相同时间码，也可以认为干涉每台摄像机的时间码发生器同步。使用摄像机拍摄的录像带一般称为iso卷，它是独立卷的意思。

◆ **记录和采集多镜头素材**

在该过程中，需要将每个录像带记录和采集为独立片段，或者使用"现在采集"命令来采集整个录像带。在采集时，需要为每个采集的片段设置一个角度编号，要在"记录"标签中进行设置。

◆ 制作多片段，分配机位

在该过程中，需要在"浏览器"窗口中选择要分组到一个多片段中的片段、子片段或者片段媒体夹，然后使用"制作成多片段"命令或者"制作成多片段序列"命令将其制作成多片段。

◆ 将多片段编辑到序列中

在该过程中，需要将多片段添加到序列中，并进行适当调整，然后启用"多片段回放"选项在"检视器"窗口中查看所有的机位，并实时地在"画布"窗口中切换到不同的角度。在时间线中可以与调整其他片段的编辑点一样来调整多片段的编辑点。在切换机位时，可以在使用一个机位的视频时，使用其他机位的音频。

◆ 修剪多片段

在粗编完成后，需要在时间线中修改多片段。多片段的修改与单片段一样，智能工具仍然适用。

◆ 输　出

在该过程中，将制作好的多片段序列输出到录像带，也可以输出为其他需要格式的文件或者交换格式，比如 EDL 或者 XML 文件。

2．将片段制作成多片段

将片段制作成多片段之前，必须先设置素材片段的同步方式（入点、出点、时间码）。如果所有的素材使用了相同的时间码，那么可以直接将素材片段制作成多片段。下面以两个片段素材为例，介绍如何制作多片段。

（1）在"浏览器"窗口中导入要"多片段"的素材文件夹，点击"检视器"窗口中分别打开 001、002、003、004 进行播放，由于本例中没有时间码发生器，故需使用 X 点对齐的方法来制作多片段素材。打开检视器的立体声标签，在主持人说"让我们用最热烈的掌声"的前一帧分别为"001""002""003""004"打一个入点。

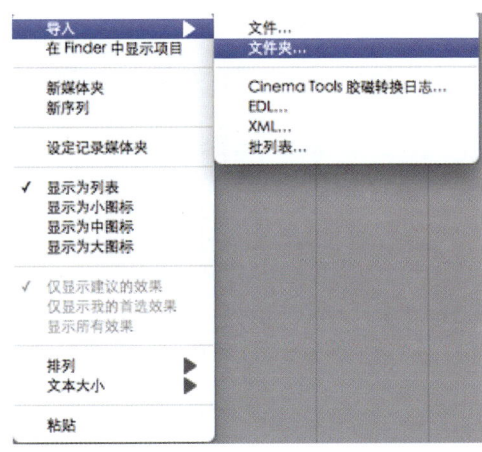

苹果视频编辑教程 Final Cut Studio

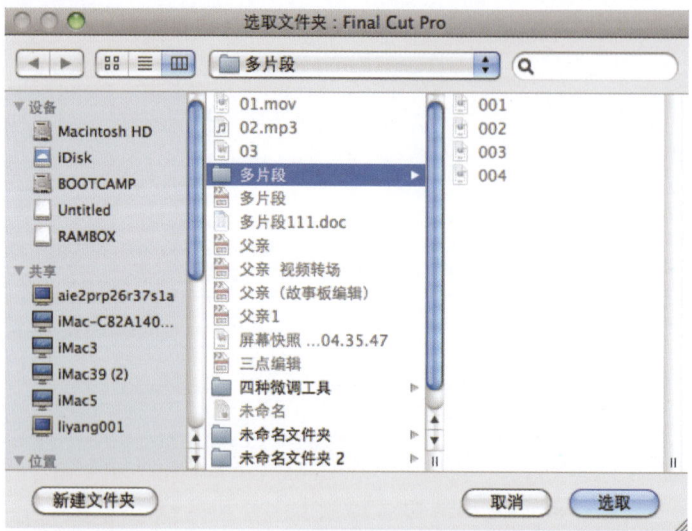

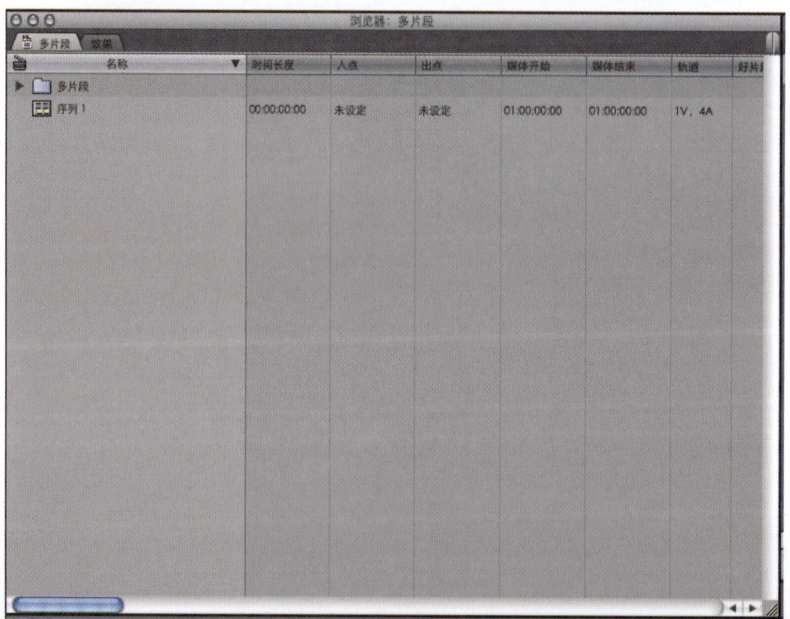

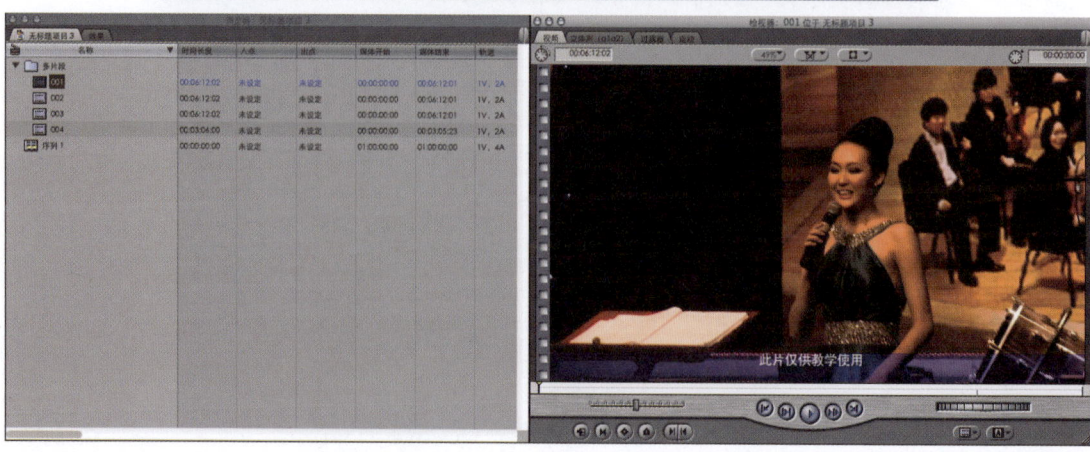

第七课 多片段编辑（多机位剪辑）

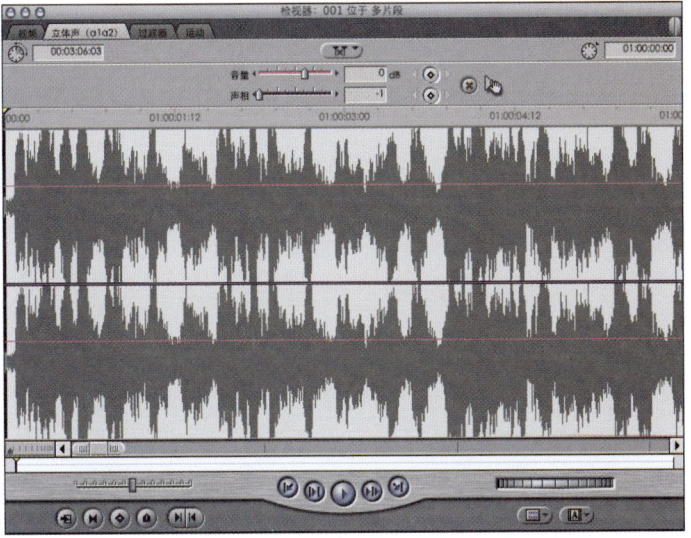

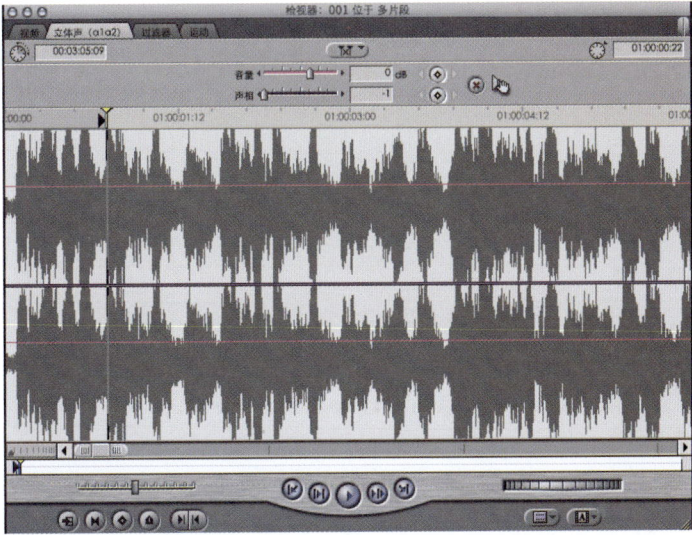

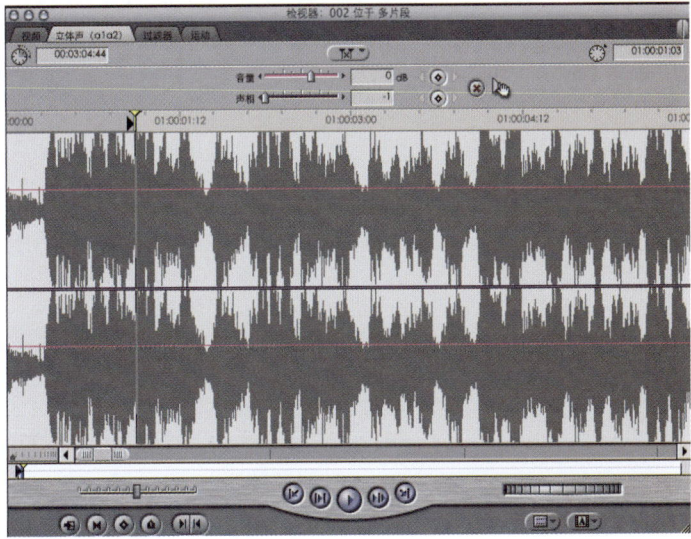

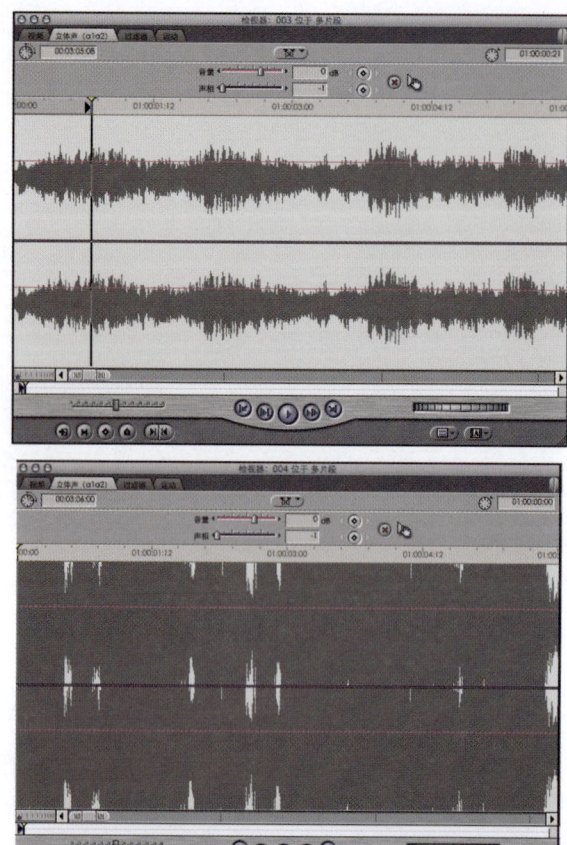

（2）选中"001""002""003""004"素材片段，然后点击菜单中"修改"/"制作成多片段"命令，或者用鼠标右键在片段上点按，然后在弹出的快捷菜单中选取"制作成多片段"命令。

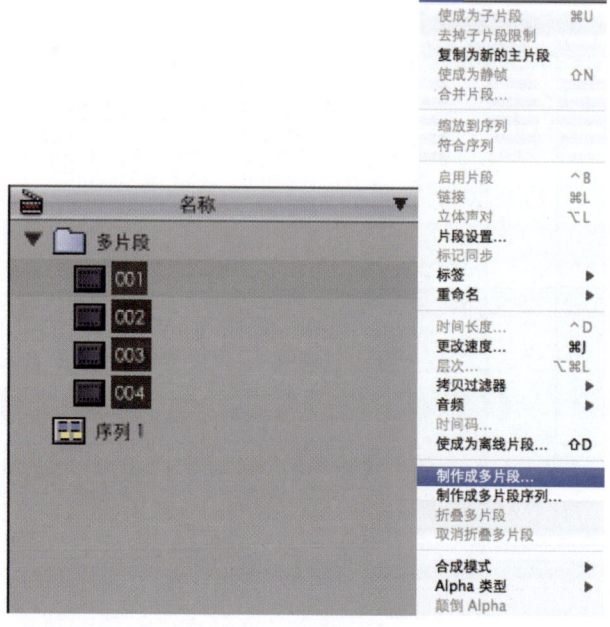

第七课 多片段编辑（多机位剪辑） 127

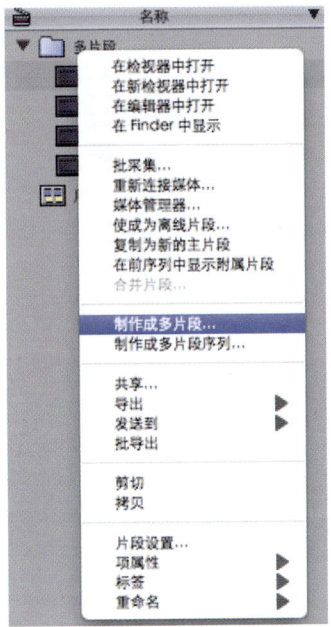

（3）打开"制作成多片段"对话框，然后在"同步方式"下拉菜单中选取"入点"，此时，看到多片段的"角度名称""媒体对齐"和"同步时间"显示在下面的方框中，点按"好"按钮。

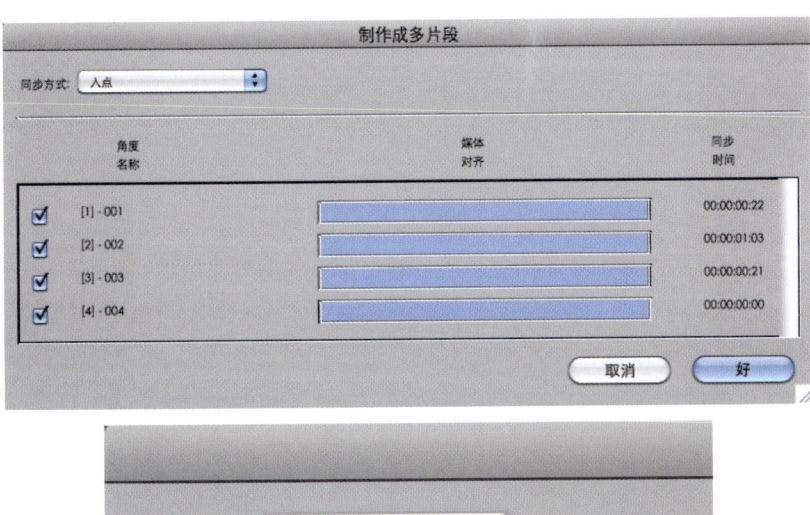

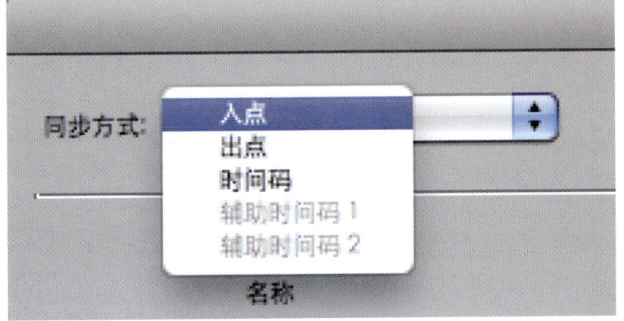

（4）多片段的图标以斜体的方式出现在"浏览器"窗口中，与其他片段图标不同的是图标上有一个方形标记。

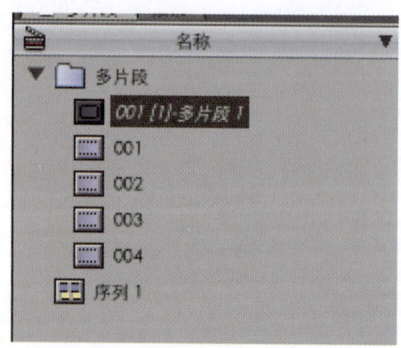

（5）新建的多片段素材以原素材的第一个文件命名，并且在其后加上"多片段"字样。如果要更改多片段的名称，可以再次点按多片段名称区域，名称高亮显示时，输入多片段的名称"视频多片段"。

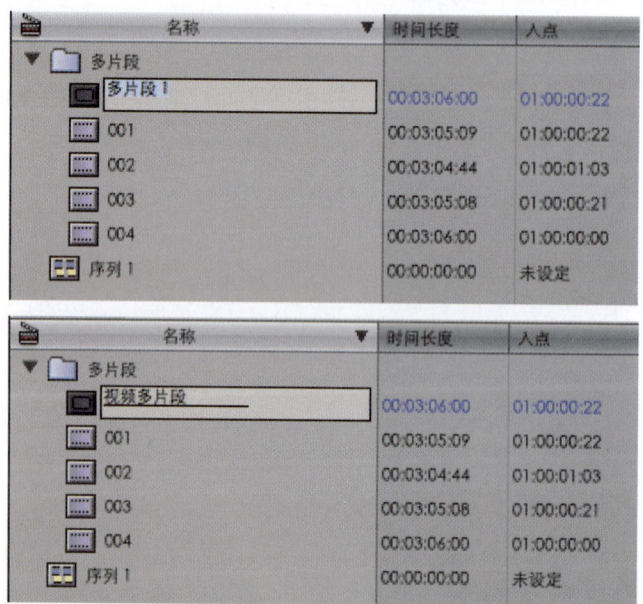

（6）多片段的角度名称没有发生变化，只有后面的片段名称发生了变化。

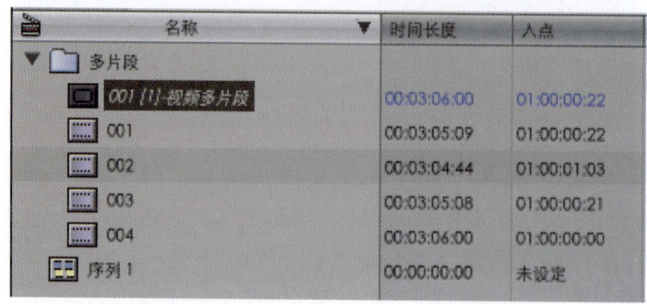

3．查看、播放和编辑多片段

在创建好多片段之后，可以在检视器中播放和查看源素材机位的影像内容。最多可以将

第七课 多片段编辑（多机位剪辑）

128 个源素材添加到一个多片段中，并且最多可以在检视器显示 16 个片段的画面。这也是所有剪辑软件中可用时间线的最大值。

◆ 查看多片段影像

（1）在浏览器中连按多片段（001 [1]视频多片段），因为多片段中有四个片段，所以检视器上显示了四个片段影像。

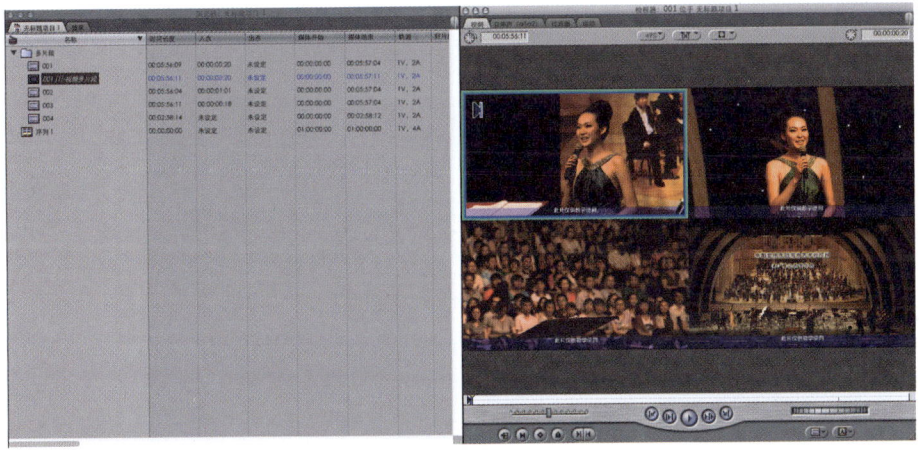

（2）如果要更改检视器中片段画面的显示方式，那么可以选取"显示"/"多片段布局"命令，然后在子菜单中选取画面的显示方式。

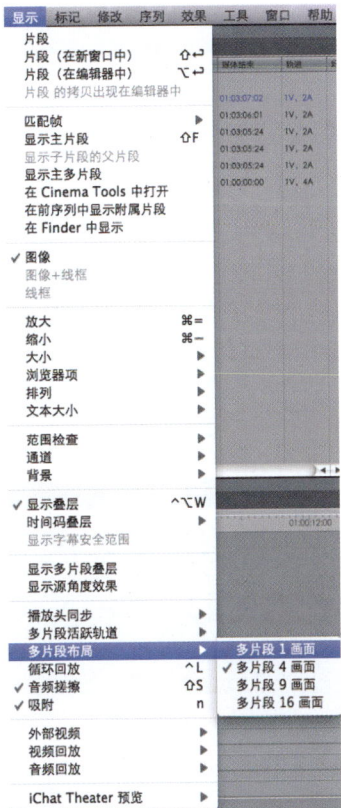

还可以在"检视器"窗口中的"显示"弹出式菜单中设置多片段的画面数。

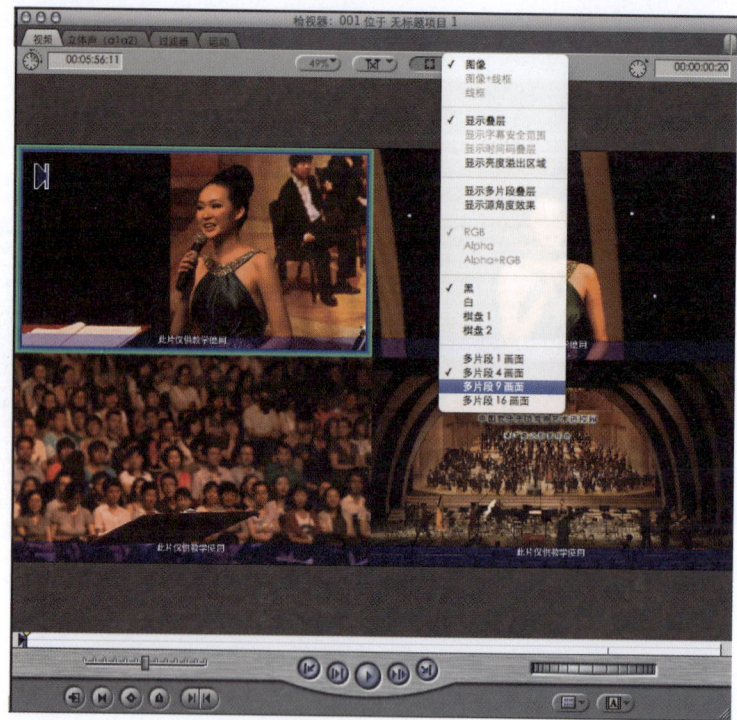

（3）在 Final Cut Pro 中最多可以看到 16 个画面布局，也可以看到 9 个画面布局。

第七课 多片段编辑（多机位剪辑）   131

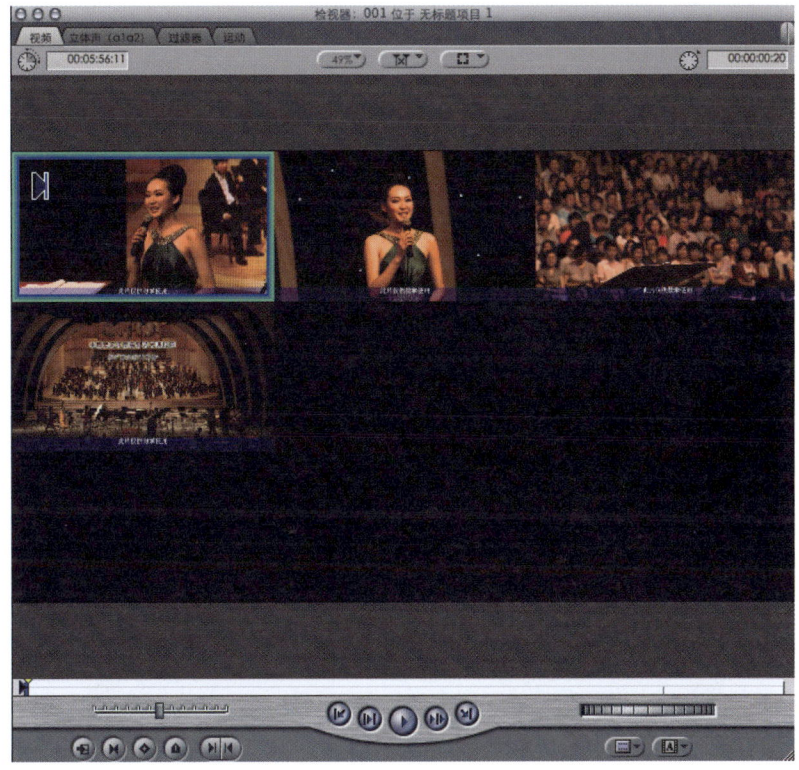

（4）在"检视器"窗口中的两个片段画面上显示了每个片段的机位编号、时间码和片段名称，可以把它叫做"多片段叠层"，这些内容只有在搓擦条区域搓擦片段时才可以看到。要打开或关闭"多片段叠层"，可选取"显示"/"显示多片段叠层"命令，或者在"检视器"窗口中的"显示"弹出式菜单中选取"显示多片段叠层"命令。

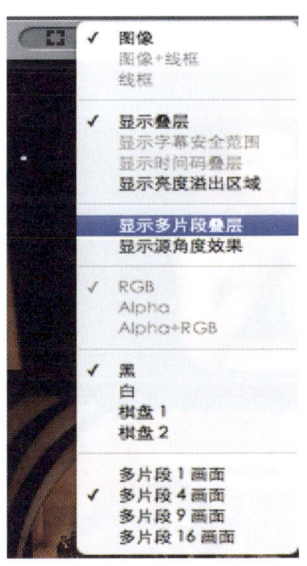

◆ 播放和编辑多片段

在"检视器"窗口中，两个片段按照角度编号同时显示，拖动搓擦条上的播放头可以同

时播放每个片段中的内容。

通过点按检视器中的片段,可以切换到不同机位,被选中的片段边缘有蓝绿色的边框,蓝色代表视频,绿色代表音频。同时,按住"Command"键可以拖拽改变机位在检视器中的位置。

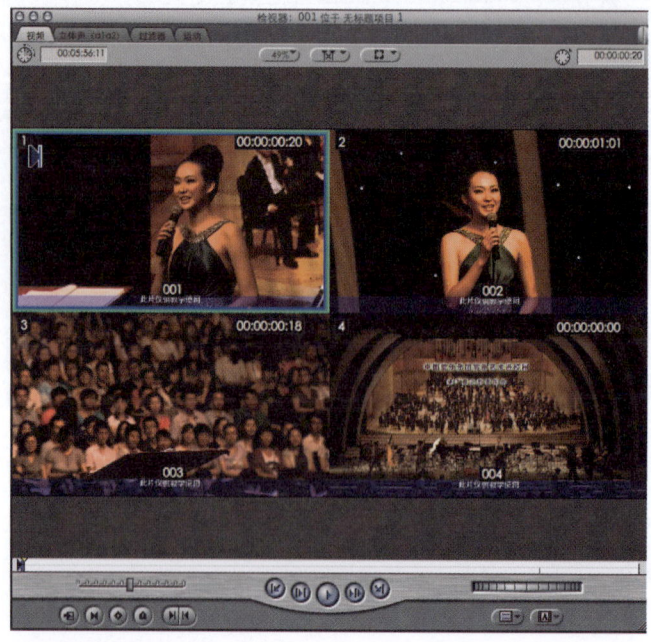

编辑多片段与编辑其他片段是不一样的。编辑多片段时,先将多片段添加到时间线上,然后再决定什么时候切换到另一个机位。

将片段添加到时间线上的方法与其他片段的添加方法是一样的,可以使用手动的方法或将其放入时间线。将播放头移动到序列的开始处,然后点按画布中黄色的"插入"按钮,再将多片段拖拽到时间线上顶头位置。

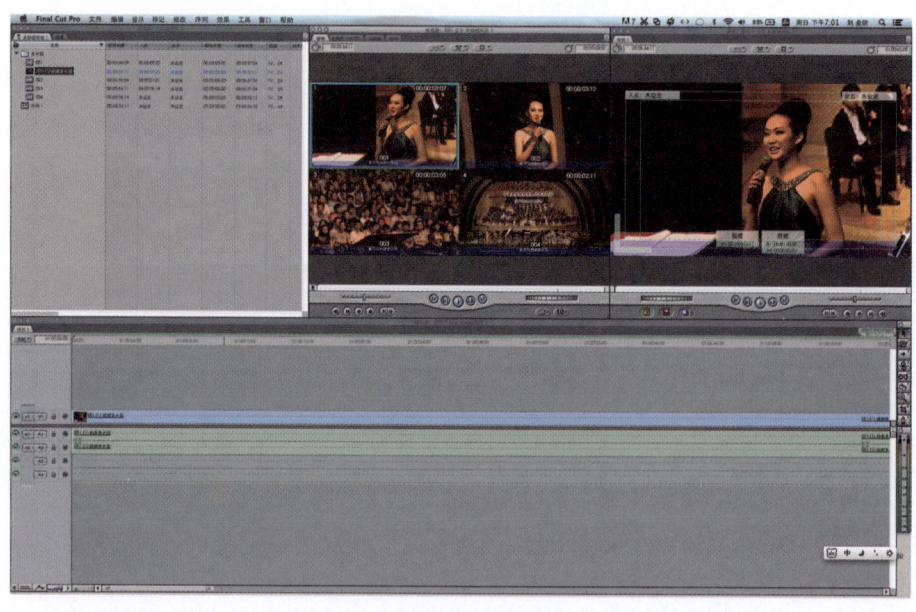

第七课 多片段编辑（多机位剪辑）

在时间线上，多片段有一个视频轨道和两个音频轨道，双击时间线上"多片段"，在检视器中打开，点按检视器中不同机位的片段，时间线上的片段缩略图和片段名称与检视器中选中的片段总保持一致。

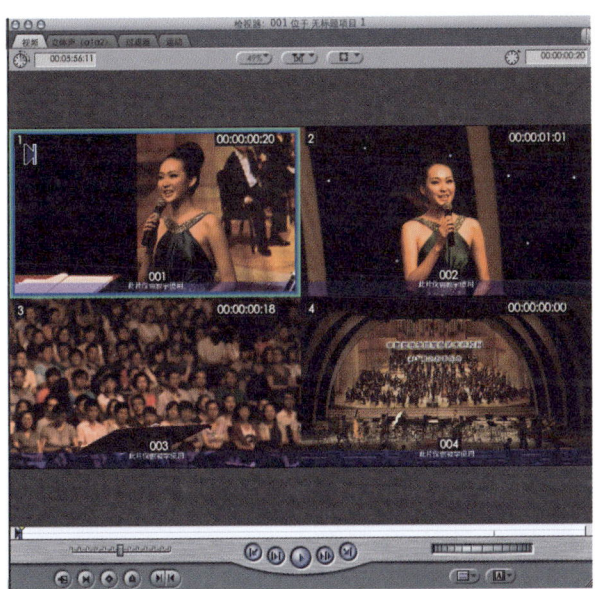

苹果视频编辑教程 Final Cut Studio

点按"画布"窗口中的"播放头同步",然后在弹出式菜单中选取"打开"命令,或者选取"显示"/"播放头同步"/"打开"命令。播放头同步打开之后,在"画布"窗口中播放多片段时,会在检视器中同时播放。

再次点按"播放头同步",选择"视频",这样在后面选择机位时就只会有画面的切换而不切换声音了。

现在已经将多片段拖拽到时间线上,接下来需确认时间线左上角的"实时"标签改为"无限实时""动态""动态"。

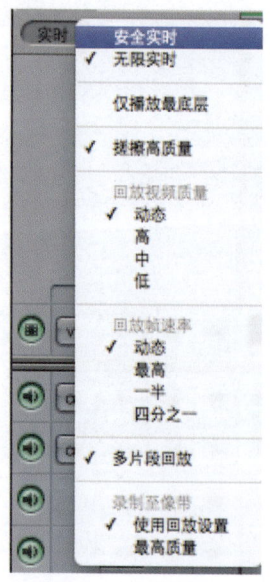

第七课 多片段编辑（多机位剪辑）

接下来可以对多片段中的片段进行机位切换或者像前面一样创建片段的编辑点。在"时间线"窗口中，将播放头移动到多片段的开头，然后按空格键进行播放，在要切换到下一个角度片段时，点按检视器中的另一个片段，这时可以看到在时间线上出现了一些灰色的标记点，然后按空格键停止播放。

停止播放后，多片段已经按照刚刚选择的不同机位分切开来，形成了新的故事模块。

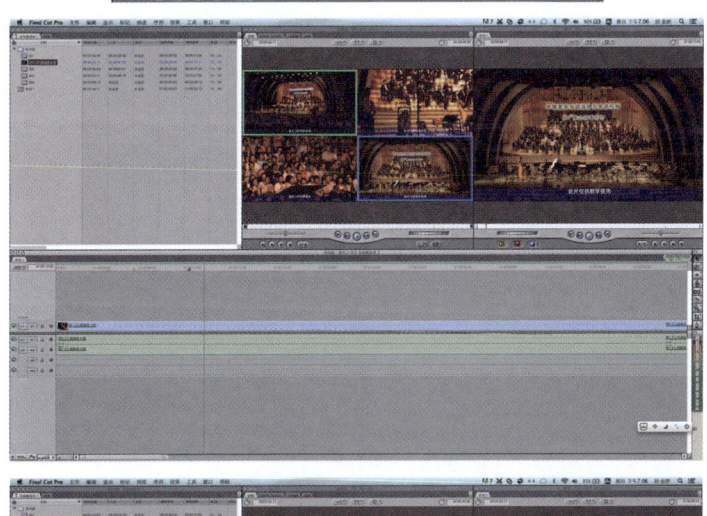

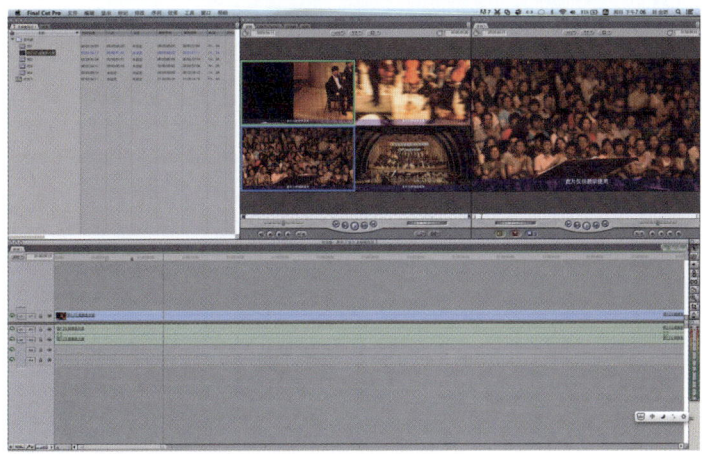

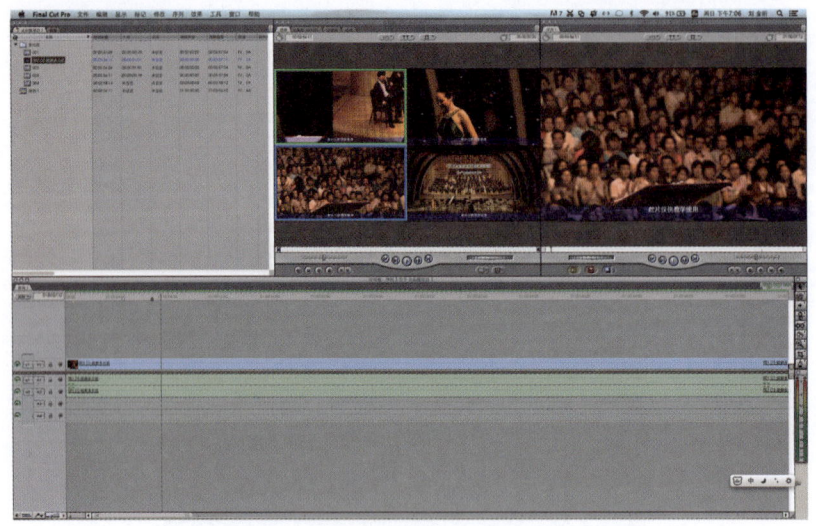

在播放多片段时,点按检视器中的片段角度时,就会在时间线上出现一个蓝色的标记。停止播放时,这些标记会变成"多片段"的编辑点。

虽然轨道上出现了一个新片段,但是它仍然是多片段中的一部分。如果要将多片段中的片段分离出来,那么可以按住"Control"键点按片段,然后在弹出式菜单中选取"折叠多片段"命令。

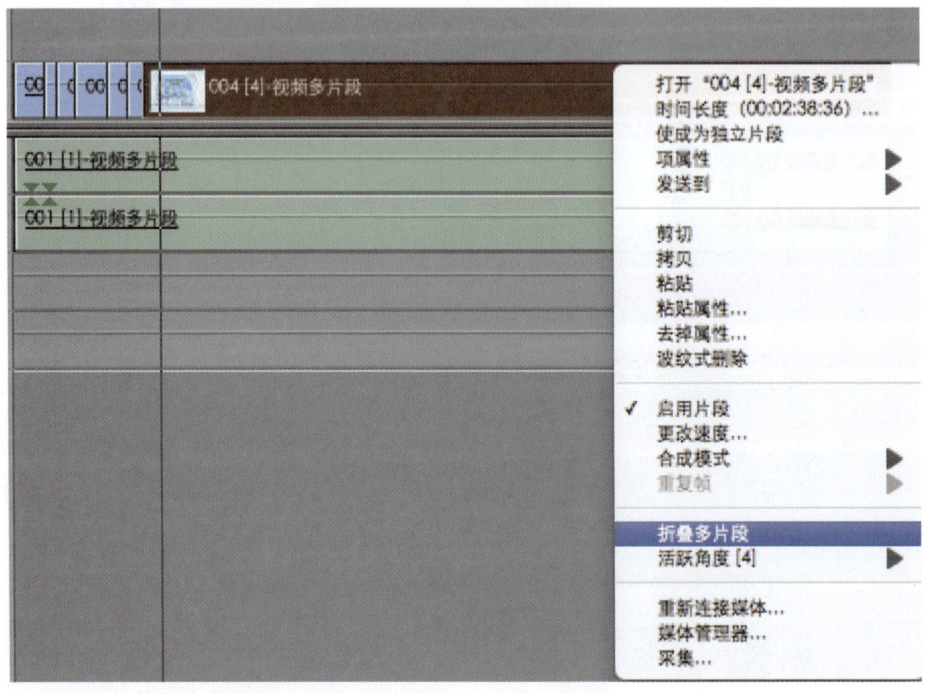

连按折叠后的片段,使其在检视器中打开,此时多片段画面就变为普通画面,并且折叠后的片段名称上没有角度编号。

第七课 多片段编辑（多机位剪辑）

点按"画布"窗口中的"播放头同步"，然后在弹出式菜单中选取"打开"命令，或者选取"显示"/"播放头同步"/"打开"命令。在播放同步打开之后，在"画布"窗口中播放多片段时，会在检视器中同时播放。

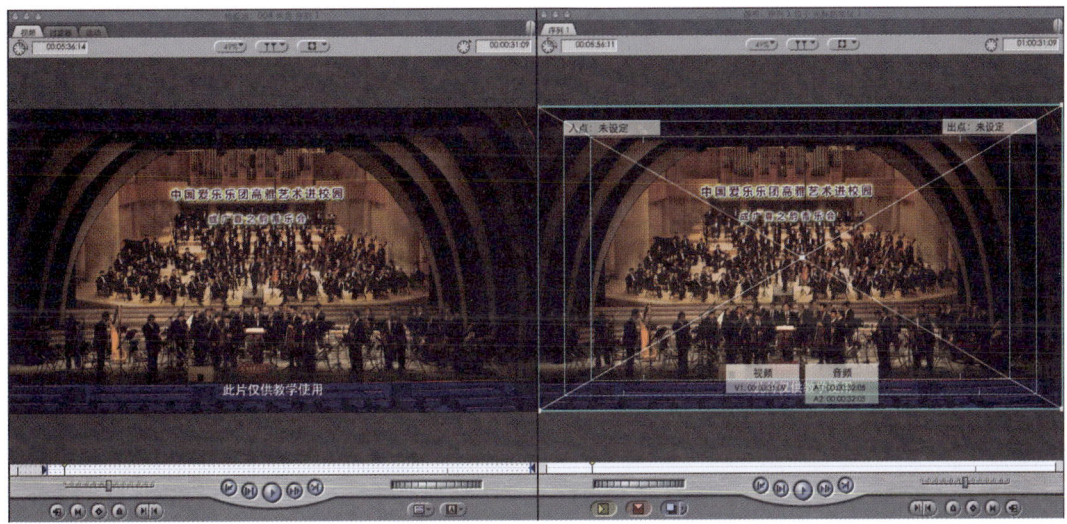

第八课 视频效果

当精剪完成后，你已经拥有了一条属于自己的序列，但这并不意味着成片已经完成，它意味着最主要的问题已经解决了。只有完成诸如音轨的混合，添加转场来平滑编辑点的过渡，添加文字字幕或表明人物，才能为首播做好准备。

1. 视频转场

效果分两类：转场和过滤器。

视频转场是指为了让一段素材以某种特殊形式转换到另一段素材而运用的过渡效果，即在上一个镜头的末尾画面和下一个镜头的开始的画面之间加上中间过渡的画面，让前后两个画面看起来更自然的形式过渡。

Final Cut Pro 提供了若干类别的转场，最常用的是"交叉叠化"。在即将播放完毕的片段和即将播放的片段之间出现图像的交叉。在一个片段淡出的同时另一个片段淡入。

在音频方面，这个过程被称为"交叉渐变"：一个音频片段的结尾的声音降下去同时下一个开头声音逐渐升高。

值得注意的是，用于添加转场的两个片段必须拥有足够的余量，否则转场是无法添加的。原因在于添加转场时的计算方法。往往用前一个片段的最后几帧与下一个镜头的开始几帧融合为多个过渡画面来补偿视觉平衡，使人看起来自然。

可以从两个地方选取转场：菜单栏中的效果命令；或者浏览器中"效果"/"视频转场"标签。

第八课 视频效果

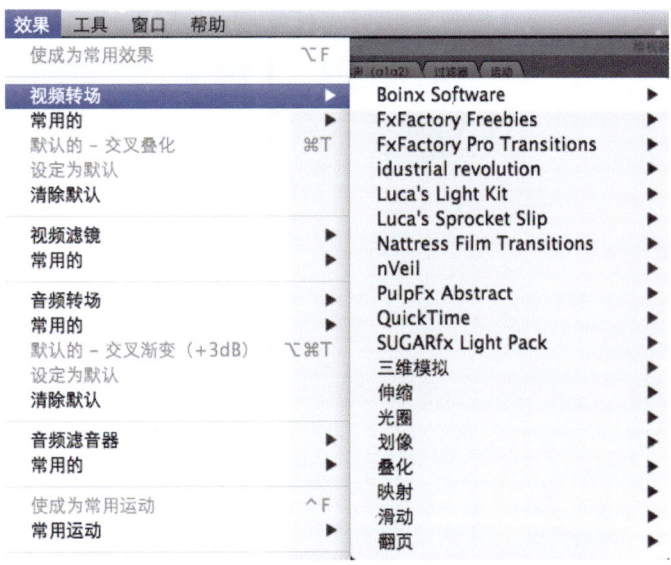

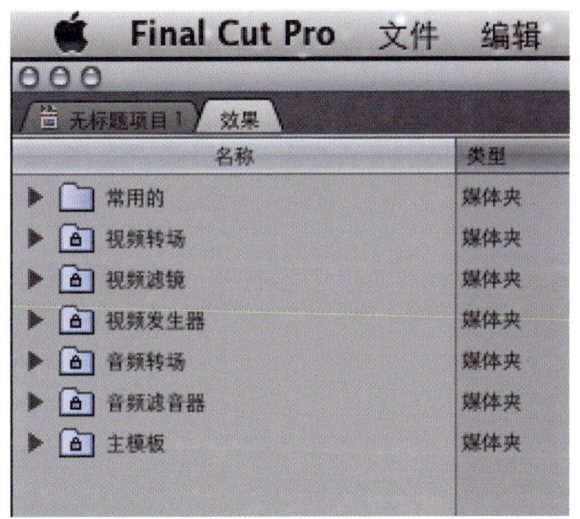

（1）在浏览器中，单击"效果"标签，效果界面中包含7个媒体类：3个视频效果、2个音频效果，另外2个用于存放常用的效果以及主模板。

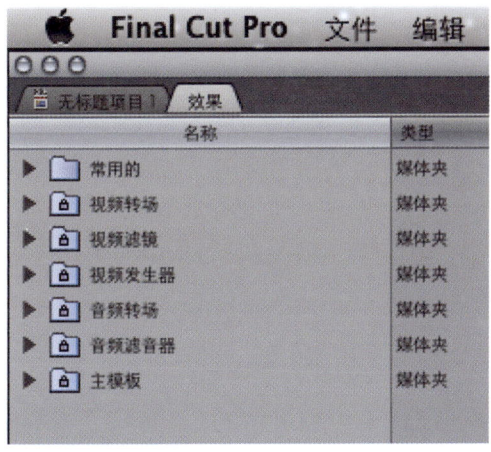

（2）单击"视频转场"媒体夹的内容。

（3）单击"叠化"媒体夹旁边的展开三角形以展开其内容。

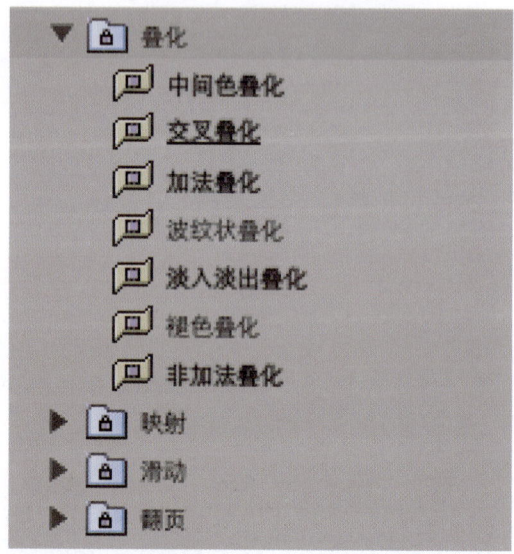

（4）这里有不同的叠化转场，包括带有下划线的交叉叠化，表示它是默认视频转场选项。当使用快捷键"Command-T"会自动添加该转场。更改默认转场只需对任意转场点击右键或者"Control-左键"在显示菜单中选择"设定预设转场"即可。

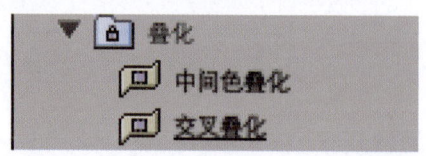

（5）选择"效果"菜单命令。6个效果媒体夹命令出现在菜单中，分别是：常用效果、

视频转场、视频滤镜、音频转场、音频滤波器及主模板命令。

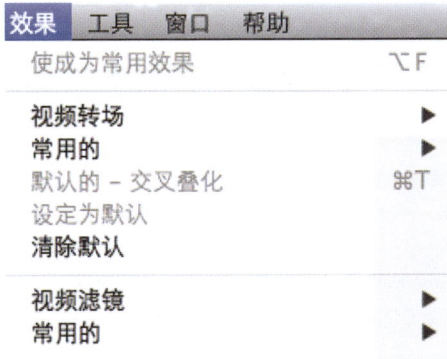

（6）在效果菜单中，选择"视频转场"/"叠化"命令。

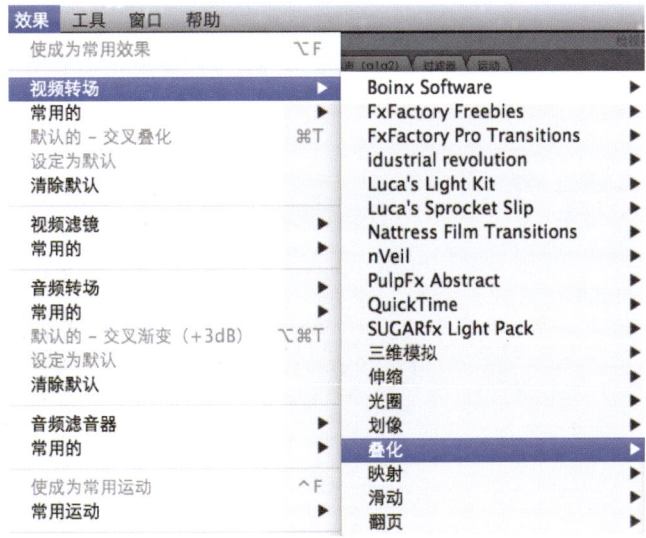

与浏览器的效果界面中相同的"叠化"选项出现在这里。不过目前是灰色的，表示不可用。

（7）应用视频转场。

• 打开第八课的工程文件，在时间线上播放"v2-0022"和"v2-0024"，然后单击两个片段之间的编辑点以选中它。

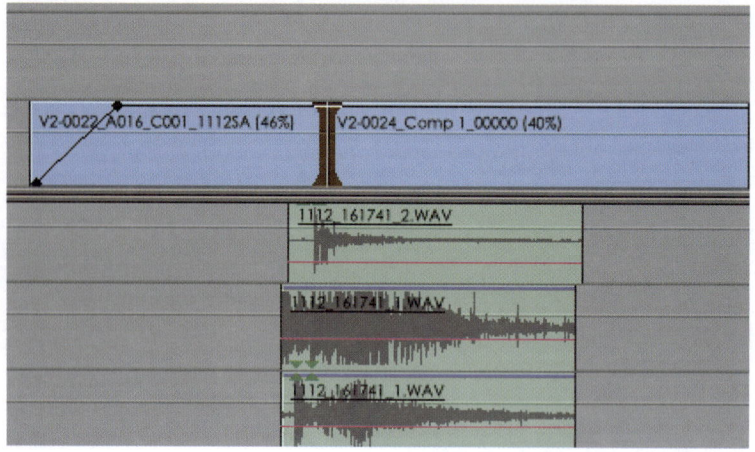

• 在菜单下选择"效果"/"视频转场"/"叠化"/"交叉叠化"。

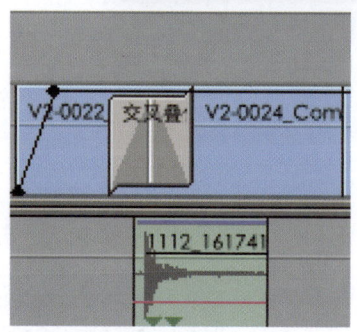

第八课 视频效果

播放这个转场,将会看到 v2-0022 片段融合到 v2-0024 片段中,转场的默认长度为 1 秒钟。

这个转场以编辑点为中心覆盖两段视频,长度为 1 秒钟。

- 使用方向键的上或下键将播放头移动到下一个编辑点即 v2-0024 和 v2-0025 中间。

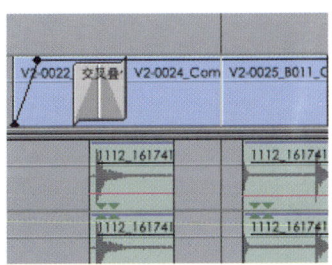

- 直接在效果标签中,拖动交叉叠化转场到该编辑点。

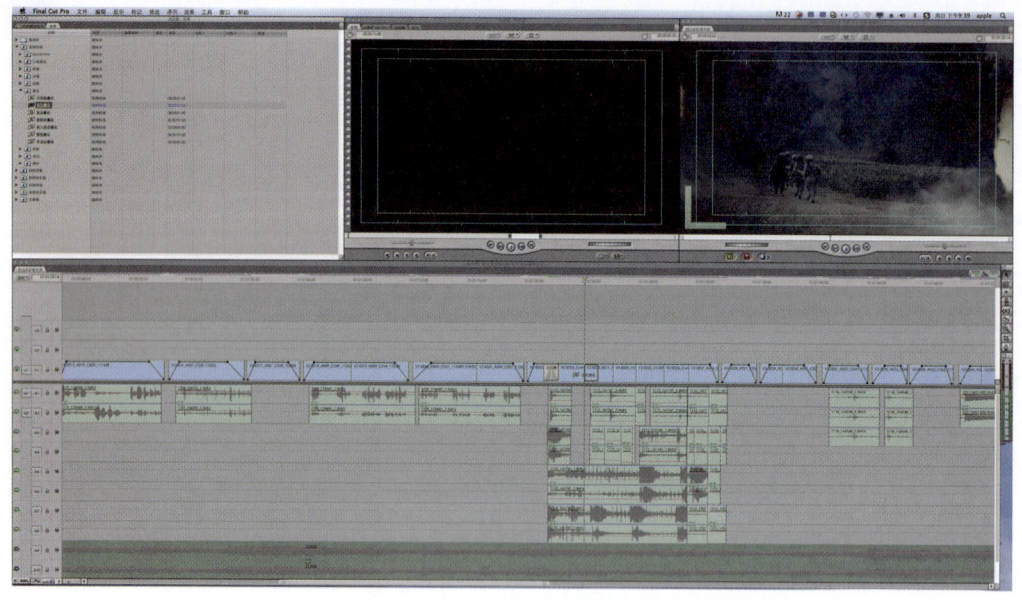

注：由于"交叉叠化"是默认转场，也可以通过快捷键"Command-T"组合键。

● 选择 v3-0005，按"Command-T"组合键，让片段两端同时添加默认视频转场，交叉叠化。

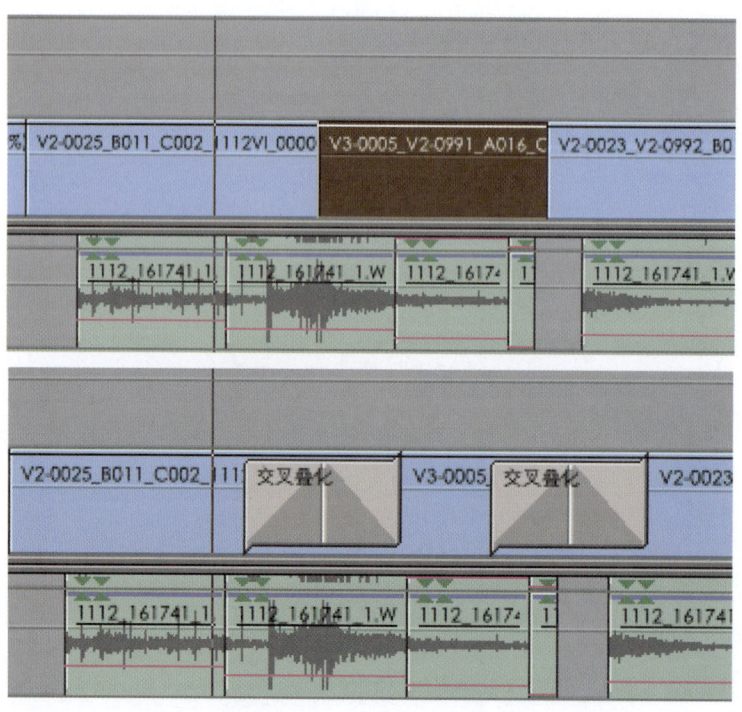

音频"交叉渐变"也有相应的快捷键，可以像视频一样通过快捷键来对其音频片段加预置特效。快捷键为"Command-Option-T"，默认为"+3 dB"的交叉渐变。

在 A9、A10 轨道上选择"11.wav"。

第八课 视频效果

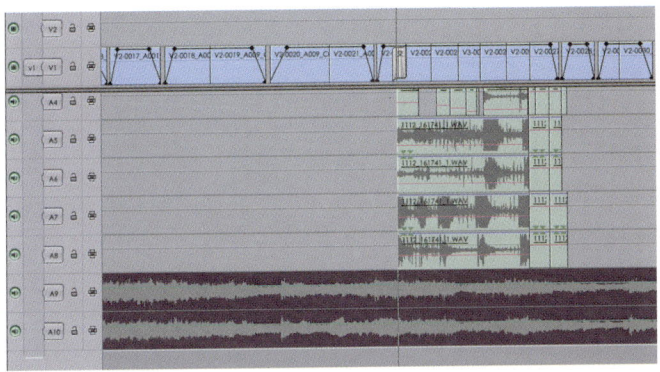

按"Command-Option-T"组合键,由于片段两端没有相邻的片段,交叉渐变是包含在片段内的。

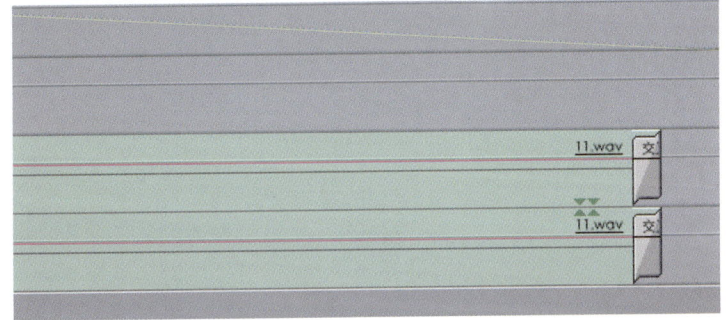

也可以给一组片段夹一个转场,可以简单选中视频片段或者设定入出点来确定,然后应用转场。

- 选中 v3-0005、v2-0023,在需要加转场的地方打上入点和出点,或是按 I 和 O 快捷键。

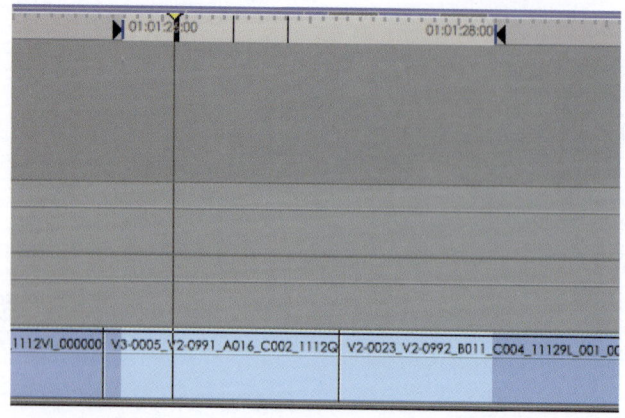

- 在此范围内，按"Command-T"组合键添加视频交叉叠化。按"Command-Option-T"组合键添加音频交叉叠化。

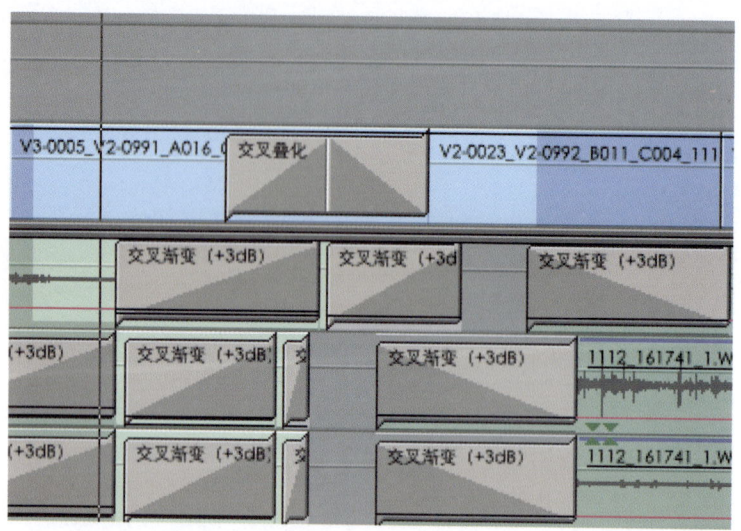

按"Option-X"取消入出点。

这样，大家就学会了怎样对片段加预设转场。也可以将其他转场特效拖至编辑点处添加转场。添加"视频滤镜"的方法与添加转场相似。

2. Final Cut Pro 视频转场

（1）三维转场。

交叉缩放：使视频在第一个片段上放大，切换到第二个片段上，然后缩小。用户可以指定中心点、缩放中的放大量和缩放过程中应用的模糊度。

立体转动：创建每个片段的三维立方体，然后往所选取的方向转动。用户也可以从内部或外部显示此立方体。

三维转动：围绕中心点转动第一个片段，从而显露第二个片段。用户可以选取转动轴的角度。

三维转回：围绕其中心点转动第一个片段，直到片段从片段边缘显示，然后切换到第二个片段，该片段便转动到显示中。用户可以选取转动轴的角度。

摆动：制作使第一个片段向检视器（向内）摆动或向第二个片段（向外）摆动的效果，第二个片段会在摆动幅度加宽时显露。用户可以选取摆动轴的角度。

缩放：在第一个片段的顶部，从单个中心点放大第二个片段，至最大帧尺寸。用户可以指定缩放开始的中心点（相对于第一个片段）。

（2）叠化。

加法叠化：添加两个片段，使第一个片段淡出，第二个片段淡入。

交叉叠化：将第一个帧融合到第二帧中。

中间色叠化：将第一个片段融合到所选定的中间色中，然后将中间色融合到第二个片段中。用户可以调整融合的速度。

褪色叠化：通过移走第一个片段中的随机像素而显露第二个片段来将第一个片段叠化到第二个片段中。

淡入、淡出：当出片段淡出时淡入入片段。显露转场中当前轨道下方的那个轨道。

非加法叠化：当第一个片段淡出，第二个片段淡入时，比较两个片段中的像素，然后显示较淡的片段。

波纹状叠化：将池塘涟漪状效果应用于第一个片段，同时将第一个片段融合到第二个片段中。用户可以选取波纹数量、波纹在第一个片段上的中心点及其幅度和加速度。用户也可以将圆形高光应用到波纹。

（3）光圈。

交叉、菱形、椭圆形、点形、矩形和星型：这些效果很相似，但形状不同。它们都给人以包含第一个片段的光圈的印象，打开后显露第二个片段。在每个光圈效果中，用户可以指定围绕其定义打开的中心点，并羽化边缘，而羽化会将片段的边缘融合在起，产生漫射光圈。

（4）映射。

通道映射：从第一个片段和第二个片段映射通道，或用黑色填充通道。用户可以反转单个通道。

亮度映射：使用片段的亮度来映射颜色。

（5）翻页。

翻页：剥落第一个片段，显露第二个片段。可以调整剥落的外观。

（6）QuickTime。

通道合成：通过图像的 Alpha 通道将两个图像组合起来，以控制融合。它提供了标准 Alpha 融合选项，并可使用任何颜色进行预乘处理（尽管白色和黑色最常见而且运行更快）。

色键：通过使用第二个源的像素（与第一个源的像素对应）替换作为指定颜色的第一个源的所有像素来将两个源组合起来。这使得第二个源可以透过第一个源显示。这似乎是将第二个片段放置在第一个片段后面，并使选定的颜色透明。

外曝：第二个片段从某个点开始向外展开，直到完全覆盖第一个片段。外爆的中心点是在效果参数中定义的。

渐变划像：使用遮罩图像制作两个源图像之间的转场。从第一个片段到第二个片段的转场发生在遮罩图像最暗的地方，一直延伸到遮罩图像最亮的地方。

内爆：第一个片段收缩为一个点，从而显露第二个片段。内爆的中心点是在效果参数中定义的。

光圈：第一个片段像光圈一样打开，显露第二个片段。

矩阵划像：有系列矩阵显露型效果，它们发生在两个源之间。

推入：一个源图像替换另一个源图像，两者同时移动。例如，第一个片段占满整个帧，接着，当第一个片段从左边滑出时，第二个片段从右边推入。与滑动效果不同，两个源都在移动。推入效果从上、右、下、左进行。

放射状：第一个片段以放射状（或半圆形）扫过，显露第二个片段。

滑动：第二个片段滑动到屏幕上，覆盖第一个片段。第二个片段进入帧的角度是存储在参数中的，0度表示屏幕顶部。

划像：第一个片段划像以显露第二个片段。

缩放：一个片段从另一个片段放大或缩小。

（7）滑动。

带状滑动：第一个片段的条带以平行方向滑入，显露第二个片段。用户可以调整带的数目和滑动方向。

中心分开滑动：将当前片段从中心分开，然后水平滑动分开为两半，使它们分离，从而显露下面的片段。

多重转动滑动：第一个片段的框转动并缩小，以显露第二个片段。用户可以调整相对于第一个片段的中心进行的转动，相对于框的中心进行的转动，以及框的数目。

推出滑动：第二个片段将第一个片段推出显示。用户可以调整推出方向。

转动滑动：第一个片段的框转动并缩小，以显露第二个片段。用户可以调整相对于框中心进行的转动以及框的数目。

分开滑动：第一个片段在特定的点分开并滑动，以显露第二个片段。用户可以调整分开的方向。

交换滑动：第一个（顶部）片段和第二个（底部）片段往相反方向滑动，交换位置，然后往回滑动，显露第二个片段。用户可以调整滑动方向。

推出滑动：第二个片段将第一个片段推出显示。用户可以调整推出方向。

转动滑动：第一个片段的框转动并缩小，以显露第二个片段。用户可以调整相对于框中心进行的转动以及框的数目。

分开滑动：第一个片段在特定的点分开并滑动，以显露第二个片段。用户可以调整分开的方向。

交换滑动：第一个（顶部）片段和第二个（底部）片段往相反方向滑动，交换位置，然后往回滑动，以显露第二个片段。用户可以调整滑动方向。

（8）伸缩。

交叉伸缩：当第二个片段从指定边缘往相对的边缘伸展时，第一个片段便收缩。

收缩：第一个片段从两个相对的边缘向中心收缩，以显露第二个片段。用户可以指定收缩的方向。

收缩与伸展：第一个片段从两个相对的边缘向中心收缩，然后在垂直方向上伸展，以显露第二个片段。用户可以调整收缩的方向。

伸缩：第二个片段从指定边缘伸展，越过第一个片段。

（9）划像。

带状划像：横跨第一个片段的带状划像可显露第二个片段。用户可以指定条数和划像方向。

中心划像：从第一个片段上的指定点开始的线性划像可显露第二个片段。用户可以调整划像方向。

格子划像：分隔成格子的框显示在第一个片段上以显露第二个片段。用户可以调整框的数目和划像方向。

棋盘划像：分隔成格子的各个框分别在第一个片段上划像，以显露第二个片段。用户可以调整框的数目和划像方向。

时钟划像：在第一个片段上的旋转划像可显露第二个片段。用户可以调整划像的起始点、方向以及旋转的中心点。

边缘划像：从第一个片段的边缘开始的线性划像可显露第二个片段。用户可以调整划像方向。

渐变划像：使用渐变划像图像在第一个片段上划像，从而显露第二个片段。用户可以调整划像的柔和度并反转渐变划像图像。在默认情况下，转场从左向右水平划像。用户可以通过将图像成功地拖到渐变片段上来覆盖渐变划像。

插入划像：从第一个片段的指定边缘或拐点开始的矩形划像可显露第二个片段。

虎口状划像：从第一个片段中心开始的虎口状边缘划像可显露第二个片段。用户可以调整划像方向和虎口状边缘的形状。

随机边缘划像：从第一个片段边缘开始的带有随机边缘的线性划像可显露第二个片段。用户可以调整划像方向和随机边缘的宽度。

V字形划像：从第一个片段的指定边缘开始的V字形划像可显露第二个片段。

百叶窗式划像：横跨第一个片段的带状划像可显露第二个片段。用户可以调整各个条带的角度以及条数。

缠绕式划像：往指定方向横跨第一个片段的带状划像可显露第二个片段。用户可以指定划像的起始点和方向以及条数。

Z字形划像：以Z字形越过第一个片段的带状划像可显露第二个片段。用户可以指定划像的起始点和方向以及条数。

3．视频滤镜

一旦序列中有片段，就可以应用滤镜来处理和修改片段。

（1）添加滤镜。

① 选定时间线中的一个或多个片段，然后从浏览器的"效果"标签中将滤镜拖到时间线中的一个已选定片段中。

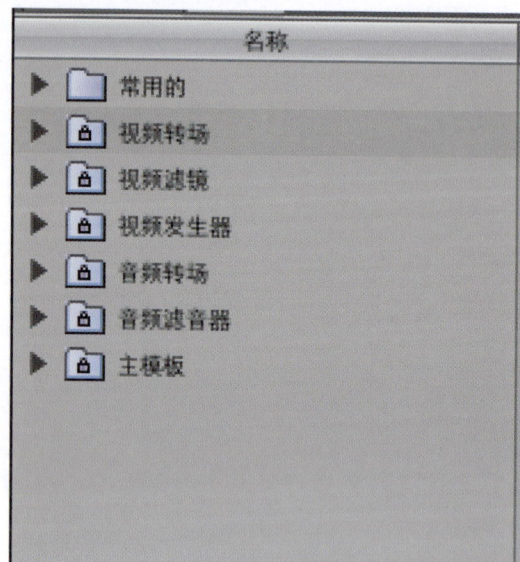

② 在时间线中选定一个或多个片段,选取"效果"/"视频滤镜",然后从子菜单中选取滤镜。

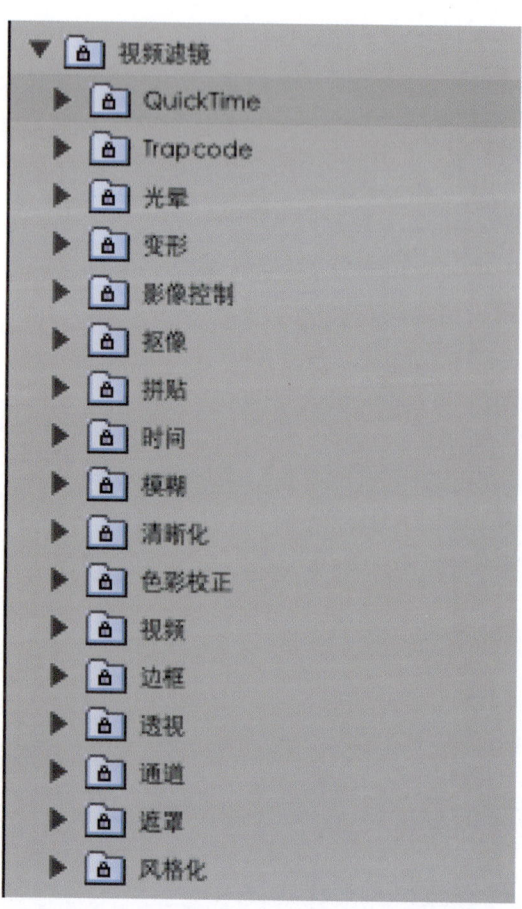

这里以影像控制的去饱和为例,选中"影像控制"/"去饱和"。

第八课 视频效果

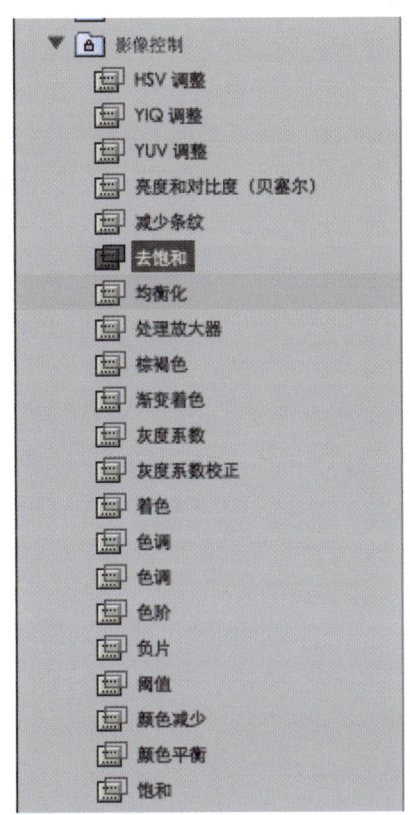

将"去饱和"直接拖拽至需要做效果的视频上。

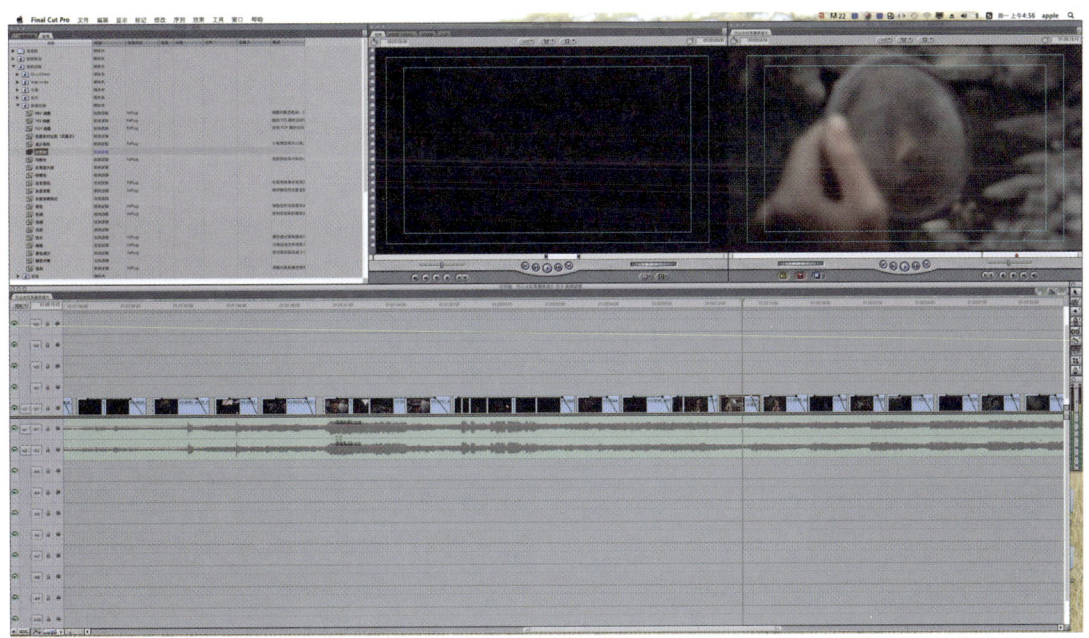

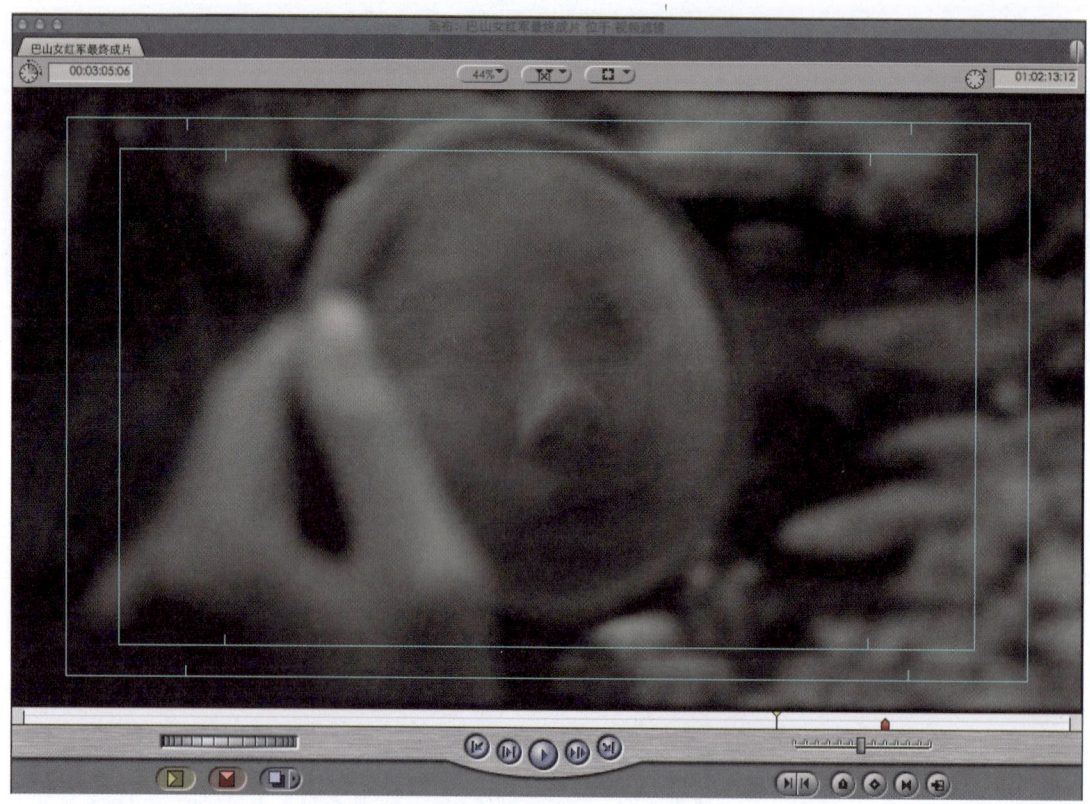

之后在画布中可以看到视频已经变为黑白的了。

（2）滤镜的调节。

一旦将一个或多个滤镜应用于片段后，必须先显示滤镜参数才能调整它们。

注：如果想要显示或修改序列中片段所应用的滤镜参数，则要确保是在检视器中打开序列片段，而不是从浏览器中打开主片段。

① 查看已应用于片段的滤镜：

- 在检视器中打开片段，然后点按"过滤器"标签。
- 如果已在检视器中打开序列片段，则点按"过滤器"标签。
- 在时间线中片段的视频轨道中，连按过滤器条。

② 显示滤镜的参数：

在"过滤器"标签中，点按参数旁边的显示细节三角形。

（3）检视器中"过滤器"参数控制。

Final Cut Pro 中有各种控制可用来控制滤镜。每个滤镜都有它自己的单独参数和控制，而所有滤镜有一些共用控制。

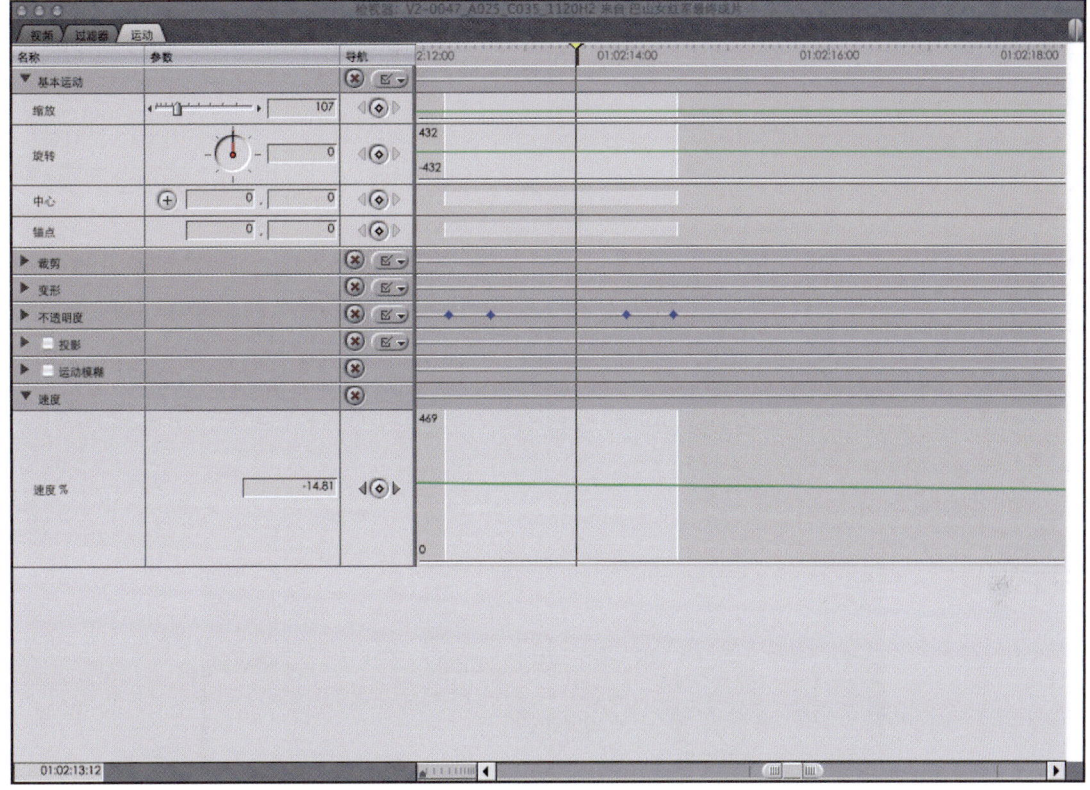

① 过滤器类别条：先列出视频滤镜，然后列出滤音器（适用于同时具有视频和音频项的片段）。点按"视频滤镜"条或"滤音器"条以选定该类别中的所有滤镜。

② 名称条：每个滤镜都有一个"名称"条，包含显示细节三角形、开/关注记格和滤镜的名称。向上或向下拖动名称以更改列表中滤镜的位置（如果滤镜的控制是隐藏的，则比较容易实现此操作）。

③ 还原按钮：还原按钮位于"导航"栏下的"名称"条中。若点按它，将删除相应参数的所有关键帧并将这参数还原为它们的默认值。

④ 显示/隐藏关键帧弹出式菜单：此弹出式菜单位于"导航"列的"名称"条中。使用此弹出式菜单来选取在"名称"条的关键帧图区域中显示（或隐藏）了关键帧的参数。显示细节三角形：点按以显示和隐藏滤镜的所有控制。

⑤ 参数控制：每个滤镜都有它自己的一族参数控制。

⑥ 时间码定位栏：此栏显示关键帧图区中播放头的位置。当键入新的时间码值时，播放头就移到相应时间。

⑦ 关键帧按钮：点按已将相应参数的关键帧放置在关键帧图中播放头的位置，以准备在效果中创建动态更改。

⑧ 关键帧定位按钮：用来将播放头从一个关键帧向前或向后移到相应叠层上的下一个关键帧。

• 关键帧图区域：关键帧图区域显示全部关键帧和与检视器中当前显示的参数有关的插入的值。

● 关键帧图标尺：关键帧图标尺与片段的时间长度或序列中片段的位置相对应。

● 滤镜起始点和结束点：如果将滤镜应用于片段的部分，则滤镜起始点和结束点就出现在片段的关键帧图区域中。

● 当前未使用的片段部分：对于检视器的"过滤器"标签中显示的位于片段入点和出点指定的时间长度之外的片段帧，其灰度比正在使用的片段部分的灰度要深。这有助于用户知道要在什么位置应用关键帧。

（4）滤镜的拷贝粘贴。

当从时间线中拷贝片段时，还将拷贝该片段的所有设置，包括应用于该片段的滤镜。用户可以通过使用"编辑"菜单中"粘贴属性"命令仅将该片段的滤镜粘贴到其他片段中，而不粘贴已拷贝的片段的副本。

使用"粘贴属性"命令来将滤镜粘贴到片段中：

① 选定时间线中具有想要拷贝其设置的滤镜片段。

② 右键点击有滤镜的视频，选择"拷贝"。

③ 在时间线中选定一个或多个片段以对其应用滤镜。

④ 执行以下中的任一项操作：

● 选取"编辑"/"粘贴属性"。

第八课 视频效果

- 按住"Control"键并点按在时间线中选定的片段,然后从快捷菜单选取"粘贴属性"。
- 按下"Option-V"。

⑤ 在"粘贴属性"对话框中,选定"视频属性"下的"过滤器"。要拷贝片段的滤镜,必须确保选定了"过滤器"。

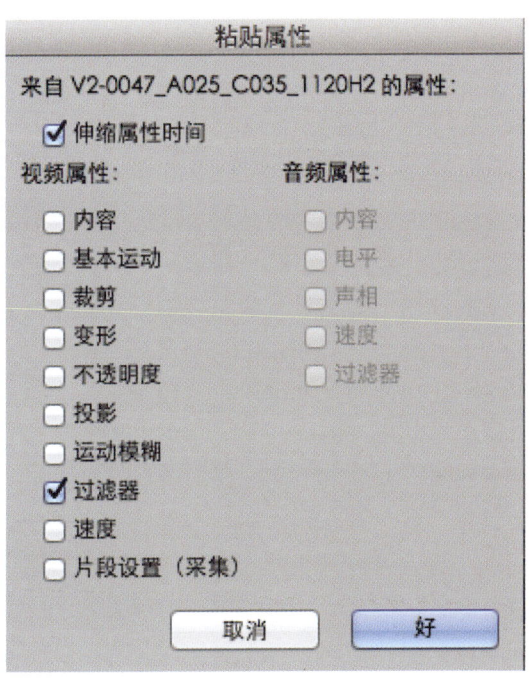

⑥ 选取任何其他选项,然后点按"好"。

将从片段中拷贝的滤镜的参数值和关键帧拷贝到选定的片段中。

4. Final Cut Pro 视频滤镜

◆ 模糊滤镜

模糊滤镜通常用来去掉视频片段中风格化的背景图形。如果应用足够的模糊，就几乎可以将任何视频图像变成颜色和形状的风格化融合。

高斯模糊：使片段的整个画面变模糊。弹出式菜单允许用户选取要使哪个通道变模糊。可以同时使一个或全部颜色和 Alpha 通道变模糊，也可以分别使它们变模糊。半径滑块允许用户选定使片段变模糊的程度。

放射状模糊：产生图像正围绕中心点转动的错觉。角度控制允许用户调整最大模糊程度。使用步骤滑块来调整模糊的平滑度。还可以指定画面中模糊围绕其旋转的中心点。

风状模糊：产生图像正在按线性方向移动的错觉。使用角度控制来调整模糊移动的方向。使用缩放量滑块来指定模糊的每个增量之间的距离。使用步骤滑块来调整模糊的平滑度。

缩放模糊：产生图像正移近或移远的错觉。弹出式菜单允许用户选定模糊是向里移动还是向外移动。半径滑块决定模糊的增量之间的距离，而步骤滑块决定模糊显示的光滑度。

◆ 边框滤镜

边框滤镜允许用户使用片段的整体画面创建边框。

一般边框：在片段边缘的四周画一个边框并忽略与该片段相关联的任何 Alpha 通道信息。使用边框滑块来调整宽度控制和颜色控制以选定边框颜色。

斜面边框：在片段边缘的四周画斜面边框。灯光角度控制允许用户指定灯光的方向。斜面宽度滑块允许用户调整边框的宽度。不透明度滑块允许用户调整边框上的斜面边框效果的相对强度，而灯光颜色控制允许用户指定使边框具有斜面边框外观的灯光颜色。

◆ 通道滤镜

通道滤镜允许用户处理序列中的片段的颜色和 Alpha 通道以创建效果。

运算：执行运算操作，以将片段的特定颜色通道与其他颜色融合。用户可以从弹出式菜单中选取使用的运算方式和要应用于的通道。颜色控制允许用户指定要与该通道交互作用的颜色。

通道模糊：允许用户将不同程度的模糊量同时应用于片段的每个颜色和 Alpha 通道。滑块允许用户控制对每个通道应用的模糊程度。

通道位移：片段的一个通道或全部通道的位置的位移。可以从"通道"弹出式菜单中指定要偏移的通道。使用"中心位移"控制指定位移量并从"边缘"弹出式菜单中指定要使用的边缘类型。

颜色位移：片段中的个别通道颜色的位移。用户可以反转图像或盖住颜色的位移值。用户可以使用此滤镜创建色调分离样式滑块允许用户控制片段中的每个颜色通道。

复合运算：对片段和另一个指定片段执行运算操作。用户可以从弹出式菜单中选取运算方式和通道。

反转：反转已选定片段的一个或全部通道。"通道"弹出式菜单允许用户选定要反转哪个或哪些通道，而"数量"滑块允许用户调整要应用的反转量。

◆ 色彩校正滤镜

色彩校正滤镜允许用户调整片段的黑场、白场和色彩平衡。

广播安全：提供了一种快速方法来处理亮度和色度级别超过视频的广播限制的片段。这一个滤镜允许用户同时解决片段的亮度和色度中的非法值问题。

色彩校正：用于执行色彩校正的基本滤镜。虽然不像三路色彩校正滤镜有那么完整的特色功能，但实时硬件对它的支持性更好一些。

三路色彩校正：提供更精确的颜色控制，可对图像的黑场、中间调和白场的色彩平衡进行单独调整。

调整亮部饱和度：允许用户在应用其中一个色彩校正滤镜时消除有时出现在图像的高亮部分中的不想要的颜色。

调整暗部饱和度：允许用户在应用其中一个色彩校正滤镜时消除有时出现在图像的黑场中的不想要的颜色。

RGB平衡：允许用户提高或降低RGB颜色空间中每个通道（红、绿和蓝）的高光、中间调和黑场的电平。

◆ 变形滤镜

Final Cut Pro的变形滤镜是面向设计的滤镜，用于创建纹理效果。

凹凸贴图状：片段中使用另一个已选定图像亮度的位移像素称为映射。使用"方向"控制和"开始量"控制来定义位移方向和位移量，使用"亮度缩放"控制和"重复边缘"控制来定义位移的外观。

柱面状：使片段变形，就像它绕着柱形物一样。用户可以调整"半径"滑块和"中心"滑块来影响此滤镜的外观，也可以启用或禁用"垂直方向"注记格。缩放量滑块控制此滤镜对图像施加的效果。

位移：通过使用红色和绿色通道设定像素的位移来使片段变形。用户可以使用红色通道调整水平位移，使用绿色通道调整垂直位移。"水平缩放"和"垂直缩放"滑块定义位移方向和位移量，"亮度缩放"滑块和"重复边缘"注记格定义位移的外观。

鱼眼化：使片段变形，就像它正在向外膨胀一样。用户可以调整"半径"滑块和"缩放量"滑块来更改效果，并使用"中心"控制来调整膨胀的中心。

池塘涟漪状：使片段变形，就像将它映射到池塘波纹上一样。"中心"控制允许用户在片段的画面中设定此效果的中心。用户可以使用"半径""涟漪数""波幅""加速""高光"和"衰减"滑块来调整波浪的数量和大小。

波浪状：使片段变形为波纹模式（同时在水平方向和垂直方向）。用户可以使用"幅度""波长""水平速度"和"垂直速度"滑块来独立调整这两个参数。"重复边缘"注记格确保了画面的边缘不会出现黑画面。

起伏状：使片段变形为简单锯齿形模式（在水平方向或垂直方向）。用户可以调整"幅度"

"波长"和"速度"滑块来更改效果。"垂直"注记格定义效果的方向。"重复边缘"注记格确保画面的边缘不会出现黑画面。

漩涡状：使片段变形为旋转的漩涡模式。用户可以调整"中心"点控制。"数量"控制定义漩涡的旋转。"重复边缘"注记格确保画面的边缘不会出现黑画面。

◆ 影像控制滤镜

影像控制滤镜允许用户处理片段中黑、白及其他其他颜色的层次。它们可用来校正具有颜色或曝光问题的片段或创建其他更好的效果。要对片段中的颜色进行更细微的控制，就使用色彩校正滤镜。

亮度和对比度（贝塞尔）：允许用户更改片段的亮度和对比度–100%至100%之间以使图像变暗或变亮。亮度和对比度可立即影响片段的有颜色值和亮度值。如果使用过度，会使片段看起来非常苍白。

色彩平衡：允许独立调整片段中红色、绿色和蓝色的量。选定此滤镜将影响片段的高光（明亮区域）、中间调还是暗调（黑暗区域）。色彩平衡可用来校正视频录像上不准确的白平衡或创建颜色效果。

调整饱和度：移走片段中指定的颜色量。100%调整饱和度会产生灰度图像。

伽玛校正：以指定伽玛量更改片段。此滤镜可用来从曝光不足的电影镜头中获取影像的细节或减少过度曝光的电影镜头而不必冲掉用户的片段。

层次校正：与伽玛校正滤镜相似，但是允许进行更多控制。用户可以指定片段的特定Alpha或颜色通道。使用"输入""输入容差""伽玛""输出"和"输出容差"滑块来更改效果。

处理放大器：模拟在复合视频处理放大器上可用的控制。此滤镜提供对片段的黑电平、白电平、色度和色相的精确控制。"设置"滑块允许调整片段的黑电平。"视频"滑块允许调整白电平。"色度"滑块允许剪切或增加片段的颜色层次，而"色相"角度控制允许调整色相。

深褐色着色：默认情况下使用深褐色为片段着色。使用"数量"滑块和"高光"滑块可以调整着色量和着色的亮度，也可以使用"着色"控制来选定其他颜色。

着色：使用指定的颜色为片段着色。使用此滤镜只能调整着色量。如果在"序列设置"窗口的"视频处理"标签中将序列设定为高精度，则以32位浮点方式工作。

◆ 键控滤镜

键控滤镜通常用来抠掉视频的背景区域以便分离出前景并与另一背景合成。键控滤镜通常与遮罩边缘滤镜配合使用。

蓝屏和绿屏：抠出片段的蓝色或绿色区域并将选定的颜色用作透明蒙板以将前景元素与背景场景合成。

抠像：允许用户使用希望的任何范围的颜色来创建抠像，包括（但不限于）一般蓝色和绿色。还可以通过一起或分别调整用来定义抠像的颜色值、饱和度和亮度范围来微调合成。例如，如果只想执行亮度键，可以禁用颜色和饱和度。即使在执行颜色抠像时，也可以通过分别处理颜色范围和饱和度控制来获得很好的结果。

颜色抠像：颜色平滑-4：1：1/颜色平滑-4：2：2：改进了色键的质量并减少了视频片段

中强对比度颜色区域出现的斜向"阶梯形"。对 NTSC 或 PAL DV-25 视频源使用 4∶1∶1 颜色平滑（PAL mini- DV/DVCAM 是例外，它使用 4∶2∶0 颜色采样）。对 DVCPR0 50、DVCPRO HD 和 8 位及 10 位未压缩视频使用 4∶2∶2 颜色平滑。要改进色键的质量，请先对想要进行色键处理的视频片段应用相应的平滑滤镜。当添加附加的键控滤镜时，要确保"颜色平滑"滤镜仍然是"过滤器"标签的视频部分中的第一个滤镜。

差分遮罩：比较两个片段并抠出相似的区域。"显示"弹出式菜单允许查看片段的源（没有应用抠像）、滤镜创建的遮罩、最终遮罩图像或源、遮罩和最终图像的特殊合成以供参考。"差分层"片段控制允许用户指定要与当前图像进行比较的另个片段以便进行抠像。"临界值"和"容差"滑块允许用户调整抠像以尝试隔开想要保留的图像部分。

亮度键：与色键（颜色抠像）相似，但亮度键将根据图像的最亮或最暗区域创建遮罩。当片段中既有想要抠掉的画面（其中明亮和黑暗区域之间在曝光上存在很大的差异），又有想要保留的前景图像时，抠掉亮度值效果最好。"显示"弹出式菜单允许查看片段的源（没有应用抠像）、滤镜创建的遮罩、最终遮罩图像或源、遮罩和最终图像的特殊合成以供参考。"抠像模式"弹出式菜单允许指定此滤镜是抠掉图像的较亮区域、较暗区域、相似区域还是不相似的区域。"遮罩"弹出式菜单允许用户根据此滤镜创建的遮罩来创建有关片段 Alpha 通道信息或应用于片段的颜色通道的高对比度遮罩图像。

边缘抑制-蓝色：当使用蓝屏和绿屏抠像来抠掉片段中的蓝色时，有时前景图像的边缘有残余的蓝色镶边，称为溢出。此滤镜通过降低出现镶边的边缘的饱和度来移走此蓝色镶边。此滤镜应始终显示在检视器的"过滤器"标签中，显示的滤镜列表中的颜色抠像之后，它对图像的色彩平衡有轻微的影响。

边缘抑制-绿色：与边缘抑制-蓝色相似，处理绿色镶边。

◆ 遮罩滤镜

遮罩滤镜本身可遮罩片段的区域或创建有关片段的 Alpha 通道信息以制作透明边框，以便该片段可以与其他层次合成。遮罩滤镜还可用来对应用了键控滤镜的层次进行进一步调整。

八点图形遮罩：生成可用来裁剪片段部分的八点图形。八点控制允许用户定义多边形遮罩。"平滑度"滑块使多边形的角变得平滑以创建更圆滑的遮罩。"缩放"滑块允许用户展开或收缩遮罩，而"羽化"滑块允许用户使遮罩的边缘变模糊。"反转"注记格倒转遮罩的内容和透明的内容，而"隐藏标签"注记格隐藏数字标签，它指示遮罩的哪个点与滤镜的哪个点控制相对应。

提取：在片段周围生成遮罩，与亮度键相似。"显示"弹出式菜单允许查看片段的源（没有应用抠像）、滤镜创建的遮罩、最终遮罩图像或源、遮罩和最终图像的特殊合成以供参考。使用"临界值""容差"和"柔和度"滑块来调整罩。"拷贝结果"弹出式菜单允许用户将亮度结果拷贝到片段的 RGB 或 Alpha 通道，而"反转"注记格允许用户反转结果。四点图形遮罩：与"八点图形遮罩"相似，但是它用于创建四点多边形遮罩。

图像蒙板：使用另一个片段中的 Alpha 通道或亮度来为当前片段创建遮罩。"蒙板"片段控制允许从采用 Alpha 通道或亮度值的片段中选定片段。"通道"弹出式菜单允许用户选择是使用片段的 Alpha 通道还是亮度层次。"反转"注记格允许用户反转生成的遮罩。

此滤镜对采用可使用任何图像编辑器创建的自定边缘蒙板并将它们应用于序列中用户想要将边缘遮掉的片段非常有用。与"动态遮罩"合成模式不同,"图像蒙板"滤镜将遮罩与已选定片段相连。用户可以使用运动效果来四处移动受影响的片段,这时遮罩会随着移动。

蒙板羽化:按"使用柔和度"滑块指定的量使片段的 Alpha 通道变模糊。

蒙板形状:生成蒙板形状用来遮罩片段。可以从"形状"弹出式菜单中选取菱形、椭圆形、矩形或圆角矩形。使用"水平缩放"滑块和"垂直缩放"滑块来调整蒙板形状的大小和宽高比。"中心"控制允许用户指定蒙板的中心,而"反转"注记格允许用户倒转透明的内容和单一颜色的内容。

遮罩边缘:通常与键控滤镜一起使用来处理抠像的边缘。通常使用遮罩边缘中的"边缘粗细"滑块而不使用键控滤镜中的"边缘粗细"滑块,这是因为它能产生更逼真的效果。使用"遮罩边缘"时,逐渐向右移动"边缘粗细"滑块将吃掉滤镜边上抠像的区域,这样将消除镶边并使蒙板的边缘变平滑。向右移动"边缘粗细"滑块时,片段边上抠像的区域将会展开,这样将展开遮罩并填充前景图像中可能由正在使用的键控滤镜造成的洞。遮罩边缘始终出现在"过滤器"标签中键控滤镜之后。通常还会以组的形式使用遮罩边缘:第一个遮罩边缘消除想要抠掉的区域中的镶边,但是可能在前景图像中造成洞的存在。第二个遮罩边缘(反向应用)填充这些洞以使前景图像尽可能为单颜色。更多遮罩边缘可以进一步微调抠像。

虚边:按指定量分别使片段的四个边变模糊以创建老式的渐早效果。可以使用左滑块、右滑块、上滑块和下滑块来分别调整片段四个边的每边。"褪色"和"高斯"注记格用来修改模糊边缘的质量,而"反转"注记格允许用户在蒙板边缘和在图像中造成洞之间切换。

宽屏幕:在片段中生成宽屏幕遮罩以创建信箱模式图像。"类型"弹出式菜单允许用户使用标准比率来调整上下蒙板的宽高比。偏移滑块允许用户向上或向下移动受影响的片段以显示最重要的区域。"边框"滑块将信箱模式的上边和下边向内移动(最多10个像素)。颜色控制允许用户为信箱模式指定除黑色外的边框颜色,而"羽化边缘"注记格使信箱的边缘变模糊。

◆ 透视效果滤镜

透视效果滤镜允许用户以空间方式在片段的画面中移动片段。要使用画布的整个画面来以空间方式移动滤镜,以使用运动效果。

基本三维:产生片段悬浮在三维空间中的错觉。用户可以使用角度控制来调整绕 X、Y 和 Z 轴的旋转。"中心"点控制允许用户设定变换的中心,而"缩放"滑块放大和缩小整个受影响层次的大小,但不能将片段放大到超过该片段的帧尺寸。

卷页:将片段卷起来,就像它是一张纸一样。用户可以调整卷页的方向、半径和量。"剥落"注记格在卷动效果和剥落效果之间切换。"背面"片段控制允许用户将另一片段用作已卷起对象的背面。

翻转:允许用户在水平方向或垂直方向翻转片段。

镜像:反射片段的镜像图像。使用"反射中心"控制来更改反射的中心,使用"反射角度"控制来修改镜像效果的角度。

旋转：将片段旋转 90° 或 180°。从"旋转"弹出式菜单中选取旋转角度。此滤镜对结果进行缩放以适合帧尺寸（这样会使片段变形）。

◆ 清晰化滤镜

清晰化滤镜处理序列中片段的对比度以便更清晰地显示图像。

清晰化：增强相邻像素之间的对比度以增强对图像清晰度的感知能力。过度使用时可能导致生成刺眼的粒状画面。

非清晰蒙板：增强相邻像素的对比度，但控制能力比"清晰化"滤镜更高。用户可以调整清晰度的数量、半径和临界值来柔化此滤镜的效果。

◆ 风格化滤镜

风格化滤镜可用来创建各种视觉效果。

边缘去锯齿：使片段中高对比度区域变模糊来柔化组成画面之间的边框。使用"数量"滑块来柔化"阶梯分级"。

漫射：随意设定片段中像素的位移来创建带有纹理的模糊。"方向"角度控制允许用户调整漫射的方向。"半径"滑块调整漫射能到达多远。"方向"弹出式菜单允许用户指定漫射应该是单方向（在一个轴上随机漫射）、双方向（在两个轴上随机漫射）还是无方向的（向所有方向漫射）。"随机"注记格使得效果较为混乱，"重复边缘"注记格消除可能出现在画面边缘的任何黑画面。

浮雕：产生片段中高对比度的地方边缘凸起的错觉。"方向"角度控制允许用户指定浮雕效果的方向。"深度"滑块允许用户增加或降低浮雕的浮显深度。"数量"滑块控制原始片段与浮雕效果之间的融合。

查找边缘：创建用来勾画片段中边缘的轮廓的对比强烈的效果。"反转"注记格允许用户在由浅到深与由深到浅效果之间切换。"数量"滑块控制原始片段与查找边缘效果之间的融合。

色调分离：通过使用有限颜色范围创建图像，来将片段中的颜色映射至指定数量的颜色，这样将在渐变的颜色区域中产生条带。"红""绿"和"蓝"滑块允许用户调整色调分离的量。

电视墙：给片段铺瓦以创建重复视频墙效果。用户可以单独调整水平轴和垂直轴的瓦的数量，最多有 16 个重复。如果水平重复和垂直重复不相同，则重复的图像会出现变形。

过度曝光：使片段中的中间调最少而使高光和暗调最多，就像过度曝光的摄影效果。可以使用注记格反转此效果并使用"数量"滑块进行调整。

第九课　字　幕

通常字幕包括了文字和图形两个部分。字幕的设计制作能为影视作品增色不少，可以提供影视作品的相关信息，比如影视名称、简介、故事背景、导演、灯光、摄像、制片人、编辑及演员等方面的相关信息。

1. 制作字幕的方式

在 Final Cut Pro 中有运动型字幕（包含下三分之一处、垂直滚动、打字机、文本、水平流动、空心字）。可以通过以下两种方式来创建各种类型的字幕。

（1）单击浏览器窗口中的"效果"标签，打开"视频发生器"媒体夹下 "文字"媒体夹，然后点击媒体夹左侧的向下展开按钮将其展开。

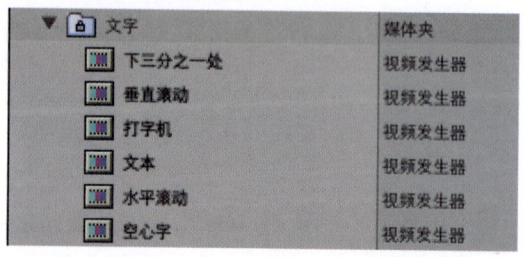

（2）点按"检视器"窗口右下角"发生器"弹出式菜单，然后选取 "文本"命令后的子菜单命令，可以创建不同的字幕片段。

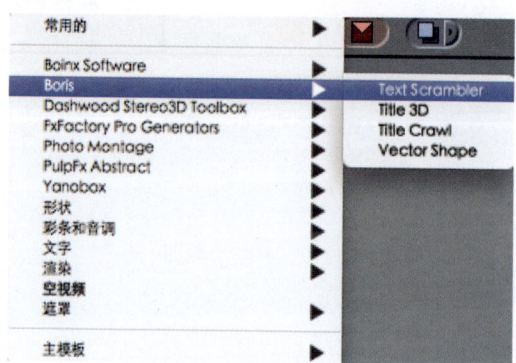

第九课 字 幕

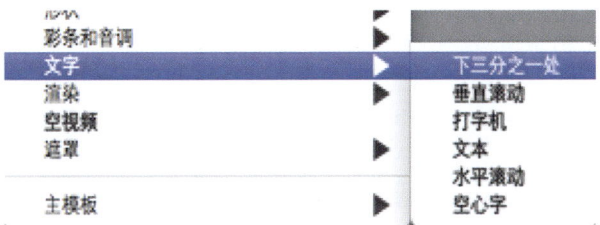

点按"发生器"按钮插图弹出式菜单中选取"文字"/"文本"命令，生成的样本文字会显示在"检视器"里。

将片段导入轨道中，可以打开一个叠层以确定字幕和动作是否处于"安全区域"内，以便使它们在任何显示器中都可以被看到。选取"显示"/"显示字幕安全范围"命令，此时"检视器"窗口上出现了两个矩形框：内部是字幕安全范围，而外部是动作安全框。

也可以点按检视器中的"显示"按钮，然后从弹出式菜单中选择"显示字幕安全范围"命令。

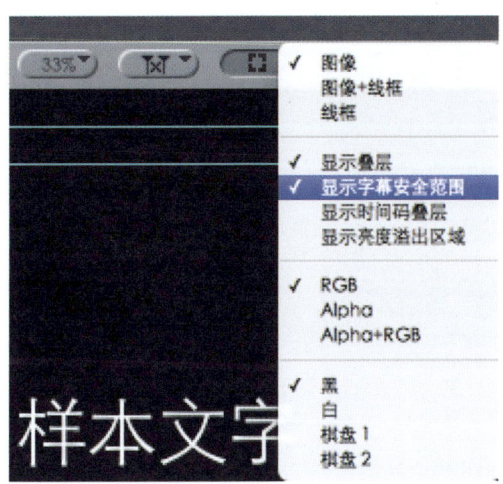

2. 创建各种字幕

在 Final Cut Pro 中，可以创建各种类型的文本（下三分之一、垂直滚动、打字机、文本、水平滚动和空心字），还可以对它们各自的参数进行设置，如字体大小、颜色等。

◆ **下三分之一处字幕**

这种字幕在编辑影片时经常用到，通常用于显示影片的任务、地点、事件等。

点按检视器窗口中的"发生器"按钮，然后在弹出式菜单中选取"文字"/"下三分之一"命令，这时"样本文字"显示在检视器中。

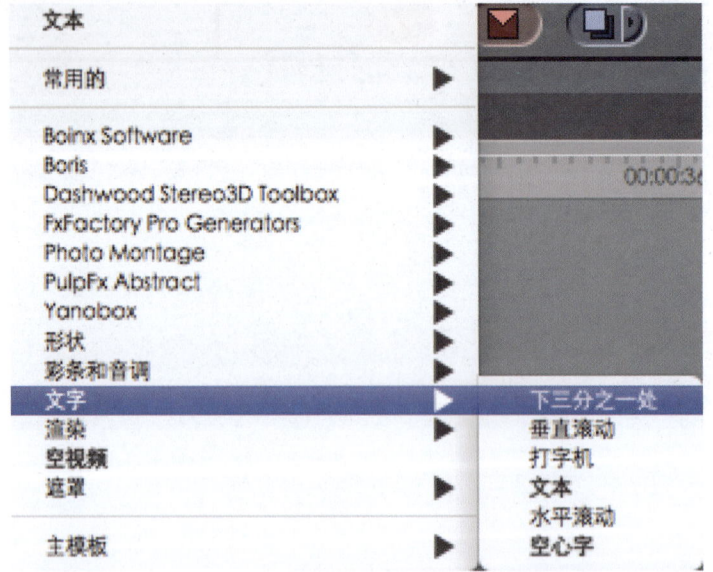

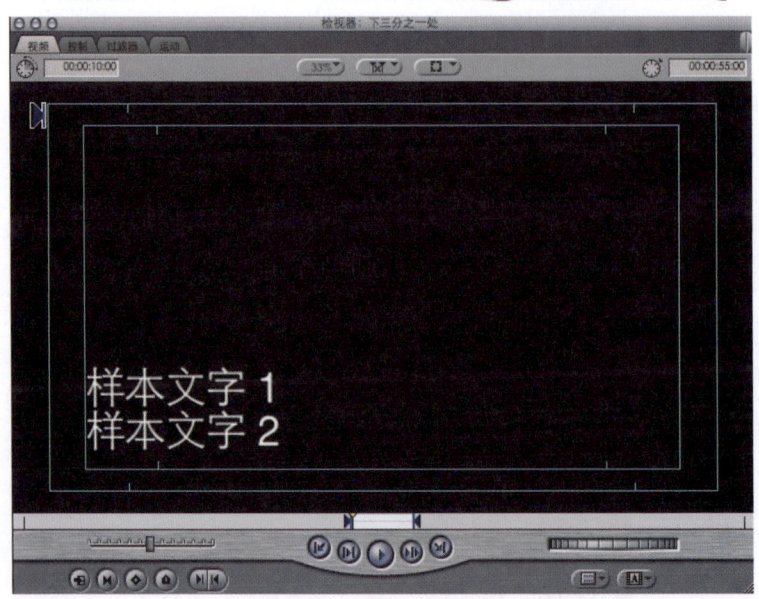

点按检视器窗口中的"控制"标签，打开"下三分之一处文本"的参数设置面板，然后在

样本文字 1 和样本文字 2 文本框中分别输入"空镜"和"2012/4/26",并根据需要调整参数。

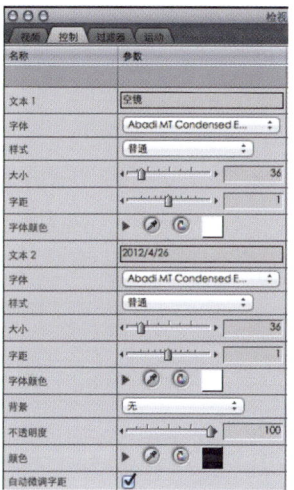

再点按检视器窗口中的"视频"标签,刚刚添加的文本将显示在检视器中。将下三分之一处文本拖拽到时间线上,此时在时间线上显示的是红色,需要渲染。

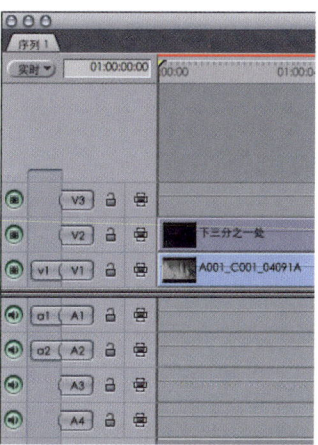

点击"序列"/"渲染全部"或是点击"Option-R"组合键对序列进行渲染。

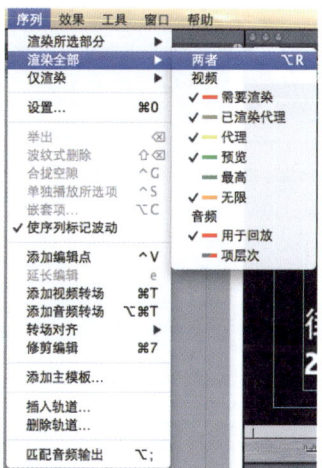

按空格键播放序列片段,刚刚添加的下三分之一文本内容将显示在画布中。这时看到字体的颜色和图像中的颜色相近,故可以调整一下字体的颜色。

点按"控制"标签,选择字体颜色,改变字体的颜色。

这时再次点按"视频"标签,发现检视器里的字幕已经变成了蓝色的,将视频拖拽到时间线上覆盖一开始做的字幕,这时时间线显示为红色,进行渲染。再在画布中观察影像的变化。

第九课 字 幕

◆ 滚动字幕

滚动字幕是影片节目中最为常见的一种字幕运动形式，分为水平滚动和垂直滚动。它影片的片尾经常出现，包括影片的演职人员和各个单位名称等文字内容。

一般显示较多文字内容时，常使用垂直滚动方式。垂直滚动一般采用从下往上滚动，水平滚动一般采用从右往左滚动。

◆ 垂直滚动字幕效果

垂直滚动字幕效果：字幕缓缓从屏幕下方移到屏幕中间到屏幕外直至消失。

（1）打开 Final Cut Pro，新建一个项目文件。

（2）按下"Command-I"组合键导入一个素材片段，并将素材拖至时间线轨道上。

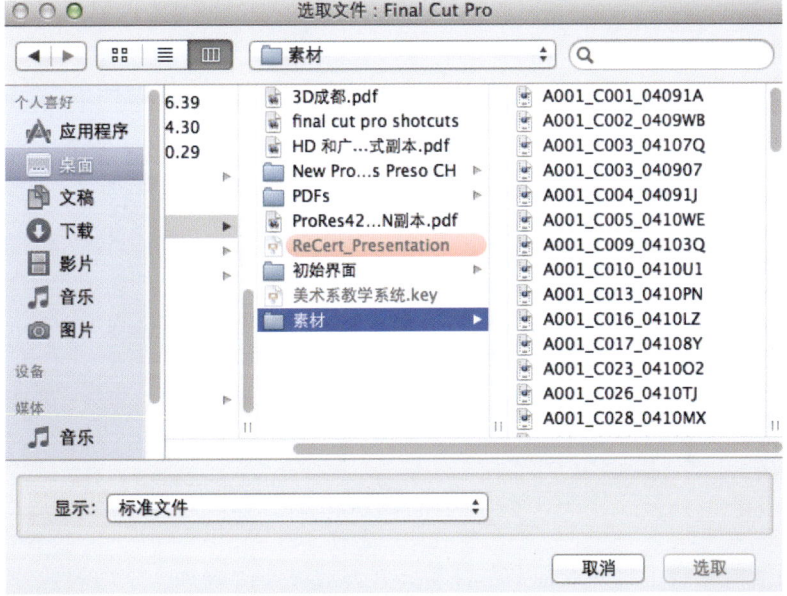

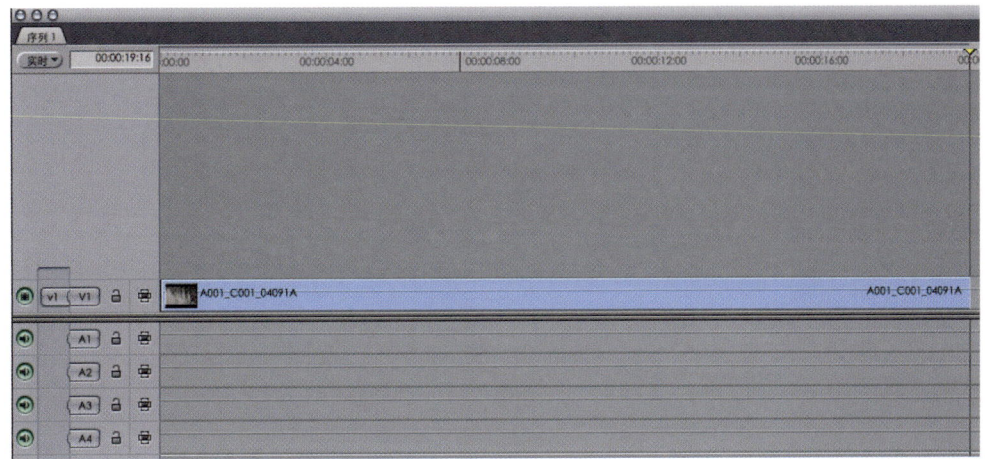

（3）点击检视器窗口中的"发生器"按钮，然后在弹出式菜单中选择"文字"/"垂直滚动"命令。

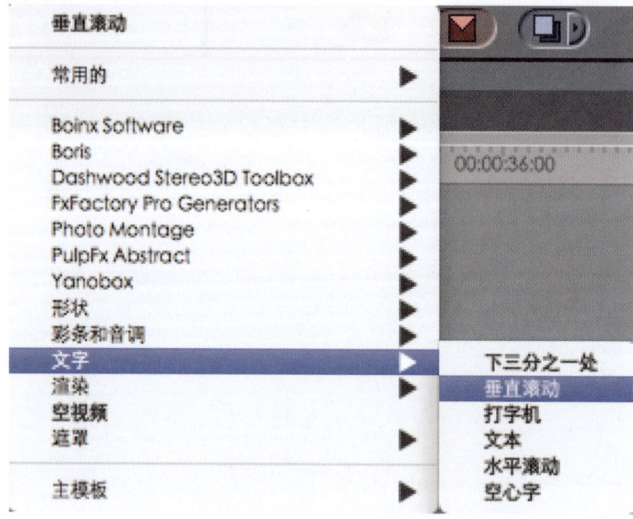

垂直滚动是动态字幕，因此，在检视器窗口不会看到样本文字的样式，只有点击"播放"按钮或者拖动播放头播放字幕时，才能看到样本文字字样。

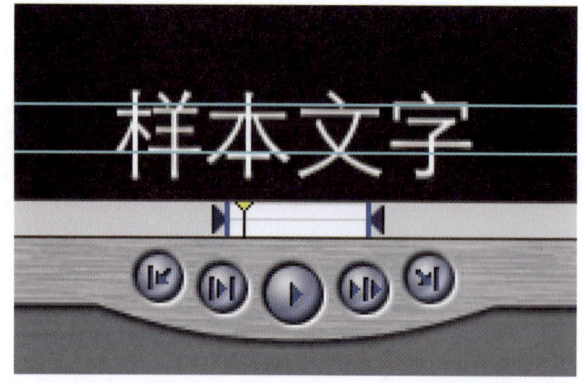

（4）在检视器窗口中打开"控制"标签，在样式文本处输入文字内容。

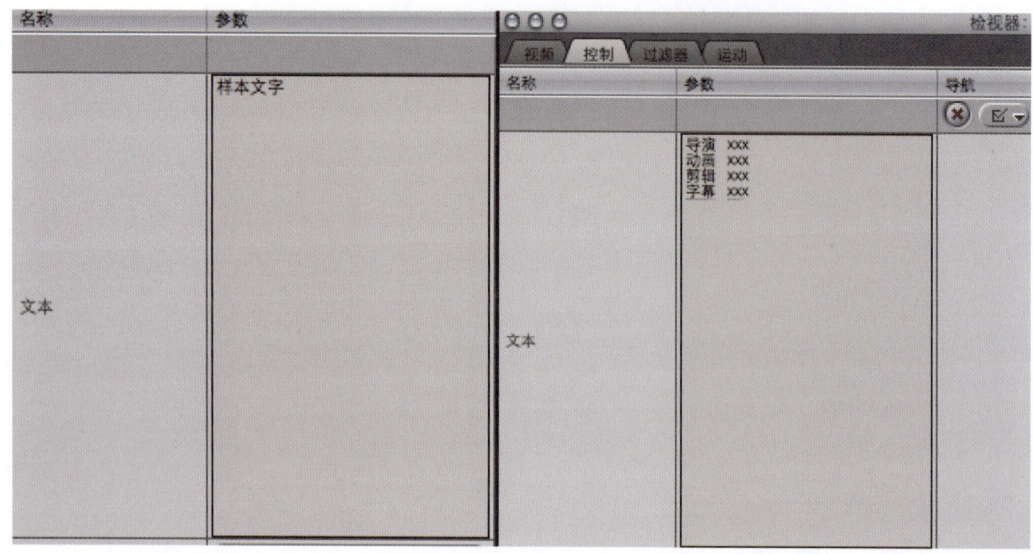

(5)接着打开"视频"标签。点按"播放"按钮,就可以看到检视器窗口中的滚动文字的效果。

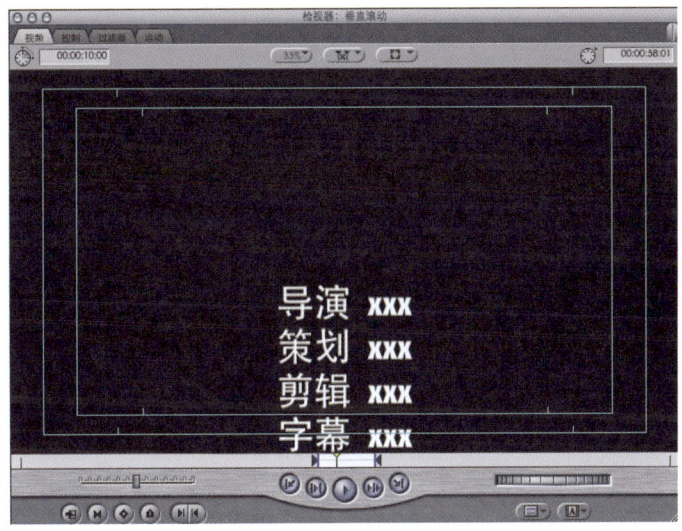

(6)在"视频"标签中将垂直滚动字幕拖拽到时间线上,并使其与时间线上的视频对齐。

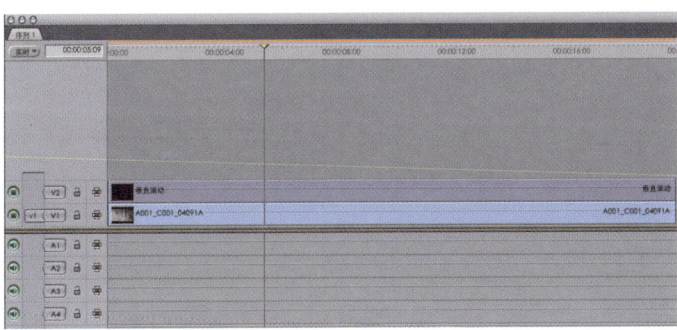

(7)点按空格或是画布中的"播放"按钮,可以浏览到最后完成的字幕效果。

◆ 打字机字幕

在很多电视纪录片或是广告宣传片中，当屏幕上出现打字机效果字幕时，背景音乐是打字机打字的咔嗒声。多数情况下，打字机字幕与左侧文字对齐，就是从屏幕左侧向右侧逐渐打出要显示的字幕。

（1）打开 Final Cut Pro，新建一个项目文件。

（2）选择"文件"/"导入"/"文件"命令，或是点按"Command-I"组合键，导入一个素材片段，并将该片段拖拽到时间线 v1 轨上。

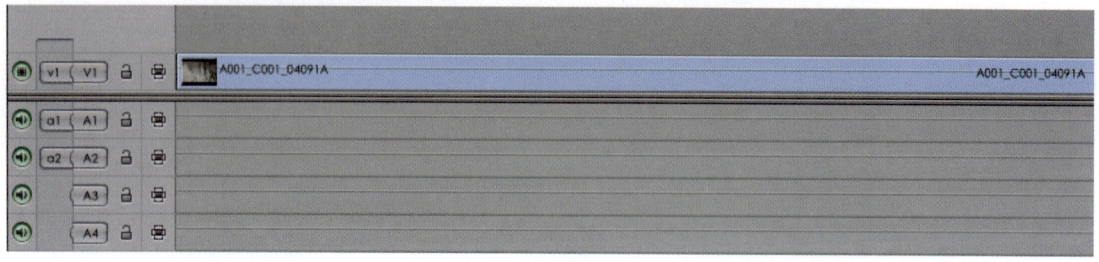

（3）点按检视器窗口中的"发生器"按钮 ，然后在弹出式菜单中选择"文字"/"打字机"命令。打字机字幕也是动态文本，拖动检视器的播放头或点按"播放"键，才能看到样本文字字样。

（4）在检视器窗口中打开"控制"标签，在文本框中输入文字内容。

（5）调整好检视器中字幕的参数，点击"视频"标签，预览刚刚调整好的打字机文本样式。

第九课 字幕

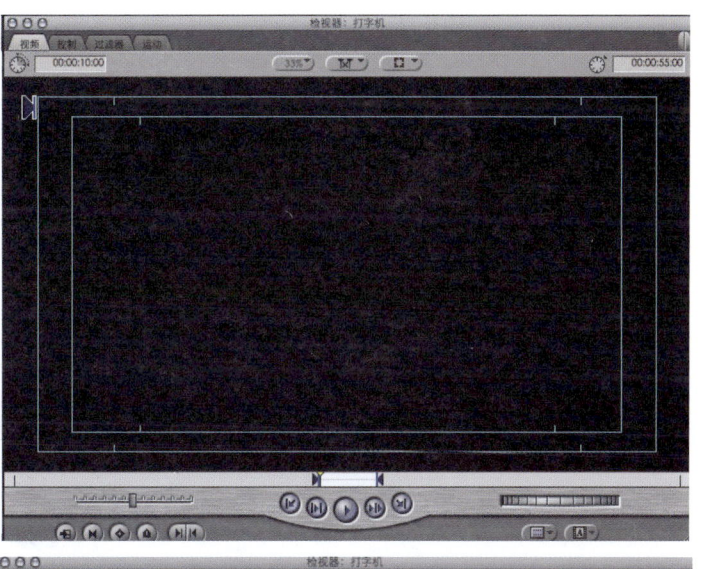

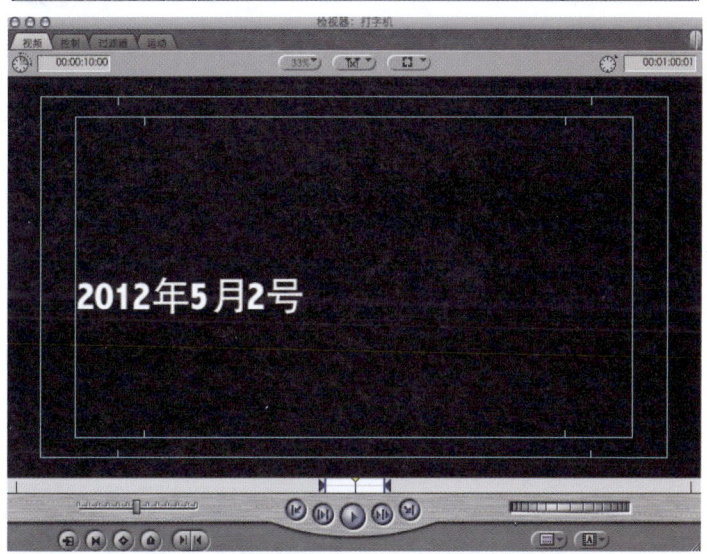

（6）在"视频"标签中将打字机字幕拖拽到时间线的 v2 轨，并与 v1 轨的片段对齐。

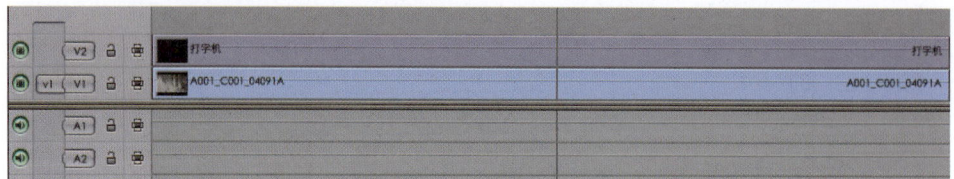

（7）点按画布窗口中的"播放"按钮就可以看到打字机字幕的效果了。

◆ 文本字幕

文本字幕不可以创建动态文本，文本字幕用于创建文字内容较多且不规范的文字字幕片段。在"控制"标签下的样式弹出式菜单中可以选取文本的样式。

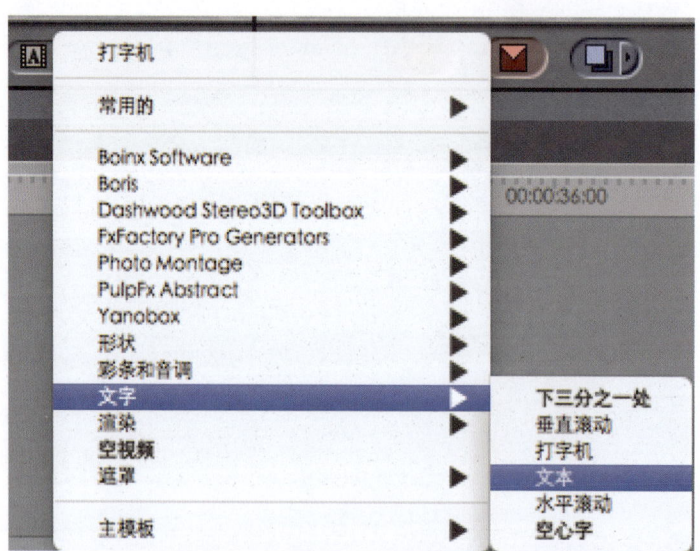

在检视器中的正中央出现了样本文字的样式。

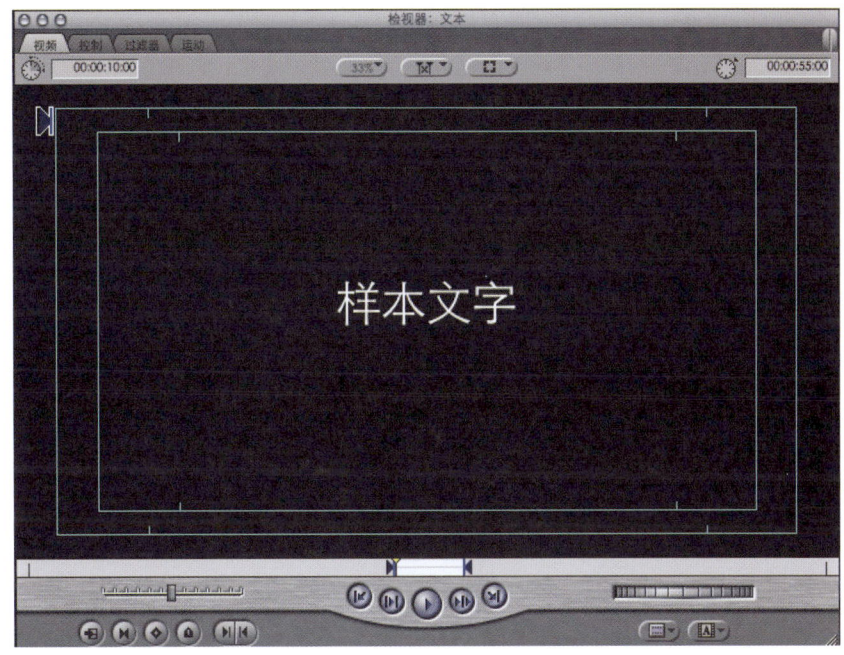

点按"控制"标签,可以在文本框中输入想要输入的文字。在中间的样式栏中,可以选择左、中、右对齐方式的字幕效果。下面分别显示的是右、中、左的效果图。

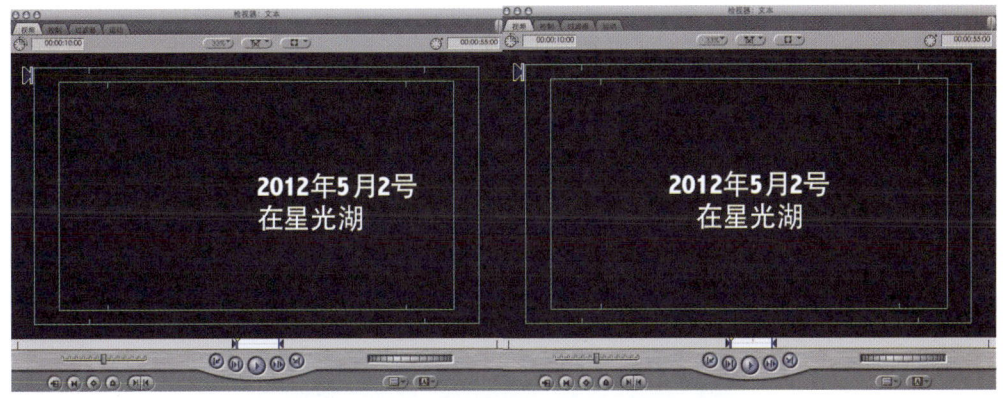

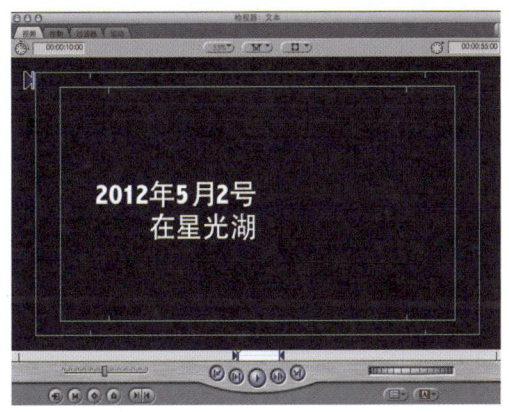

第十课 调整音频

一个影片的好坏在很大程度上取决于它的音频质量，优秀的音频处理能够在很大程度上为影片增光添彩。在观看一部影片的时候，观众通常会容忍各种各样的画面方面的错误，但是却很难忍受音频方面的一点点瑕疵。在 Final Cut Pro 中提供了多种多样的音频处理及修复工具，即使在 Final Cut Pro 无法胜任某个工作要求时，用户还可以使用 Soundtrack Pro 来进行调整，然后再传送回来，在 Final Cut Pro 中将自动地更新到最新的版本。音频编辑是一个非常广泛的话题，在本课中仅会涉及一些常见的高级剪辑技术。如果用户希望全面地学习和掌握 Final Cut Studio 软件强大的音频编辑和混音功能，那么请参考《Apple Pro Training Series：Sound Mixing in Final Cut Studio》一书。

1. 熟悉音频电平的概念

音频编辑的重要原则之一是：不能令音频峰值表上的数值达到 0 dB（即峰值电平）。

当音频的峰值大于 0 dB 时会失真产生噪音，这种刺耳的噪音不仅会使观众无法集中注意力观看影片，有时候还会损坏播放设备。虽然在剪辑的过程中可能没有监听到声音的畸变，但在波形上一定有异常显示。在使用不同设置和设备回放音频时，一个大于 0 dB 的峰值会直接带来失真，而且难以消除。

在音频编辑过程中，还需要明确电平数值是累加的。当同时播放两轨声音时，音量会比单独播放要高一些。如演员对白、声效、环境音等音频轨道都会有音量累加的现象。音乐轨道也可能会出现这种情况，如果在剪辑过程中不做平衡与衰减，很可能会令混音后的电平值接近甚至超过 0 dB。

当进行对话节目的剪辑时（比如 DV 和 HDV 的节目），通常是以 – 12 dB 作为标准的平均电平的数值（在音频峰值表上绿色色条的高度在 – 12 dB 附近变化是正常的）。将对白的电平控制在-12 dB 是为某些动态过大的声音留出一部分余量，比如尖叫声、爆炸声、包括音乐（当你希望音乐的声音盖过对白的声音的时候）。通常，这些声音的电平会高于平均电平值，但也不要让它们达到 0 dB。如果对白的音量在 – 3 dB 左右，那么其他所有声音都不得高于对白的音量。

此外，这个设置也让音频可以通过一些低质量的回放设备进行播放（比如计算机内置的喇叭、老款的电视机等），这些设备无法再现一个大动态范围（在节目中最大音量和最低音量之间的范围）的视频：正常播放可能会导致某些低音量的声音根本听不到，提高设备的音量又可能导致高音量部分失真。

第十课 调整音频

2．应用标准化增益

现在，大家已经了解了什么样的音量是合适的。下面就学习一些在 Final Cut Pro 中控制片段音量的方法。

（1）打开本课工程 ，此时已经在时间线上打开了序列。

（2）播放序列，熟悉影片的内容。可以发现中间爆破戏的几块音频的音量是不同的大小的。

（3）再次播放序列，这次要注意观察音频指示器的情况。第 2 段的音量显然过大，而第 1 段和第 3 段的音量又明显太低了，因此，每个片段都需要进行音量的调整。幸运的是，Final Cut Pro 有一个专门的功能，正好用于处理这种情况。

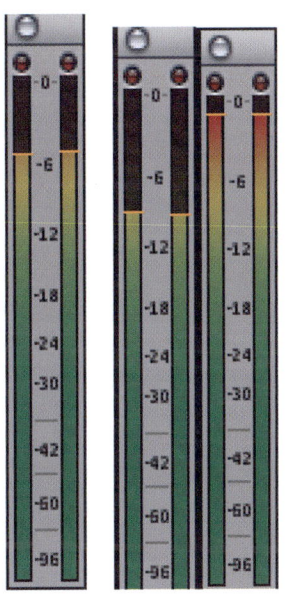

（4）确认激活了链接。按"Shift-L"组合键，并确认当前的工具"选择工具" 。

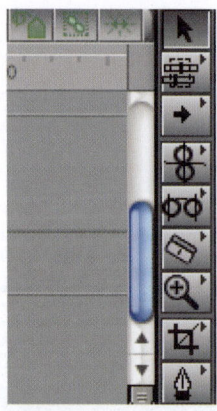

(5)在时间线上拖拽光标,框选所有的片段,或者按"Command-A"组合键。

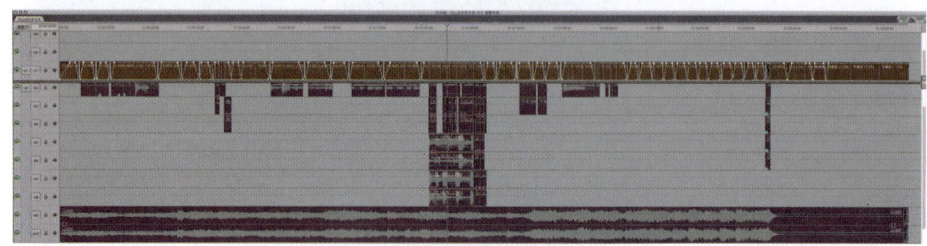

(6)选择"修改"/"音频"/"应用标准化增益"命令。可打开"应用标准化增益"对话框。

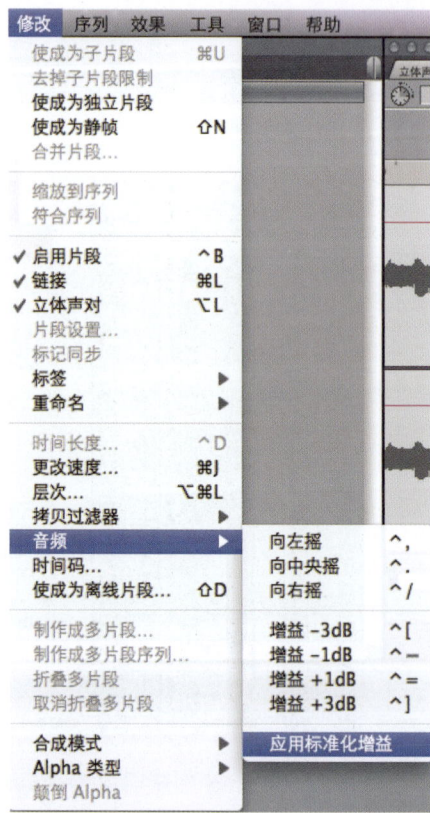

第十课 调整音频

在这里，可以设置每个被选择的片段的最大音量。Final Cut Pro 将分析这些片段的音频内容，找出最大音量的帧，然后整体地调整电平数量，目的是这个最大音量符合在该对话框中输入的数值。

请注意，你的目标是使片段的平均音量在 –12 dB。此操作是设置当前最大音量的帧未来音量的数值，整个片段的平均音量会比这个更低一些。

另外，如果片段中包含一种特别响亮的声音，比如在麦克风前面的咳嗽声，或者某种敲击造成的噪音，那么这个声音会使标准化增益的效果不是那么令人满意。

（7）将滑块的数值设置为 –6 dB，单击"好"按钮。

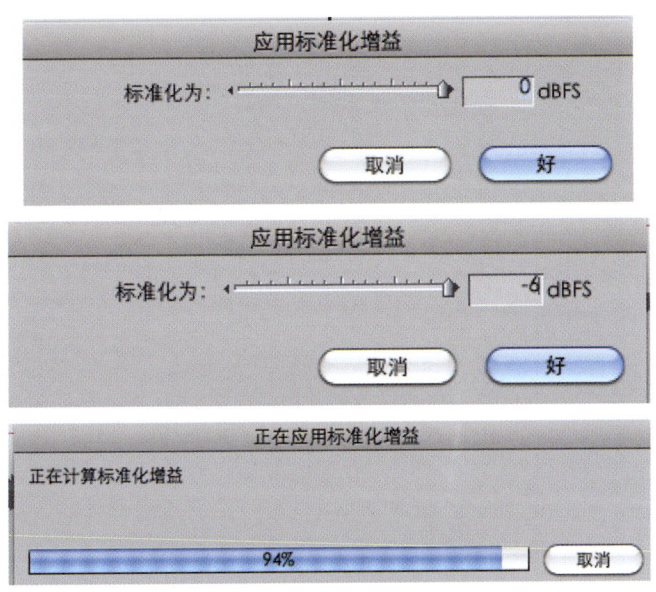

（8）再次播放序列，并注意观察音频指示器的情况。

现在，所有片段的平均音量都在一个平衡的音量。某些片段的音量被提高了，而某些片段的音量则被降低了。但是，在调整过程中到底发生了什么呢？如果希望删除这些调整，该如何进行呢？双击第 2 个音频，在检视器中打开它。

（9）单击"立体声"标签，或者"立体声（a1a2）"标签。

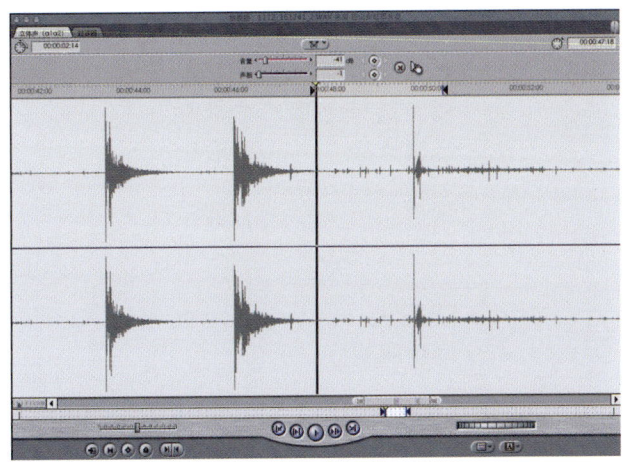

3. 去除标准化增益

当添加标准化增益后，会使所有的音频电平都会变为一样大小。这不便于音乐抒情，表现情感，因此有时要去除标准化增益。

打开第十课工程文件，采取一个非常简单的方法就可以去除标准化增益带来的效果。而且，根据需要，用户可以去除一个片段上的，或者多个片段上的效果。

（1）在时间线上拖拽光标，框选所有的片段，或者按"Command-A"组合键。

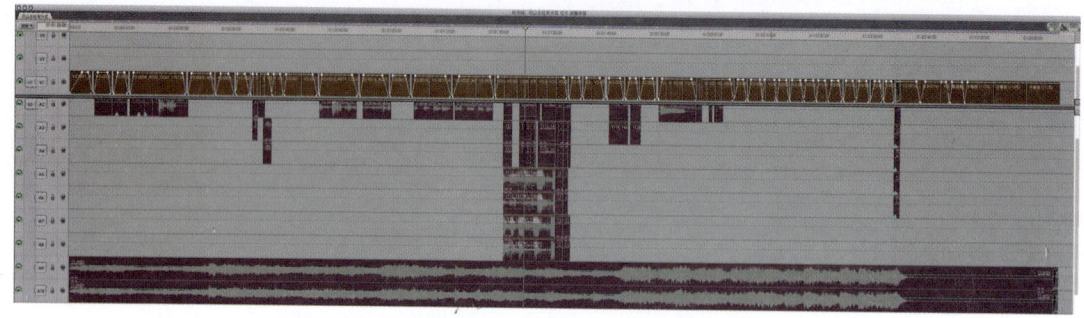

（2）在"编辑"菜单中选择"去掉属性"命令。

（3）选择"音频属性"选项组中的"过滤器"复选框，然后单击"好"按钮。

第十课 调整音频

这样,所有被选择的片段上所添加的音频滤镜就都被删除了。

4. dB 和 dBFS

dB 是 decibels 的缩写,中文意思是分贝,它是根据人耳听觉原理和声音传播方式而定义的一个声音强度的单位。一个 –3 dB 的音频信号强度是 0 dB 的一半,–6 dB 的又是 –3 dB 的一半,以此类推。当这样的音频信号转换为数字形式的时候,会定义出一个固定的范围,以便衡量信号的强度动态(即确定哪里是最安静的地方,哪里是最响亮的地方)。

Final Cut Pro 中的音频指示器中显示的是一个绝对的数值,称为数字信号的满刻度,也称为 dBFS。电平滑块和"增益滤镜"进行的则是相对的调整,提高或降低一定数值的强度,其单位用 dB 表示。相对而言,"应用标准化增益"对话框使用的是绝对数值的电平,因此其单位是 dBFS。

5. 实时调整电平

为了让自己像观众一样坐在剪辑机前来调整音频电平,我们需要实时循环观察影片的图像与声音的电平值。Final Cut Pro 具有一些非常方便的功能,可以迅速地解决上述问题。

(1)打开并播放序列。

(2)在一开始的部分也就是宣誓的部分(从 v2-0001 至 v2-0004)的开始位置设置序列的入点,结果的位置设置序列的出点。

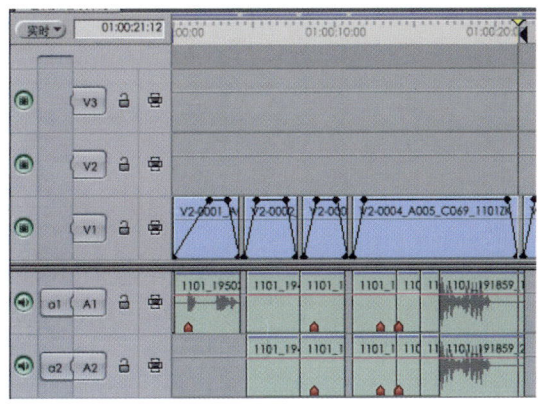

（3）在菜单栏中选择"显示"/"循环回放"命令，或者按"Control-L"组合键。

选择该片段可以使用户在播放序列时对该片段进行调整。

（4）按"Shift-\"组合键，使序列在入点和出点之间播放。由于启用了循环播放，因此这段序列将会永远重复播放下去。

（5）在播放视频的同时，按"Control-["组合键，将这个片段的音频降低3 dB。

（6）如果觉得该片段的声音还是太大，就再按一次"Control-["组合键。

（7）根据自己的感觉进行调整，直到对音量的大小满意为止。

与之前使用的"应用标准化增益"命令不同，当前的操作是改变了片段的音频电平的数值。

（8）在时间线的左下角，单击"开关片段叠层"按钮。

在时间线的片段上将会出现紫色的横线，它表示每个片段的电平。

（9）按"Control-L"组合键关闭循环播放，按"Option-X"组合键清除序列的入点和出点，按"Shift-Command-A"组合键取消选择所有片段。

第十课 调整音频

(10)如果需要,使用同样的方法调整其他片段的音量。

应对现在的市场需求,输出一个什么格式的成片已然成为一个关键性的问题。格式、制式、压缩编码纷乱复杂,Final Cut Pro 也提供了一系列的导出方案,下面就让课本带你领略一下 Final Cut Pro 是如何完成成片制作的(见第十课)。

6. 混音器

混音器类似于一个自动化硬件音频混合控制台,它为序列中的每个轨道提供了音量控制器、声相滑块、独奏和静音控制,对于序列中的每个音频输出声道也有主指示器(由序列的音频输出预置确定)。在进行实时调整音量和声相时,可以将这些调整录制为关键帧,从而允许在回放序列时自动进行混音。同时也可以使用音频控制台来一次性控制其自动化多个音量控制器。

在录制音量和声相的关键帧之后,可以在时间线或检视器中使用笔工具对它们进行微调,以调整片段叠层。

打开混音器:选取"工具"/"混音器",或按下"Option-6",如下:

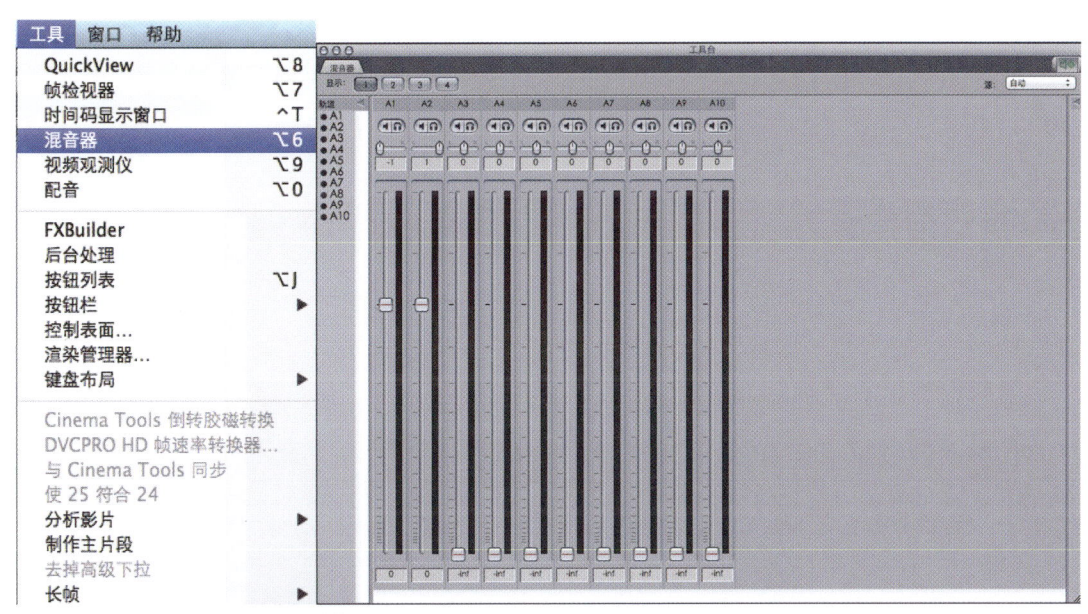

(1)显示按钮

显示按钮可以将混音器组织到可见轨道带的不同子集(或"簇")中。例如,可以选取创建两个单独的显示来混合序列:一个仅显示音乐轨道;另一个显示对白轨道。这对于一次性混合具有多个可被放置到混音器标签的音频轨道的序列特别有用。项目中的每个序列存储四种显示方式。

(2)录制音频关键帧选项

当启用"录制音频关键帧"时,如果移动一个音频控制将会创建一个新关键帧。可以用于在回放过程中创建关键帧的音频控制包括:混音器中的音量控制器和声相滑块,检视器的音频标签中的音量和声相滑块，或者已连接的音频控制台上的音量控制器。

录制关键帧可以实时调节音频的音量和电平。

当移动音量控制器或声相滑块时要添加关键帧，请执行以下一项操作：

在混音器（位于"工具台"窗口中）顶部的按钮栏中选定"录制音频关键帧"按钮。按下"Shift-Command-K"即可打开"录制普频关键帧"。

播放工程序列时，混音器的推子随着音量的大小在移动，可以进行上下移动推子来为视频相对应音频打上关键帧。这样调节音频的电平，使音频保持一个恒定的音量。

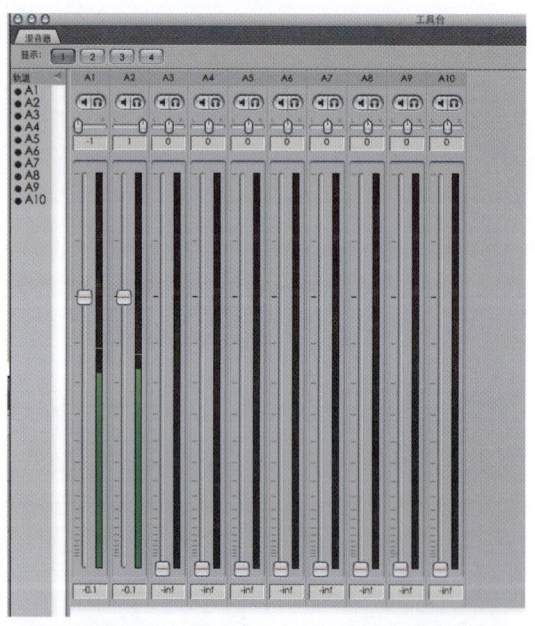

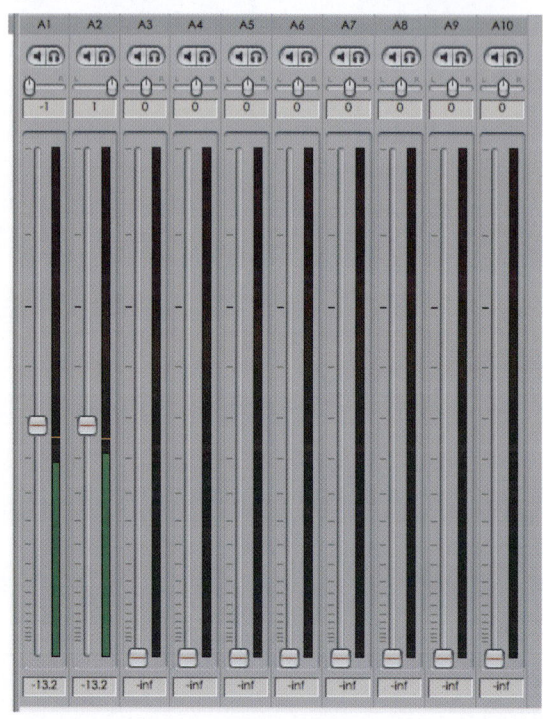

首先打开开关片段叠层（在 Final Cut Pro 软件的左下角），在推完推子之后，浏览时间线上的音频都已经打上了关键帧。

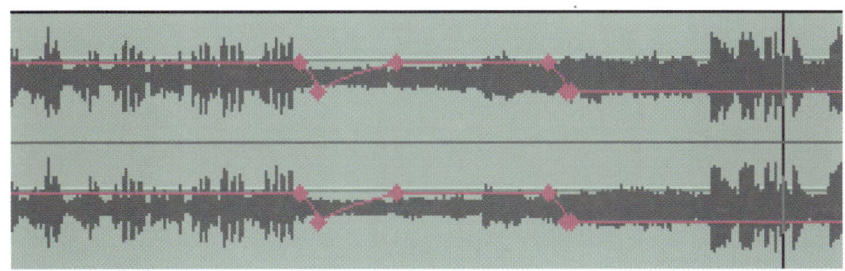

（3）源弹出式菜单。

此菜单选取混音器控制用于控制画布或检视器音量。如果想要混音器根据活跃的窗口自动在画布和检视器之间切换，请选取"自动"。

（4）轨道可见性区域。

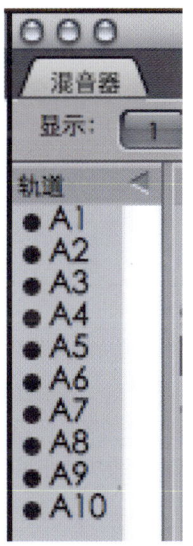

在此区域中，可以选取哪些轨道音量控制器显示在混音器中。可以通过点按显示细节三角形（见混音器左上角）来显示和隐藏轨道可见性区域。

● 轨道可见性控制：在混音器中点按一个轨道的轨道可见性控制小圆点，以切换该轨道的轨道带的可见性。

● 轨道名称：对应时间线中当前已选定序列中列出的音频轨道名称。此名称也显示在每个轨道的轨道带的上方。

● "输出声道"快捷菜单：按住 Control 键并在轨道可见性区域中点按轨道名称，从而将该音频轨道分配到一个可用的音频接口输出声道。这些音频接口输出声道对应于在"音频/

视频设置"窗口的"A/V 设备"标签中选定的外部音频接口。
（5）主区域。

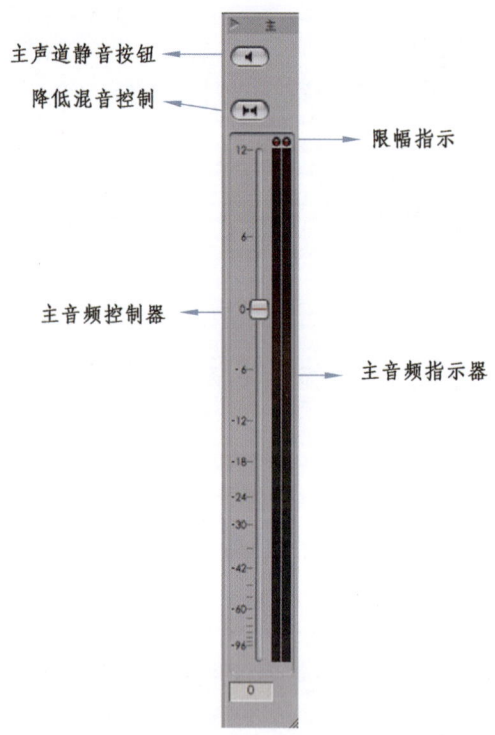

要显示主区域：点按混音器标签右上角的显示细节三角形。
主区域包括以下控制：
- 主声道静音按钮：点按此按钮可以将整个序列输出设为静音。
- 降低混音控制：在选定此按钮时，所有输出声道都会被降低混音到输出的一个立体声对。
- 主音量控制器：在应用独立轨道音量控制器之后，主音量控制器可以控制整个混音的音量。与独立轨道音量控制器不同，主音量控制器不能自动执行。主音量控制器影响在回放、输出至像带或者输出到影片文件过程中的主输出音量。
- 主音频指示器：在"音频输出"标签（位于"序列设置"窗口中）的当前序列中，为每个输出声道都指定了主音频指示器。例如，用户的序列的一个音频预置有六个输出声道，则在混音器中将有六个主音频指示器。由于主音频指示器显示将输出到音频接口的最终音量，因此应确保音量不超出 0 dBFs。
- 限幅指示器：在每个指示器的顶部是一个限幅指示，当输出声道达到 0 dBFS 时它将会亮起。

第十一课　完成成片

在 Final Cut Pro 中可以非常轻松地把用户的项目输出为各种格式，甚至是只需单击一下即可将影片发布到 YouTube 或者 Mobile 上。本课将讲解各种输出设置，以满足业余爱好者和专业剪辑师的需求。在进行输出之前，一定要确保影片已完成剪辑，并进行了全面检查。谁也不希望在影片已经被浏览了 10 万次之后，突然收到一封邮件，质询为什么影片中显示的某人的名字是错的。

无论用户使用了什么格式进行拍摄，又使用了什么格式进行剪辑，都需要将最终的影片转换为一种可以播出的格式。在一定程度上，这种用于播出的格式肯定会比原始格式的质量要低一点。此外，由于目前流行多种可以用于播出的格式，用户必须对这些不同的技术内容有一定的了解，以便针对观众所拥有的观看设备进行影片的输出。实际上，将影片录制到磁带上的输出设置与将影片刻录在 DVD 光盘或者 Blu-ray 光盘上的输出设置是完全不同的。而如果希望将影片在 Web 上或者将其输出为一个单独的数字文件，那么其设置的选择将更广。如果需要将影片打印为电影胶片，那么需要考虑的则是另外一些要素。

帧尺寸、码流和画面质量设置的改变都取决于为什么要使用某种格式。压缩（其目的是令影片尽可能地小一些，便于以数字的方式进行传输，或者刻录到光盘上）的方式是千变万化的，完全理解和掌握它们，是一个非常困难和复杂的工作；如果选错了设置参数，那么原本的高清图像可能会变得很差。Final Cut Pro 中的 Compressor 就是专门解决这个困扰的，它可以压缩用于 DVD 光盘的文件、Web 浏览以及各种苹果设备（iPod、iPhone 和 Apple TV）能够播放的文件。

但是，大多数用户在发布他们的影片时没有足够的时间进行新软件的全面而完整的学习。幸好，在 Final Cut Pro 7 中，用户也不用给自己这么大的压力——使用 Final Cut Pro 的共享窗口就可以利用 Compressor 的强大压缩引擎了。尽管这样无法享受到 Compressor 全部的优化与调整功能，但这已经可以满足许多用户的需求了。

在本课中除了要讨论共享选项的设置之外，还会涉及 QuickTime 影片、音频文件和项目文件的数据输出方法。

1. 共享到苹果设备上

现在，iPod、iPhone 和其他苹果设备已经非常流行了。考虑到 Final Cut Pro 也是苹果公司自己的产品，如果能直接把剪辑好的影片输出给这些设备进行播放，那就太完美了！而 Final Cut Pro 正好提供了这样的功能。用户可以轻松地将影片输出给不同的苹果设备，而且，不同设备还可以采用不同的预置参数。

（1）打开"巴山女红军片花最终成片.fcp"序列。

（2）在浏览器中，选择巴山女红军最终成片序列。

（3）在菜单栏中选择"文件"/"共享"命令，或者按"Command-Shift-E"组合键。

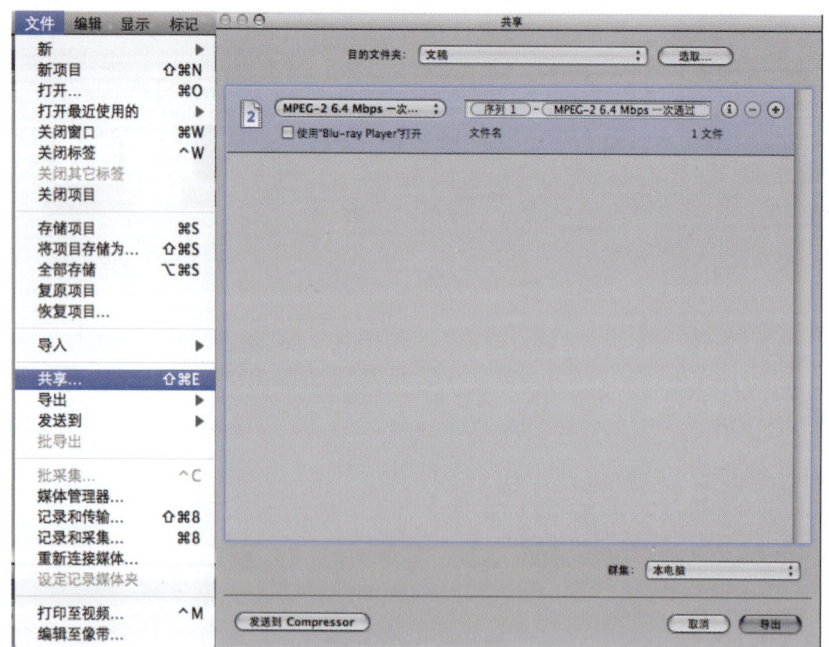

（4）如果当前的输出类型不是Apple TV，那么请打开"输出类型"下拉列表，并选择"Apple TV"选项。

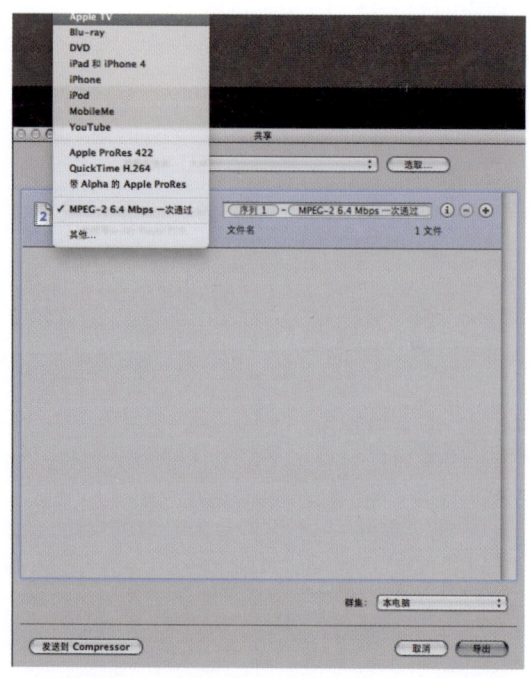

第十一课 完成成片

此时，如果单击"导出"按钮，一个新的影片就会存储在用户指定的目的文件夹（在窗口上方的下拉列表中设置）中，该影片已经针对在 iTunes 中和在 Apple TV 上播放进行了优化。所有的操作都非常简单。

（5）单击"显示简介"按钮。这时会弹出一个新的窗口，其中描述了当前文件的详细信息，包括文件格式、估计的文件大小等。

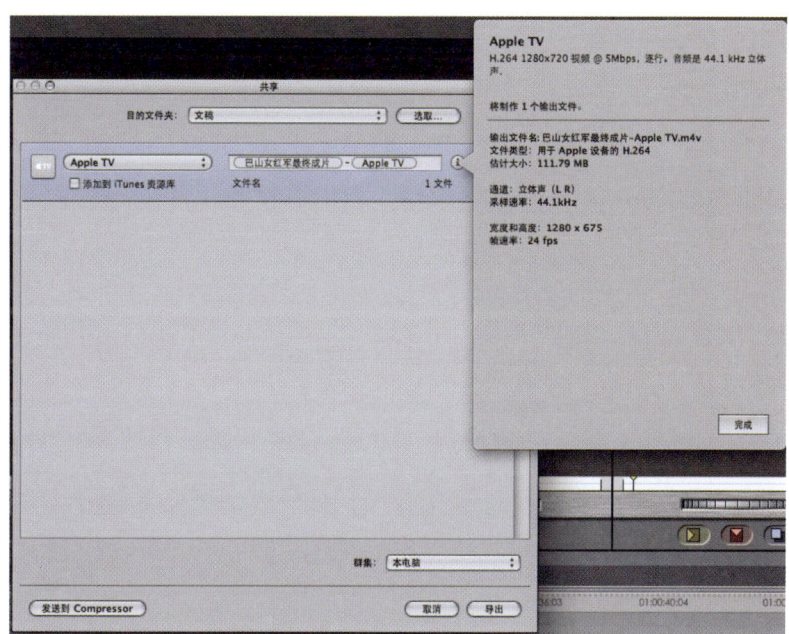

（6）单击"完成"按钮，关闭该窗口。

影片的文件名称是自动生成的，它由被选择的对象的名字（本例中是序列的名字《巴山女红军》）和压缩预置的类型（在本例中是 Apple TV）共同组成。但是这些参数都是可以自定义的。

（7）在"文件名"栏中单击《巴山女红军最终成片》的圆泡状态。这段字符被高亮显示，表示它们已处选择状态。

（8）输入《巴山女红军最终成片》，以及今天的日期。这些字符将会作为即将创建的新文件的文件名。

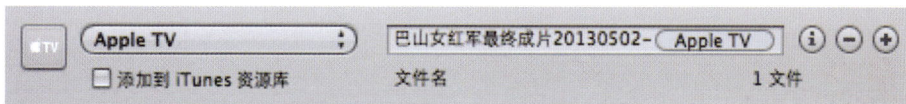

共享窗口的优势之一就是可以批量地为一个序列输出多个不同版本的压缩影片。在本例中，除了针对 Apple TV 输出一个影片之外，用户还可以输出另外一个专门针对 iPhone 优化的影片。

（9）单击"添加输出"按钮。一个新的输出项目会出现在列表中。

（10）从"输出类型"下拉列表中选择"iPhone"选项。

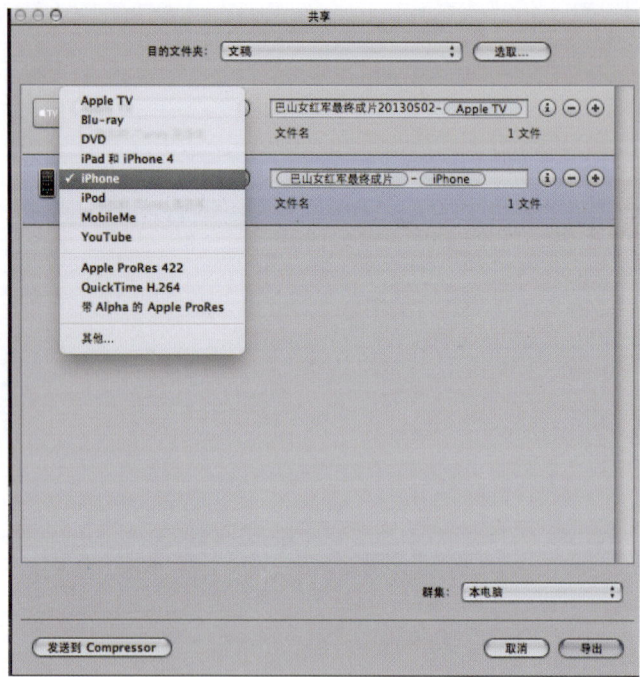

（11）按照与 Apple TV 的输出一致的命名规则，为新的输出影片命名。

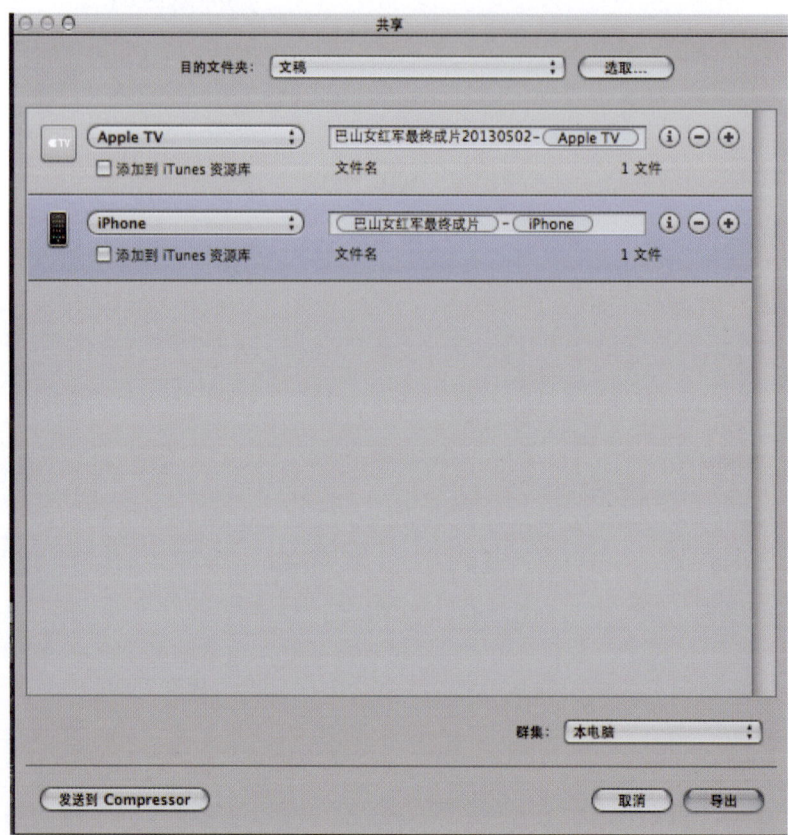

(12)单击"显示简介"按钮,查看这个文件与 Apple TV 文件的区别。

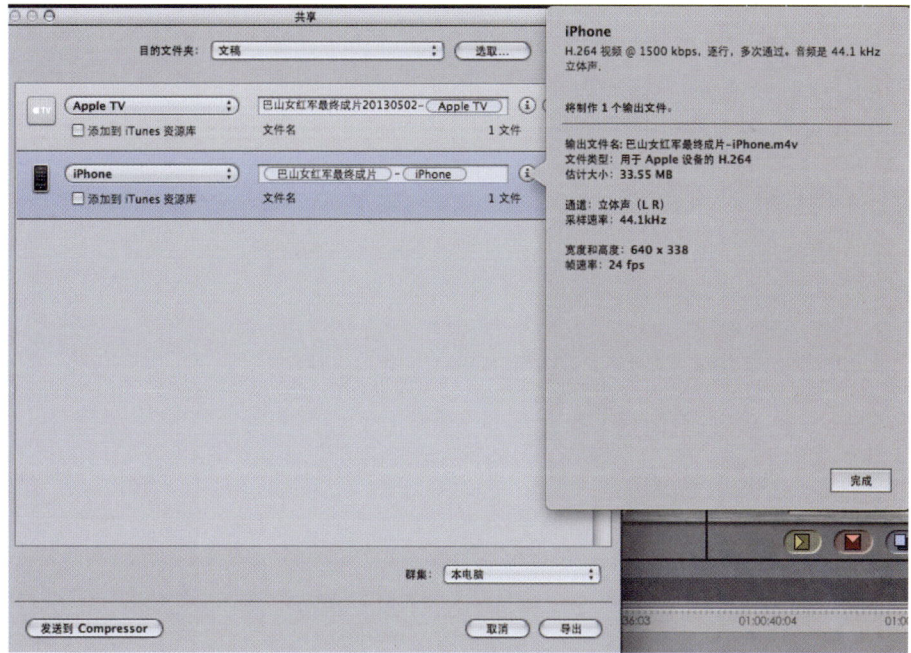

这两个文件一个是 h.264 文件,另一个是.m4v 文件。但是针对 iPhone 版本的文件仅 60.22 MB,而针对 Apple TV 的文件则是 200.64 MB。产生这种区别的原因在于 iPhone 的屏幕的分辨率较小(640*360),而 Apple TV 的分辨率比较高(960*720)。

(13)单击"完成"按钮,关闭信息窗口。

(14)在 Apple TV 版本的设置中选择"添加到 iTunes 资源库"复选框。这样就打开了抽屉窗口,在这里可以选择 iTunes 资源库中的一个播放列表。新输出的影片将会自动添加到这个播放列表中。

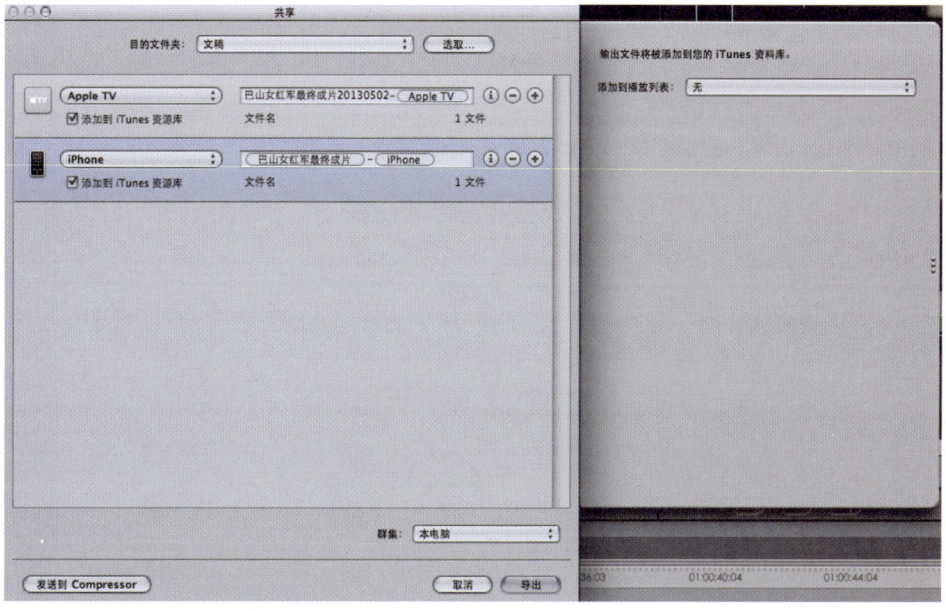

（15）打开"目的文件夹"下拉列表，选择"影片"选项。这样，输出的影片文件将会存储到当前登录用户的个人文件夹的影片文件夹中。

（16）单击"导出"按钮进行影片的输出。这时弹出了转码压缩的进程窗口，它显示了整个工作需要的时间。转码的速度则取决于使用的计算机处理器的性能。

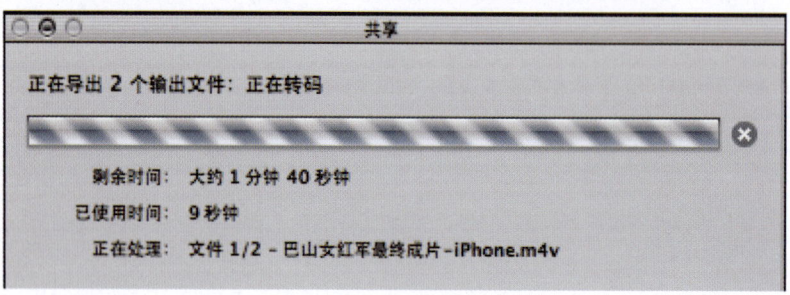

2．制作 DVD 光盘

创建一张标清 DVD 光盘，这样的光盘可以在任何一个标准的 DVD 播放机上播放。

（1）在浏览器中，确认选择了《巴山女红军片花》片段序列，然后在菜单栏中选择"文件"/"共享"命令。

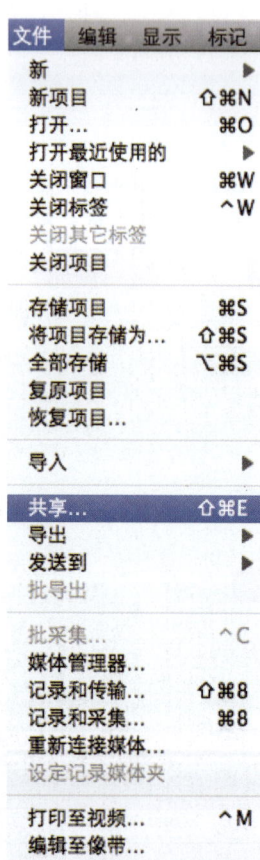

（2）选择 Apple TV 输出。

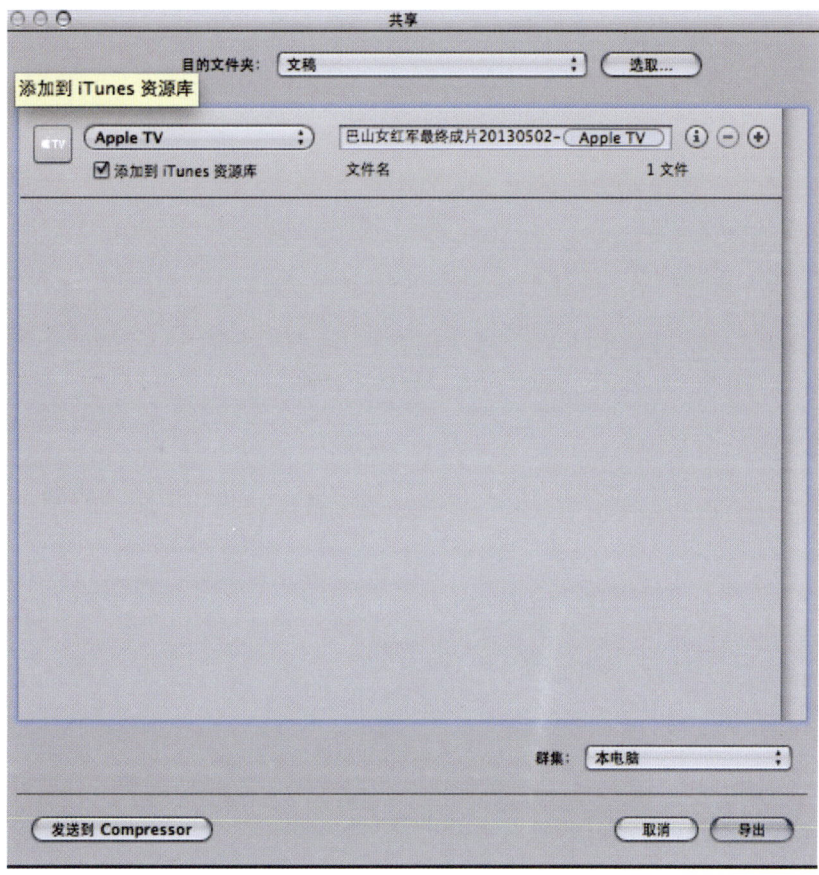

（3）将输出类型设置为 DVD。

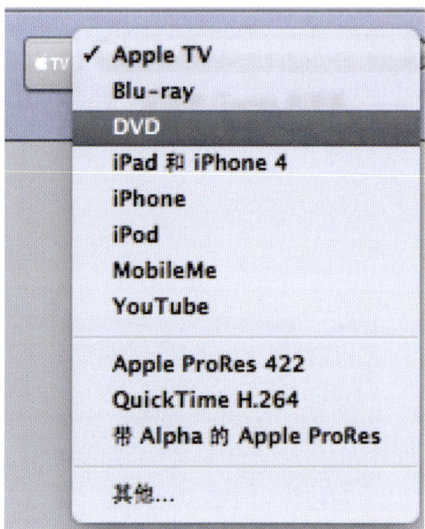

（4）单击"显示简介"按钮。

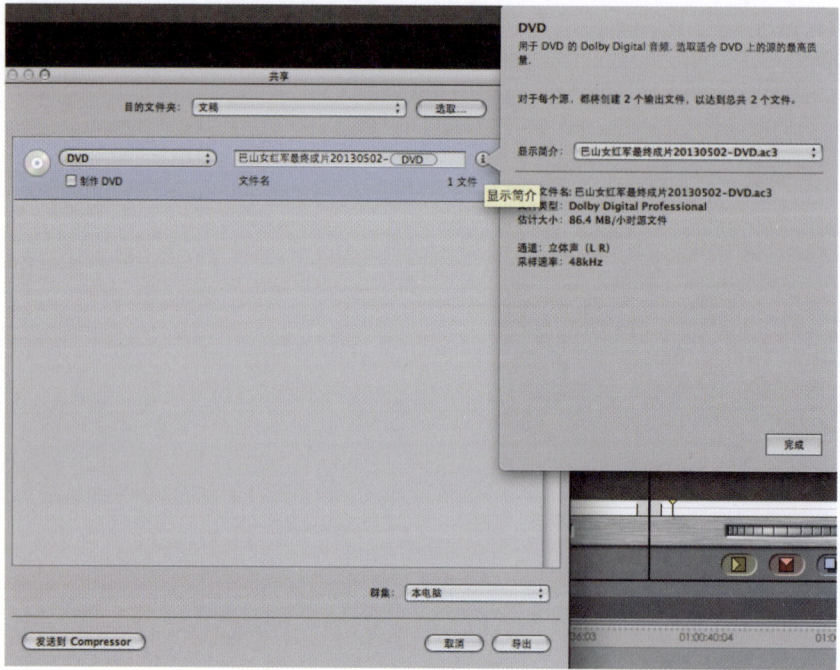

(5)单击"完成"按钮,关闭信息窗口。
(6)选择"创建 DVD"复选框。
(7)在文本编辑区输入名称。

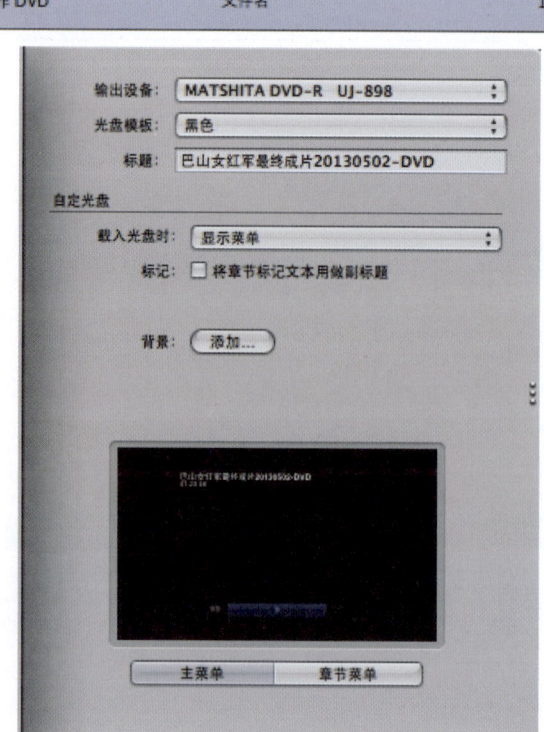

（8）单击"导出"按钮，启动 DVD 刻录。

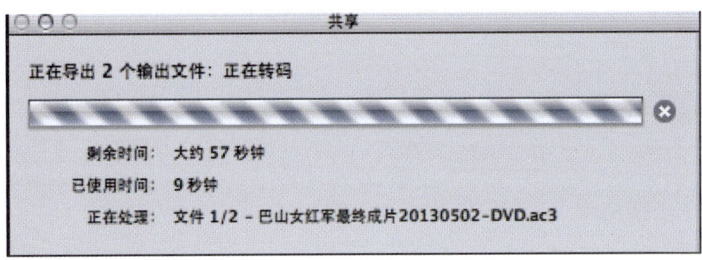

（9）插入一张空白 DVD 光盘。

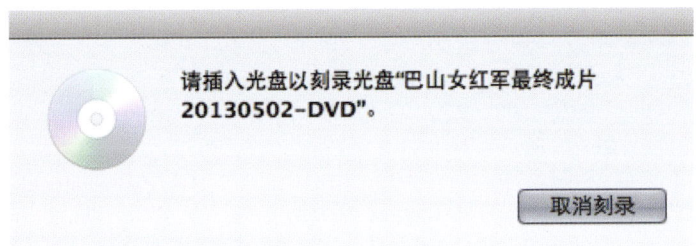

（10）完成刻录自动退出光盘。

3．导出具有多声道的 QuickTime 影片

用户还可以输出一个包含多个声道的单独 QuickTime 影片，其声道数量与 Final Cut Pro 序列中一样。这种输出的设置类似于前面组成的通道，所不同的是所有音频信息都包含在一个文件中，以获得更大的便携性和便利性。将这样的文件导入到 Final Cut Pro 中，就会看到多个音频的单声道标签。

（1）打开第十课的工程，在菜单栏中选择"序列"/"设置"命令，或按"Command-0"组合建，打开序列设置窗口。

（2）在"常规"标签的音频设置选项组中，打开配置下拉列表，选择分离的通道选项。

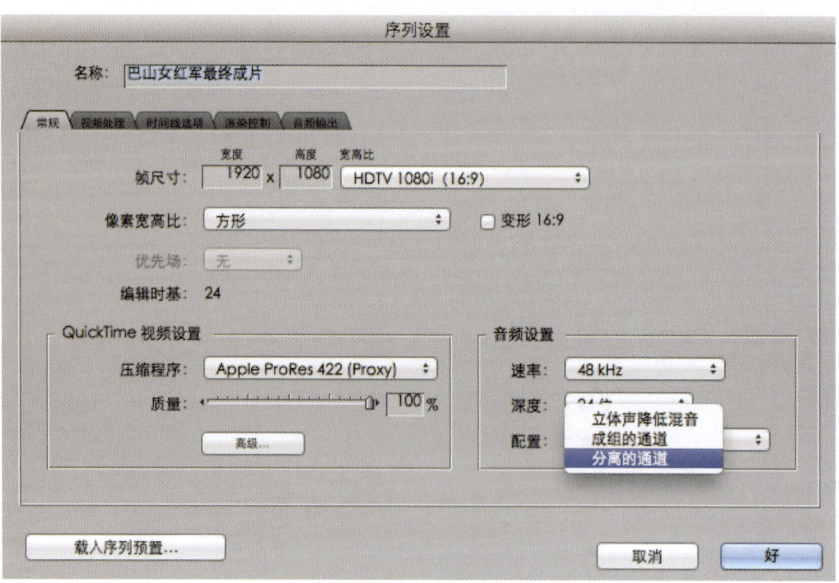

（3）单击"好"按钮，关闭序列设置窗口。如果在此弹出有关于音频输出的警告信息，直接单击"好"按钮。

（4）在菜单栏上选择"文件导出"/"Quicktime movie"命令，弹出存储对话框。

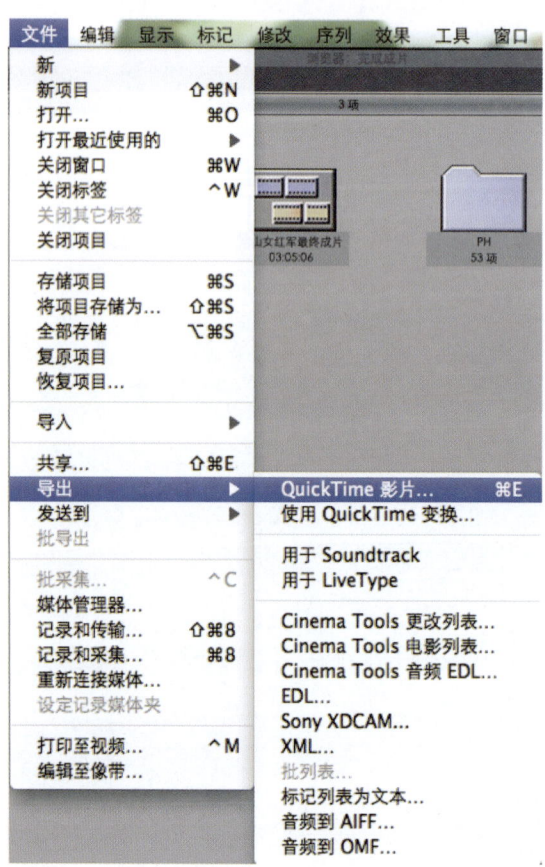

（5）在下拉列表中选择"仅音频"选项，并选择"使影片自包含"复选框。

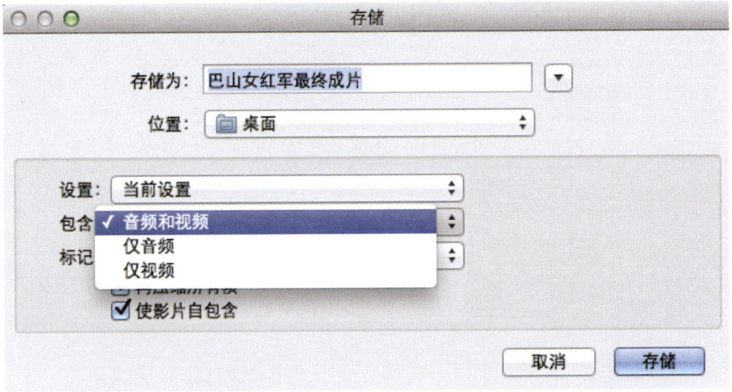

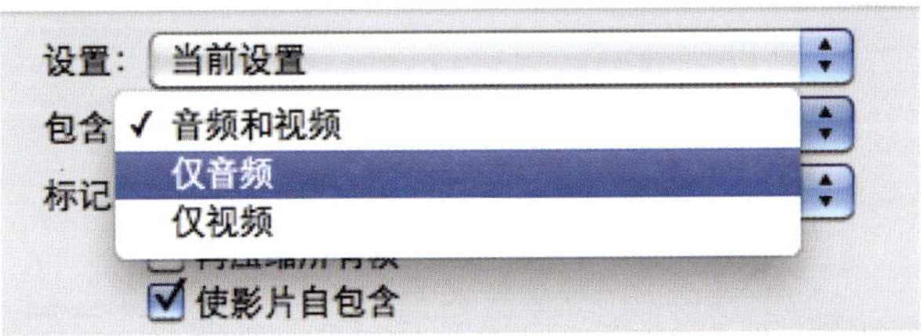

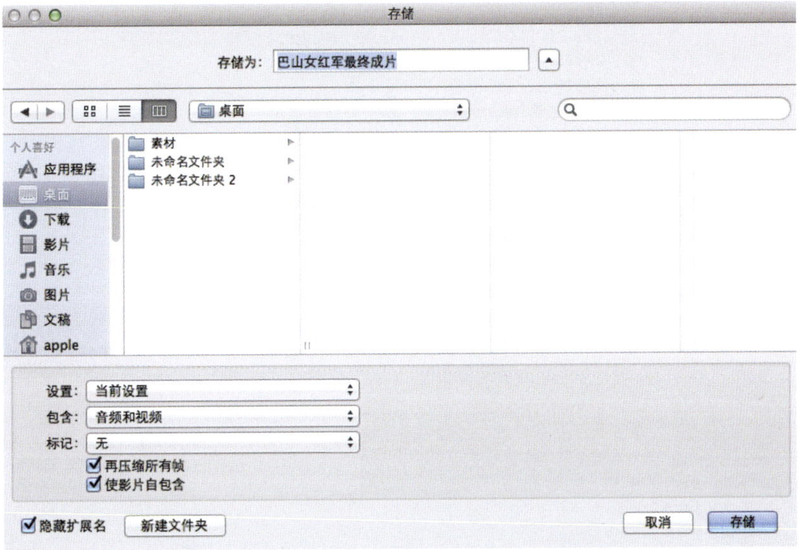

（6）选择文件的存储位置，然后点击"存储"按钮。这样就会输出一个包含 6 个音频轨道的 quicktime 影片，正好与 Final Cut Pro 序列中的 6 个音频轨道相匹配。

4. 导出标准 QuickTime 影片

人们往往会制作一个有利于在 Mac 上顺畅播放且清晰度较高、画面尺寸完整的正式版影片，那么创建一个标准的 QuickTime 影片很有必要。

（1）找到本课的工程。

（2）在菜单栏上选择"文件"/"导出"/"QuickTime 影片"命令。

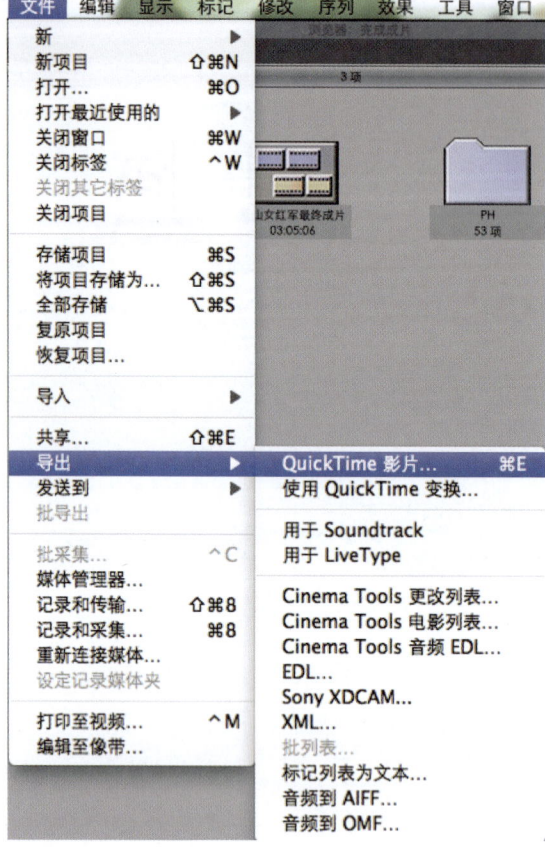

（3）弹出导出 QuickTime 影片的存储对话框。将新的文件命名为《巴山女红军最终成片》片段，并选择存储文件的位置。

第十一课 完成成片

（4）在下拉列表中选择"音频和视频"选项。在标记下拉列表中选择"所有标记"选项。

（5）选择使影片自包含"复选框"和"再压缩所有帧"，然后单击"存储"按钮。

5. 导出项目数据

如果需要将 Final Cut Pro 项目文件传输给其他软件协同作业，那么就需要导出一个数据信息来指导其他工序的进行。

6. 导出 EDL

一个序列可以输出为 EDL 文件（编辑决定表），它是一个包含所有剪辑点的时间码的文本文件。EDL 文件不能包含视频特效（滤镜或轨道合成模式），但是可以包含专场效果和多条轨道。EDL 原本是用于线性的磁带对磁带的剪辑系统的，这种系统通常使用一种在线编辑的方法，主要用于重新编辑原始磁带中的内容。

（1）在浏览器中选择《巴山女红军片花》片段序列 。

（2）在菜单栏中选择"文件"/"导出"/"EDL"命令。

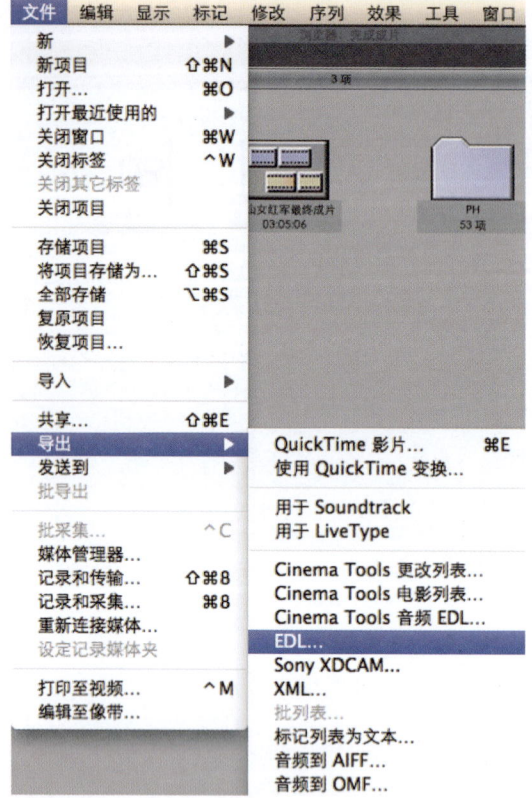

弹出 EDL 导出选项，如下：

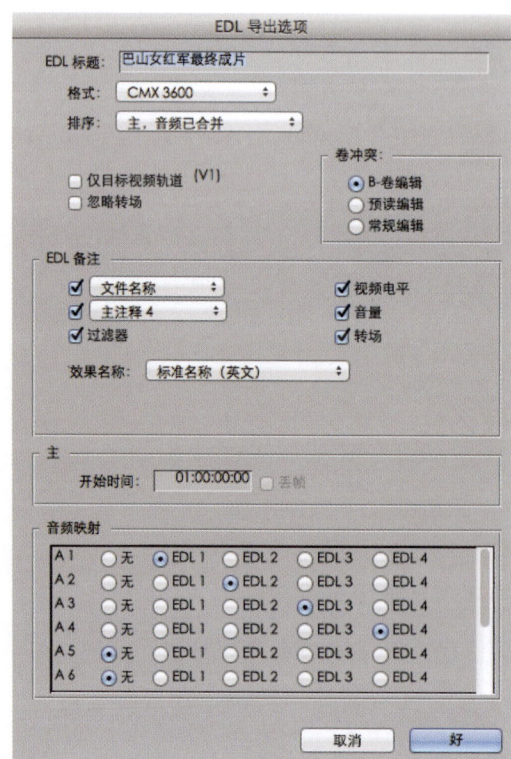

(3)单击"好"按钮,弹出存储对话框。

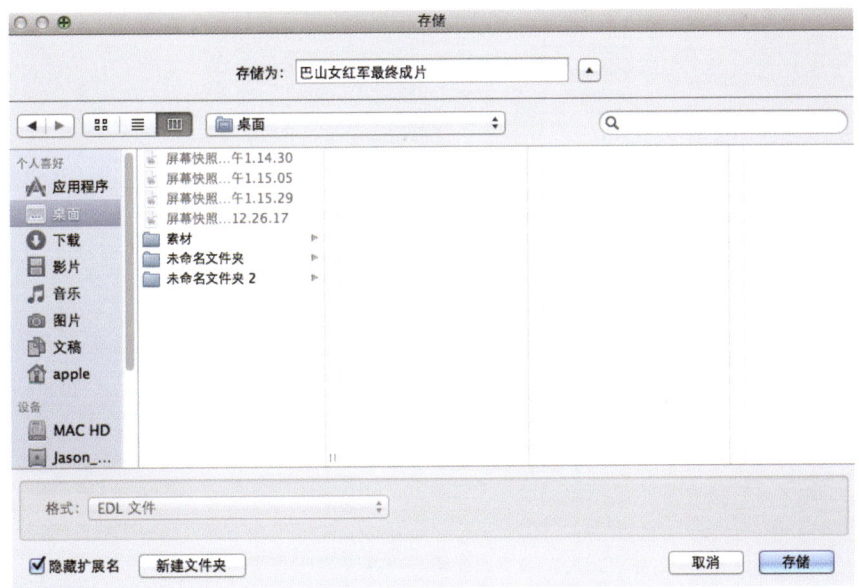

(4)指定存储位置,然后单击"存储"按钮。

一定要保留.edl 扩展名,以便该文件可以在某些必须依靠扩展名才能识别文件类型的系统上被正确读取。

如果在项目中有一些内容不具备卷标和时间码,比如字幕、发生器、来自音色库的音效效果和静态图像等。

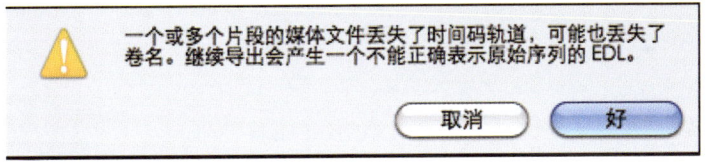

(5)单击"好"按钮。

7. 导出 XML

XML 格式是一种非常灵活的数据描述文件类型。Final Cut Pro 导出的 XML 文件会包含与被选择项目相关的所有数据信息。除了最基本的各个片段的剪辑情况之外,还包含了精确的时间线的布局、所有的效果和发生器等内容。

XML 文件是对 Final Cut Pro 项目文件的一种完全开放的、标准的描述文件。可与多种调色合成软件协同作业。

创建 XML 文件的方法非常简单,可以基于浏览器中的任何对象,比如片段、媒体夹、序列和效果等。

(1)打开《巴山女红军片花》片段序列。
(2)在菜单栏中选择"文件"/"导出"/"XML"命令,弹出 XML 对话框。

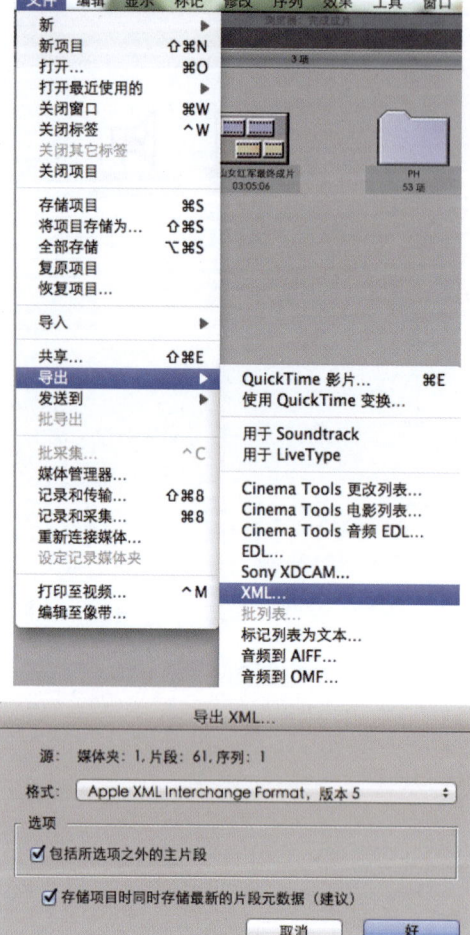

(3)使用默认设置,单击"好"按钮,弹出存储对话框。
(4)将文件命名为"巴山女红军最终成片.xml",然后单击"存储"按钮。

(5)将新的 XML 导出到指定的存储位置,然后就可将其导入到其他软件中。

8. 发送到 Compressor

大家常碰到导出是需要压缩的情况,而 Compressor 正式提供了一个压缩的平台。有两种将影片发送到 Compressor 的方法:
- 通过共享窗口("文件"/"共享")。

第十一课 完成成片

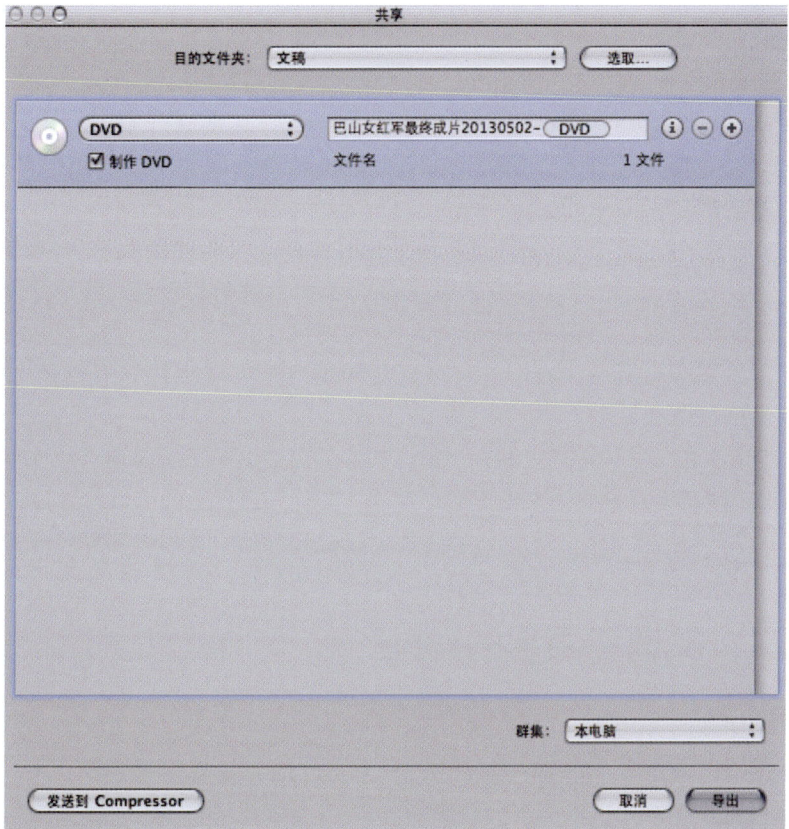

- 通过文件菜单（"文件"/"发送到"/"Compressor"）。

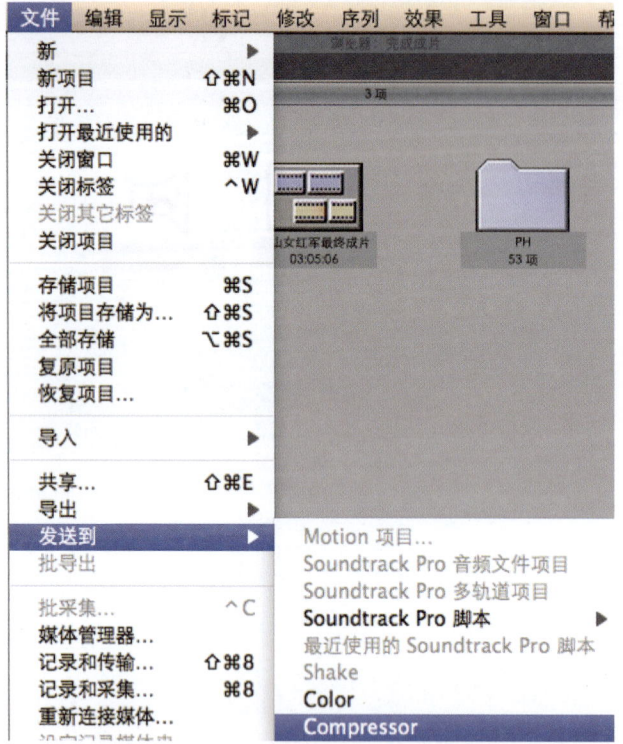

使用共享窗口的好处是：在发送到 Compressor 之前可以直接确定所有的文件的压缩设置以及文件的存储位置，省去了在 Compressor 中进行设定的工作。

使用文件菜单的好处是，能迅速地启动 Compressor，直接进行输出。

无论使用哪种方法，输出都会在后台进行，输出质量都取决于使用了哪种设置。如果设置相同，那么质量就会完全相同。

在共享窗口中使用定制的 Compressor 预置。用户并非只能使用共享中默认的设置，也可以使用自定义的设置。正是由于仅仅有为数不多的一些预置可以使用，共享才显得比较易用。用户只需要选择一个预置，然后单击"导出"按钮即可。但是，如果用户想在影片上添加一个水印呢？或者需要将画面尺寸变小一点。目前，用户无法修改共享中预置的参数。那么，有什么办法能解决这个问题呢？

解决方案还是在共享窗口中。在每一个选择预置的菜单的最下面都有一个名叫"其他"的命令以及其他用户之前使用并存储下来的设置。选择"其他"命令，就可以打开设置窗口，在这里选择"其他"设置。这就意味着，除非要修改某个设置的参数，否则就不必打开 Compressor 了。

9. 共享、发送和导出的异同

有 4 种导出文件的方法，应该选择使用哪个呢？

如果用户使用以前版本的 Final Cut Pro，导出文件的方法仅仅是选择"文件"/"导出"/"QuickTime 影片"，非常简单。

第十一课 完成成片

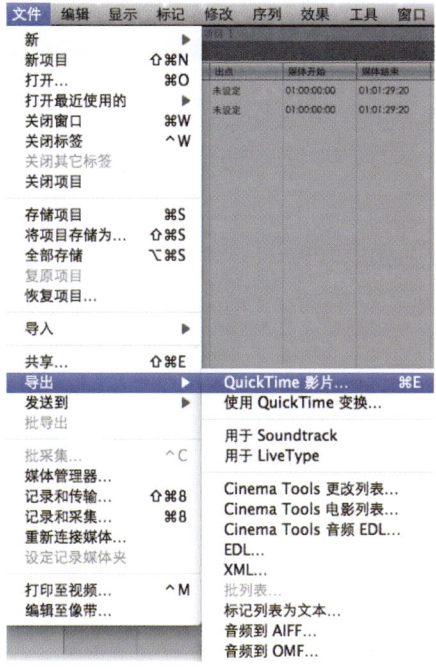

但是在 Final Cut Pro7 中,选择的余地大了很多:

"文件"/"共享":是快速而简单的方法,为一个或多个文件应用相同压缩设置。当设定存储文件的位置后,它可以将多个被选择的文件逐一输出,或者生成一个单独的影片文件。但是每个共享窗口中的影片都必须要压缩到同一个指定的位置,并共用一个压缩预置。

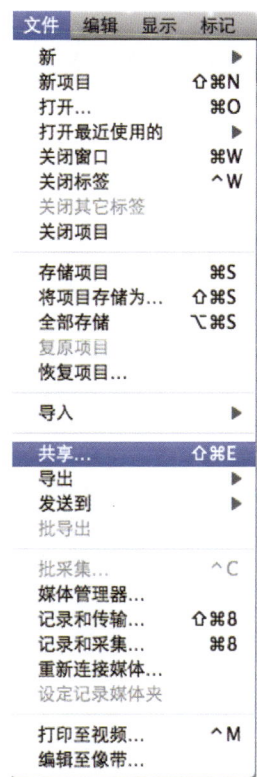

"文件"/"发送到"/"Compressor":如果需要使用"文件"/"发送到"/"Compresser",但为了创建一个定制的压缩预置,而且,如果希望输出的文件被存放在不同的地方,这个方法是最好的选择。

以上这两个方式都是在后台对影片进行压缩,它可以让用户继续进行自己的工作而不用等待。

"文件"/"导出"/"QuickTime 影片":这是从 Final Cut Pro 中输出影片的最快方法。输出的影片与用户在序列中看到的可以一模一样,也适合用户后续的其他工作。

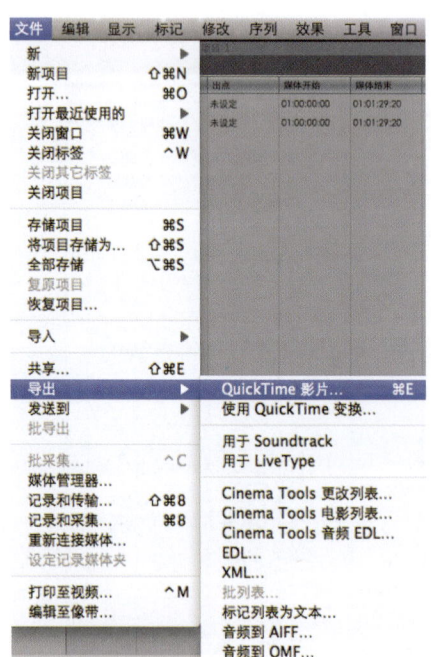

"文件"/"导出"/"使用 QuickTime 变换":如果需要输出静帧,或者使用第三方软件来压缩视频(尤其是当 Compressor 不支持某些视频编码格式的时候),那么就可以使用这个方法。

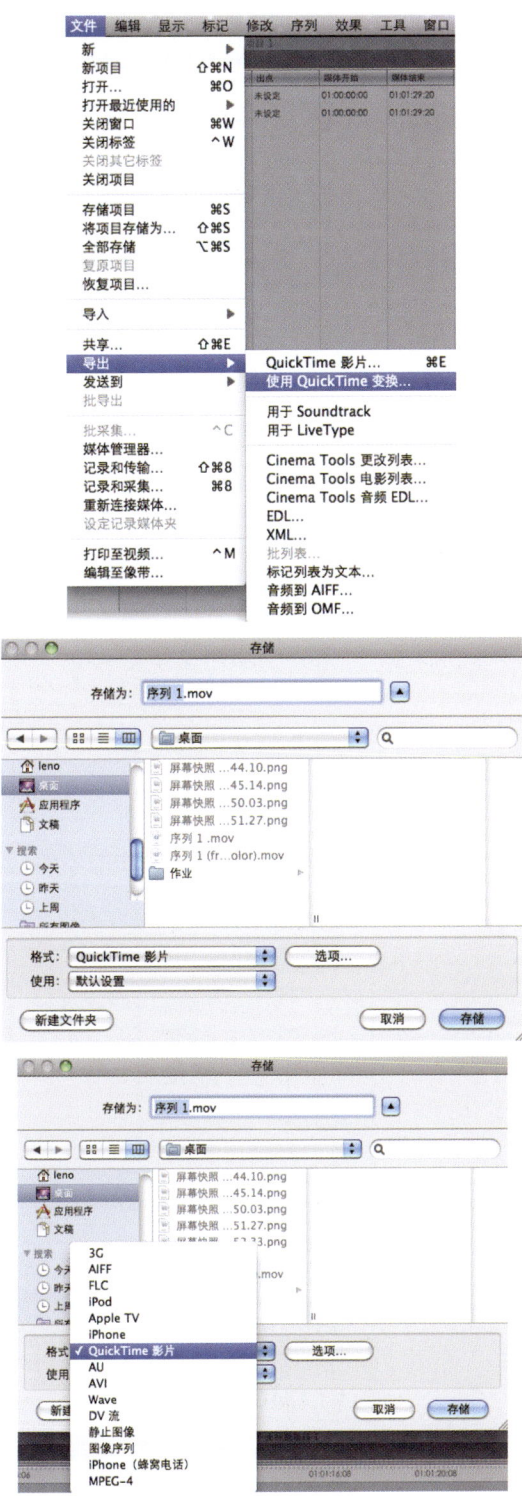

10．批导出

当有大量的片段或者序列需要同时输出的时候，或者需要将某一个序列按照不同的设置进行输出的时候，就需要使用批导出功能。其使用方法如下：

（1）选择需要输出的项目——片段、媒体夹、序列等。

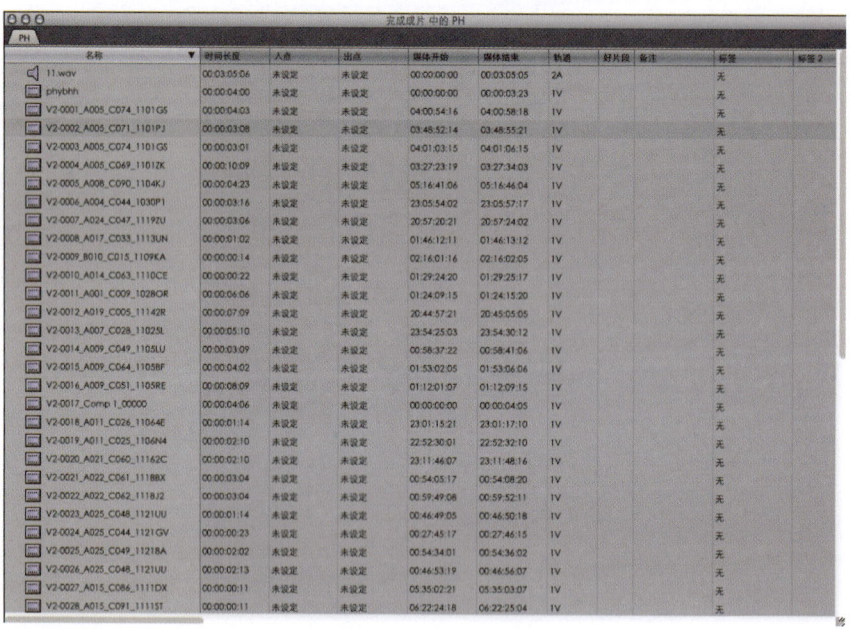

（2）在菜单上选择"文件"/"批导出"。

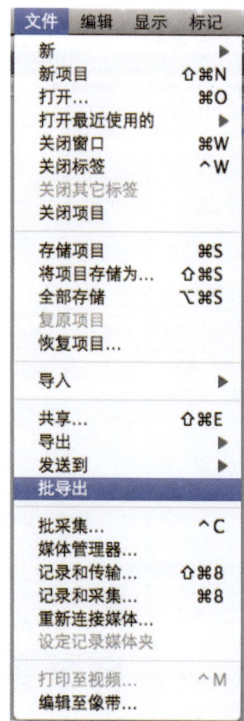

第十一课 完成成片

注意，所有被选择的项目都会被安排至一个新的单独的批处理媒体夹中。在同一个媒体夹中的所有项目都使用同一个压缩设置。

（3）如果需要，重复以上步骤，每次选择的项目都会被安排到新的批处理媒体夹中。

（4）在导出队列的窗口中，选择某一个媒体夹。

（5）单击"设置"按钮。

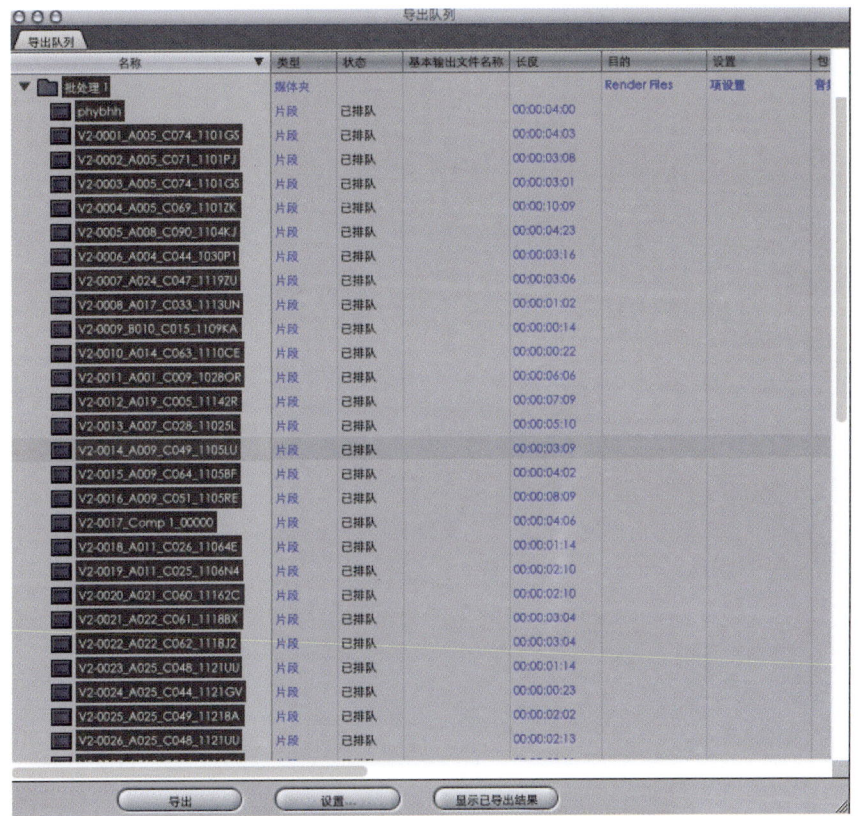

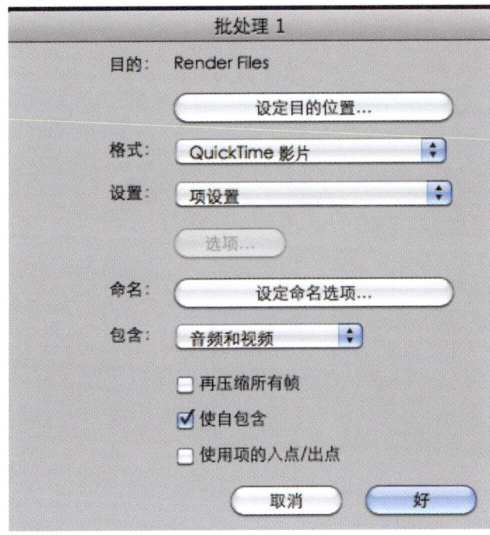

（6）按照需要调整输出设定。设定目的位置、格式、设置、命名和包含。

苹果视频编辑教程　Final Cut Studio

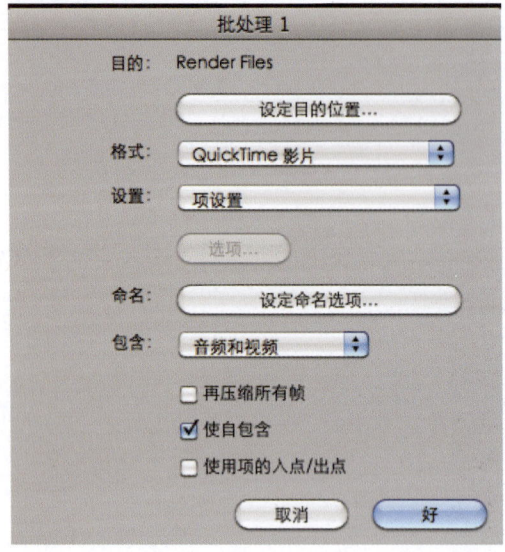

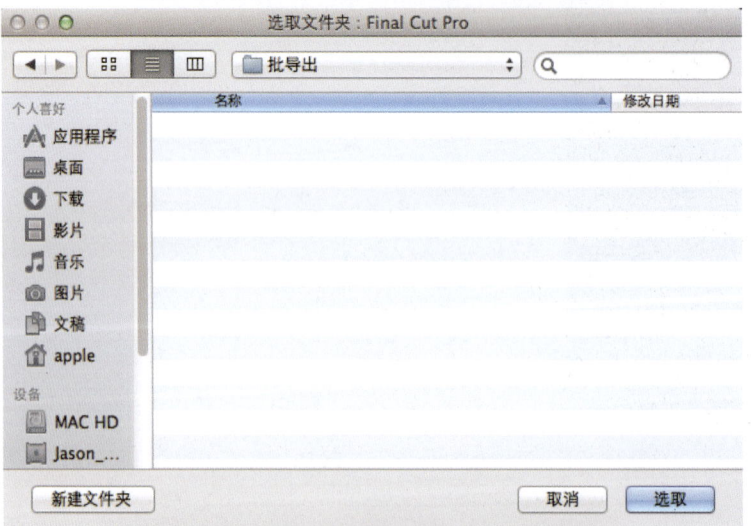

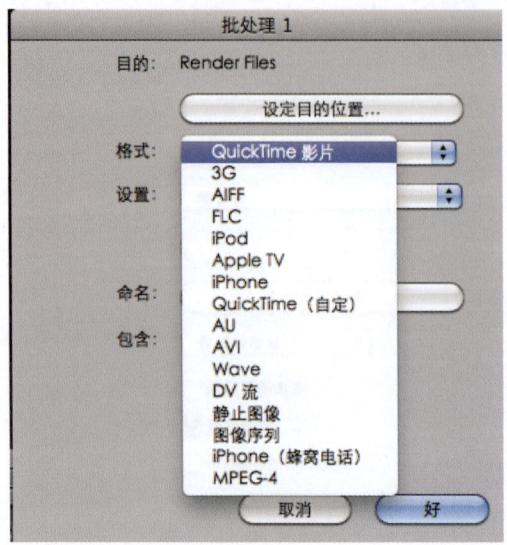

第十一课 完成成片

项设置
Apple Intermediate Codec 1080i50
Apple Intermediate Codec 1080i60
Apple Intermediate Codec 720p30
Apple ProRes 422 (HQ) 1280x720 24p 48 kHz
Apple ProRes 422 (HQ) 1280x720 25p 48 kHz
Apple ProRes 422 (HQ) 1280x720 30p 48 kHz
Apple ProRes 422 (HQ) 1280x720 50p 48 kHz
Apple ProRes 422 (HQ) 1280x720 60p 48 kHz
Apple ProRes 422 (HQ) 1440x1080 24p 48 kHz
Apple ProRes 422 (HQ) 1440x1080 25p 48 kHz
Apple ProRes 422 (HQ) 1440x1080 30p 48 kHz
Apple ProRes 422 (HQ) 1440x1080 50i 48 kHz
Apple ProRes 422 (HQ) 1440x1080 60i 48 kHz
Apple ProRes 422 (HQ) 1920x1080 24p 48 kHz
Apple ProRes 422 (HQ) 1920x1080 25p 48 kHz
Apple ProRes 422 (HQ) 1920x1080 30p 48 kHz
Apple ProRes 422 (HQ) 1920x1080 50i 48 kHz
Apple ProRes 422 (HQ) 1920x1080 60i 48 kHz
Apple ProRes 422 (HQ) 960x720 24p 48 kHz
Apple ProRes 422 (HQ) 960x720 25p 48 kHz
Apple ProRes 422 (HQ) 960x720 30p 48 kHz
Apple ProRes 422 (HQ) 960x720 50p 48 kHz
Apple ProRes 422 (HQ) 960x720 60p 48 kHz
Apple ProRes 422 (HQ) NTSC 48 kHz
Apple ProRes 422 (HQ) NTSC 48 kHz Anamorphic
Apple ProRes 422 (HQ) PAL 48 kHz
Apple ProRes 422 (HQ) PAL 48 kHz Anamorphic
Apple ProRes 422 (LT) 1280x720 24p 48 kHz
Apple ProRes 422 (LT) 1280x720 25p 48 kHz
Apple ProRes 422 (LT) 1280x720 30p 48 kHz
Apple ProRes 422 (LT) 1280x720 50p 48 kHz
Apple ProRes 422 (LT) 1280x720 60p 48 kHz
Apple ProRes 422 (LT) 1440x1080 24p 48 kHz
Apple ProRes 422 (LT) 1440x1080 25p 48 kHz
Apple ProRes 422 (LT) 1440x1080 30p 48 kHz
Apple ProRes 422 (LT) 1440x1080 50i 48 kHz
Apple ProRes 422 (LT) 1440x1080 60i 48 kHz
Apple ProRes 422 (LT) 1920x1080 24p 48 kHz
Apple ProRes 422 (LT) 1920x1080 25p 48 kHz
Apple ProRes 422 (LT) 1920x1080 30p 48 kHz
Apple ProRes 422 (LT) 1920x1080 50i 48 kHz
Apple ProRes 422 (LT) 1920x1080 60i 48 kHz
Apple ProRes 422 (LT) 960x720 24p 48 kHz
Apple ProRes 422 (LT) 960x720 25p 48 kHz
Apple ProRes 422 (LT) 960x720 30p 48 kHz
Apple ProRes 422 (LT) 960x720 50p 48 kHz
Apple ProRes 422 (LT) 960x720 60p 48 kHz
Apple ProRes 422 (LT) NTSC 48 kHz
Apple ProRes 422 (LT) NTSC 48 kHz Anamorphic
Apple ProRes 422 (LT) PAL 48 kHz
Apple ProRes 422 (LT) PAL 48 kHz Anamorphic
Apple ProRes 422 (Proxy) 1280x720 24p 48 kHz
Apple ProRes 422 (Proxy) 1280x720 25p 48 kHz
Apple ProRes 422 (Proxy) 1280x720 30p 48 kHz
Apple ProRes 422 (Proxy) 1280x720 50p 48 kHz
Apple ProRes 422 (Proxy) 1280x720 60p 48 kHz
Apple ProRes 422 (Proxy) 1440x1080 24p 48 kHz
Apple ProRes 422 (Proxy) 1440x1080 25p 48 kHz
Apple ProRes 422 (Proxy) 1440x1080 30p 48 kHz
Apple ProRes 422 (Proxy) 1440x1080 50i 48 kHz
Apple ProRes 422 (Proxy) 1440x1080 60i 48 kHz
Apple ProRes 422 (Proxy) 1920x1080 24p 48 kHz
Apple ProRes 422 (Proxy) 1920x1080 25p 48 kHz
Apple ProRes 422 (Proxy) 1920x1080 30p 48 kHz
Apple ProRes 422 (Proxy) 1920x1080 50i 48 kHz
Apple ProRes 422 (Proxy) 1920x1080 60i 48 kHz
Apple ProRes 422 (Proxy) 960x720 24p 48 kHz
Apple ProRes 422 (Proxy) 960x720 25p 48 kHz
Apple ProRes 422 (Proxy) 960x720 30p 48 kHz
Apple ProRes 422 (Proxy) 960x720 50p 48 kHz
Apple ProRes 422 (Proxy) 960x720 60p 48 kHz
Apple ProRes 422 (Proxy) NTSC 48 kHz
Apple ProRes 422 (Proxy) NTSC 48 kHz Anamorphic
Apple ProRes 422 (Proxy) PAL 48 kHz
Apple ProRes 422 (Proxy) PAL 48 kHz Anamorphic
Apple ProRes 422 1280x720 24p 48 kHz

苹果视频编辑教程　Final Cut Studio

设定命名选项

文件名举例：　BaseName.ext

☐ 去掉已有的扩展名
☐ 添加自定扩展名　[　　　]
☐ 添加文件类型扩展名

[好]

目的：　Render Files

[设定目的位置…]

格式：　[QuickTime 影片 ⇅]

设置：　[项设置 ⇅]

[选项…]

命名：　[设定命名选项…]

包含：　[**音频和视频** ⇅]
　　　　　仅音频
　　　　　仅视频

☑ 使自包含
☐ 使用项的入点/出点

[取消] [好]

批处理 1

目的：　Render Files

[设定目的位置…]

格式：　[QuickTime 影片 ⇅]

设置：　[项设置 ⇅]

[选项…]

命名：　[设定命名选项…]

包含：　[音频和视频 ⇅]

☑ 再压缩所有帧
☑ 使自包含
☐ 使用项的入点/出点

[取消] [好]

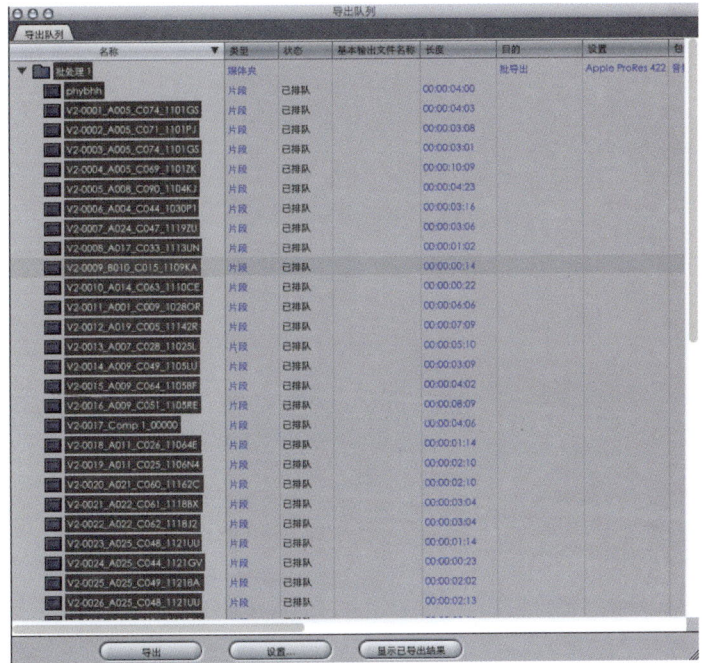

（7）当配置完所有批处理媒体夹的设定后，单击"导出"按钮开始输出。

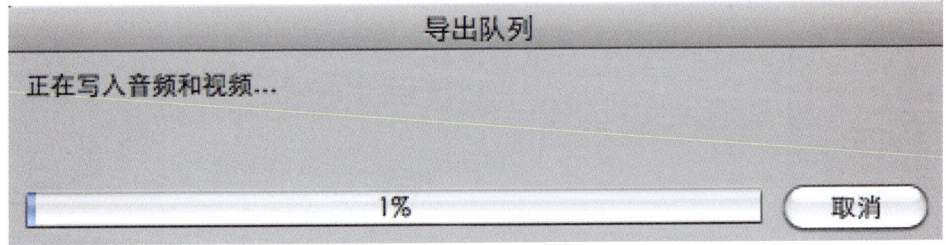

11．创建蓝光光盘

随着高清视频的普及，普遍红光 DVD 无法满足观众需求，此时蓝光 DVD 应运而生。苹果率先正式地支持了蓝光，通过共享命令，可以直接创建并刻录蓝光光盘。

蓝光涉及两个概念：它是一种高清的压缩视频的格式，也是一种在光盘上存储这些压缩文件的格式。目前，苹果的操作系统不支持播放蓝光光盘。这就意味着如果想观看自己创建的蓝光光盘，就必须要单独购买蓝光播放器，Sony 的 PalyStation3。

刻录蓝光光盘的方法有两种：一是使用现有的 DVD 刻录机，比如苹果电脑上随机配备的 SuperDrive；一种是使用蓝光刻录机。苹果将刻录在普通 DVD 上的蓝光媒体光盘称为一张 AVCHD（高级视频编码高清）光盘。只有刻录在蓝光光盘中的蓝光媒体才能被称为一张蓝光光盘。

虽然用户可以刻录一张 AVCHD 光盘，但是用户无法在普通的 DVD 机上观看它。这样的光盘不能容纳过长的时间——只能在 30~60 分钟之间。由于不能支持像蓝光光盘那样高的码流，其画面质量也不如蓝光光盘。但是，苹果提供的压缩设置的确能使影片达到相当高的画面质量。因此，如果用户在寻找一种简单的创建高清光盘的方法，那么就可以考虑使用 AVCHD。

12．输出静帧

（1）将播放头放置在希望输出为静帧的位置上。可以在检视器、画布或者时间线上进行这个工作。

（2）选择"文件"/"导出"/"使用 QuickTime 变换"。

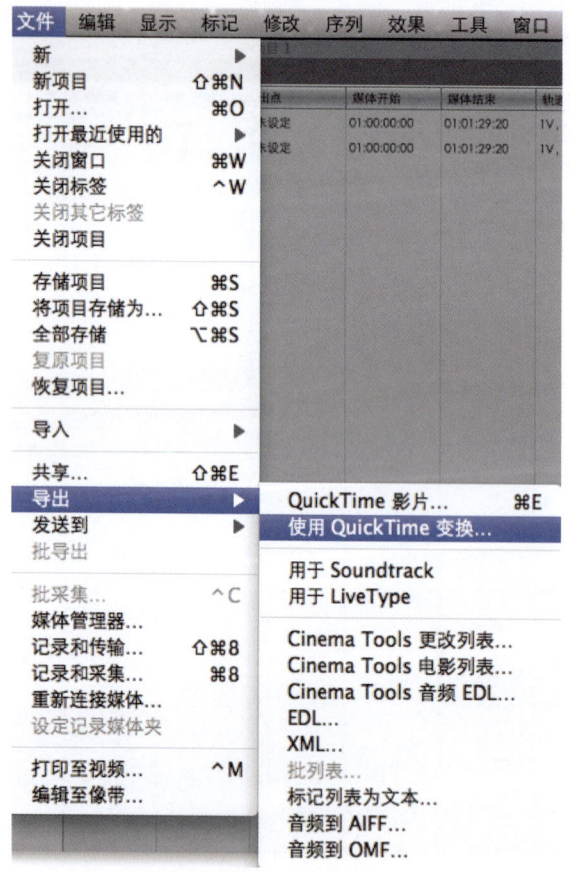

（3）在对话框下方的格式菜单中选择静止图像。

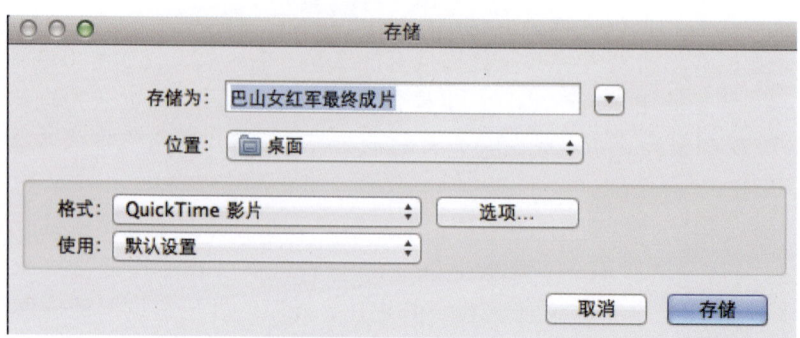

第十一课 完成成片

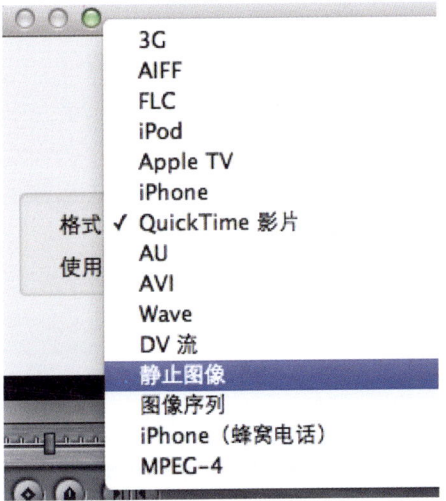

（4）使用默认设置。
（5）默认的输出文件格式为PNG，它是一种无压缩的图像格式，非常适合于存储静帧画面，因此，保持默认设置不动。
（6）为图像文件起名，并确定它存储的位置。
（7）单击"存储"按钮。

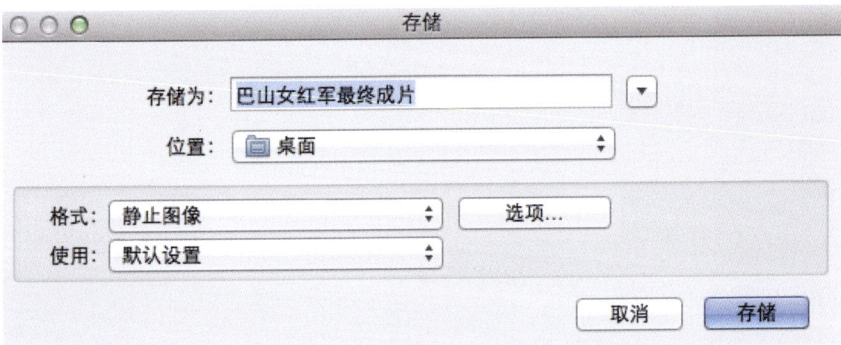

13. 输出多个静帧

使用批处理功能输出更多的静帧。请参考以下步骤：
（1）在浏览器窗口中创建一个媒体夹，用于存放图像，起名为图像静帧。
（2）将播放头放置在需要创建静帧的位置（在检视器或者时间线上），在菜单中选择"修改"/"使成为静帧"（或者按"Shift-N"组合键），静帧将会显示在检视器中。
（3）将静帧从检视器中拖放到浏览器中新创建的媒体夹中。在浏览器窗口中，删除文件名中有关时间码的部分。原因在于，文件名中不允许有冒号字符存在。
（4）重复上面两个步骤，直到创建完所有的静帧。确认在媒体夹中的所有项目的名称没有重复的，名称中也不包含冒号。
（5）在媒体夹中选择所有的图像，在菜单中选择"文件"/"批导出"。

（6）在批处理窗口中单击"设置"按钮。
（7）将格式设定为静止图像。

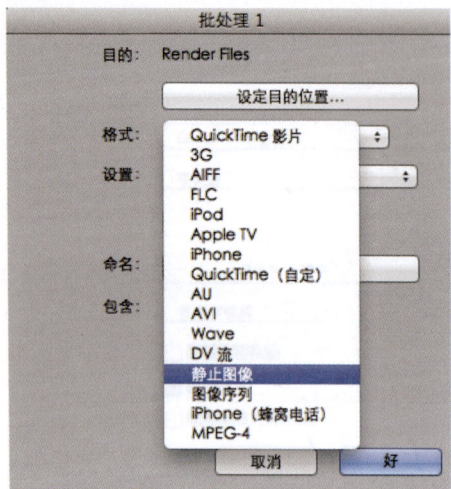

（8）选择文件存储位置。
（9）保持默认设置不变。
（10）单击"好"按钮。
（11）单击"导出"按钮，开始进行输出。

第四篇　Final Cut Pro 与其他软件的交互使用

第一课　与调色软件 Color 的交互使用

（1）首先从 FCP 中发送剪辑完成的序列到 Color 中：

在 FCP 中点击"文件"/"发送到"/"Color"命令，弹出发送到 Color 对话框，点击"确定"，Color 软件将自动打开，相同的序列出现在时间线上。

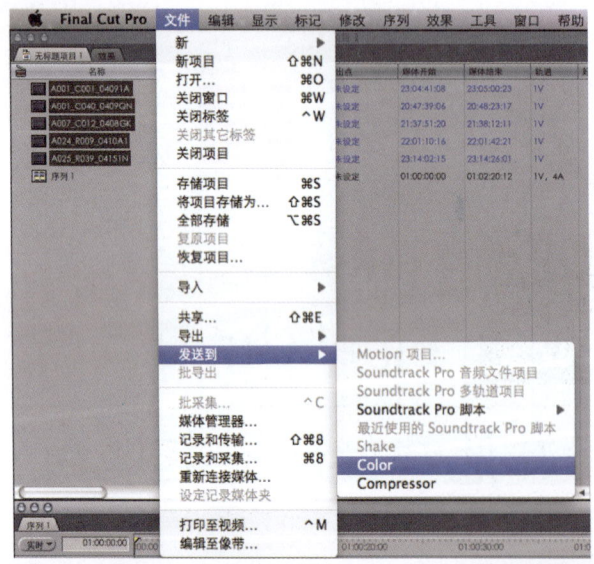

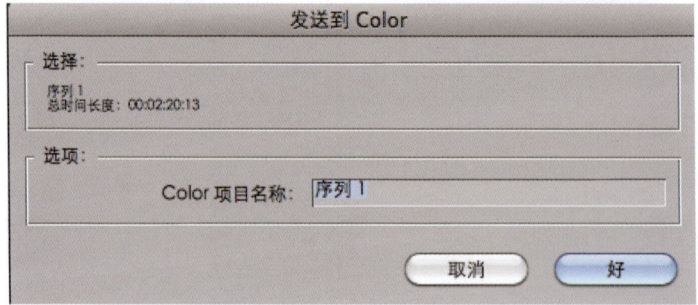

Color 的工程项目文件被创建并保存在 Documents 中 Color Documents 文件夹中，扩展名为 .colorproj。

Color 的八个工作空间：

Setup（设置）工作间：在此工作间中可以进行用户偏好设置和项目设置，还可以保存整个调色效果供以后调用。

Primary In（一级入）工作间：此工作间可以开始对整个图像进行色彩调整。

Secondaries（二级）工作间：此工作间可以对图像特定区域进行调整。

Color FX（颜色特效）工作间：此工作间采用节点结构对镜头添加滤镜，以创建独特色彩风格。

Primary Out（一级出）工作间：此工作间跟一级入工作间完全相同，但此工作间的效果是在所有工作间之后被最终加载的，因此对画面最终调整在此工作间内完成。

Geometry（图形）工作间：此工作间可以调整画面的大小、位置，可以绘制图形遮罩隔离二级校色效果以及进行运动跟踪。

Still Store（静帧储存）：此工作间可以储存镜头中的单帧，并使用分屏显示与时间线中的其他镜头进行比较。

Render Queue（渲染序列）：此工作间可以选择镜头发送回 FCP 前进行渲染。

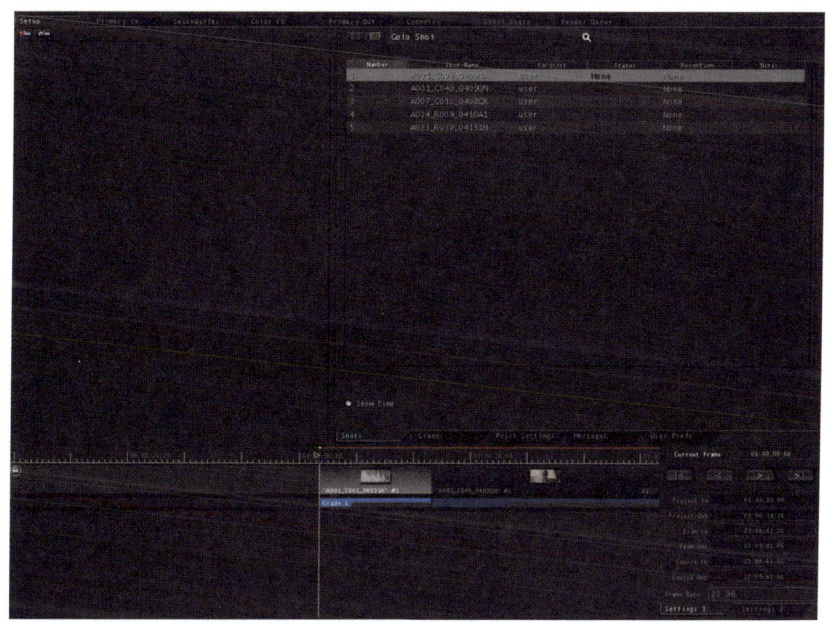

（2）进行一级校色。

单击"Primary In"标签，此工作间有三个色彩平衡控制器，分别代表暗调、中间调、亮调的色相饱和。每个控制器分别有三个滑动条：第一条调整色相，第二条调整饱和度，第三条调整对比度。

（3）检视图像。

通过设置窗口布局可以显示多个观测仪，共有四种观测仪可供选择：波形监视器、矢量观测仪、直方图和三维色彩空间观测仪。每个观测仪都显示在肉眼观察情况下不易辨别的信息。

在 single-display（单显）模式下检视器窗口分为三部分：上部显示视频图像，中部和下部各显示一个观测仪。

在 dual-display（双显）模式下，检视器窗口被分为四个部分：双击视频图像可全屏播放，再次双击恢复先前状态。

苹果视频编辑教程 Final Cut Studio

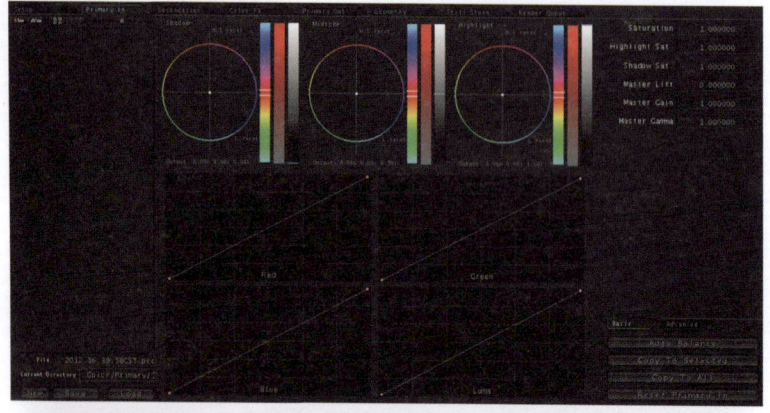

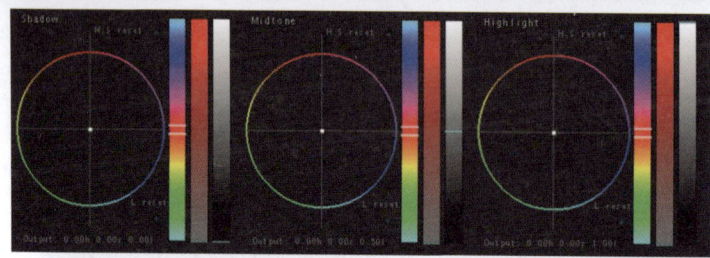

第一课　与调色软件 Color 的交互使用

- 使用波形监视器。

波形监视器只对图像的光亮度、亮度、对比度进行测量。为了使视频信号遵循广播级安全标准，在波形监视器中波形轨迹通常应该始终位于 0～100%。分别拖拽 Highlight（亮调）、Shadow（暗调）、Midtone（中间调）对比度来进行控制。

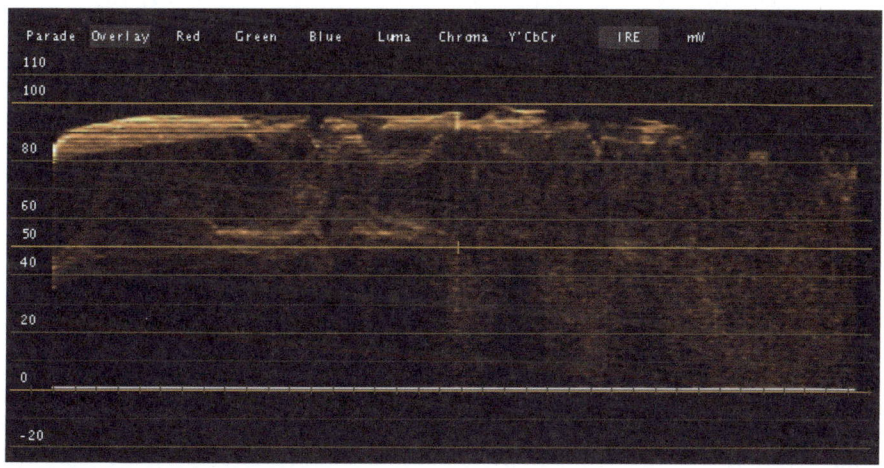

- 使用矢量观测仪。

矢量观测仪用户测量视频图像的色浓度、色相、饱和度。分别拖拽 Highlight（亮调）、Shadow（暗调）、Midtone（中间调）色彩十字线到周围不同的位置。

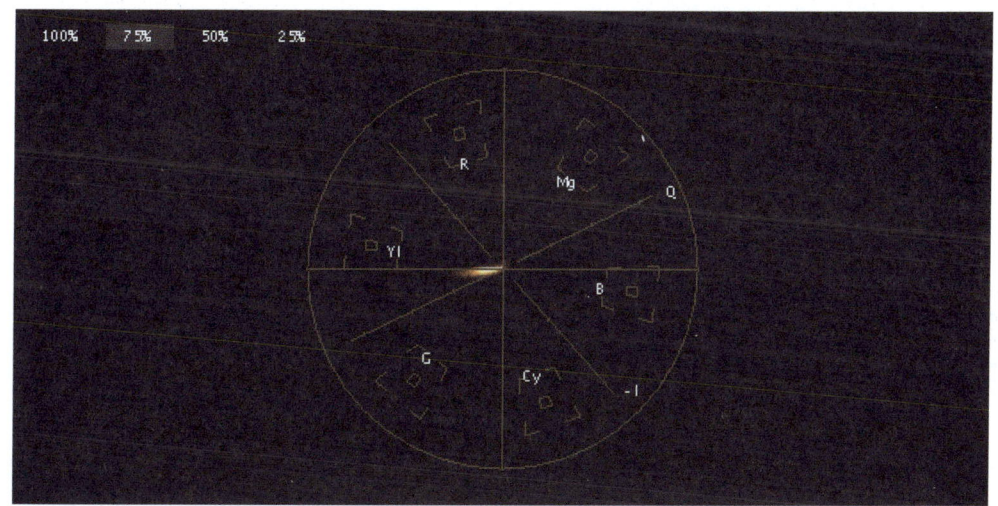

（4）进行二级调色。

在二级调色工作间中，不是对整个图像而是对部分图像进行调色。

- 双击时间线上最后一个片段（A025_R039_04151N"#5）。

- 单击编辑器窗口顶部的"Secondaries"标签。
- 单击此工作间右上角的吸管图标。

- 在监视器中,在人皮肤上拖拽十字线,以选择皮肤的颜色。

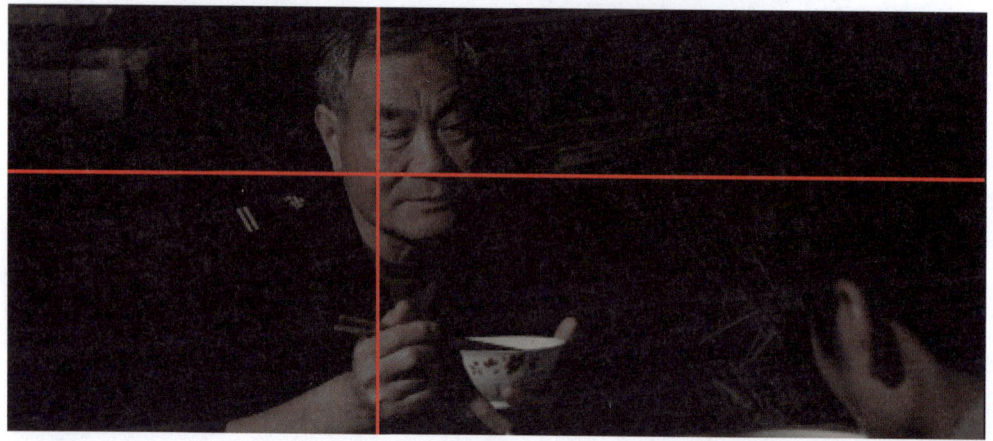

除此之外,在二级调色工作间中部包含有预览标签。左边显示视频片段,右边显示所选颜色区域的黑白图像。白色是被选中颜色的区域。

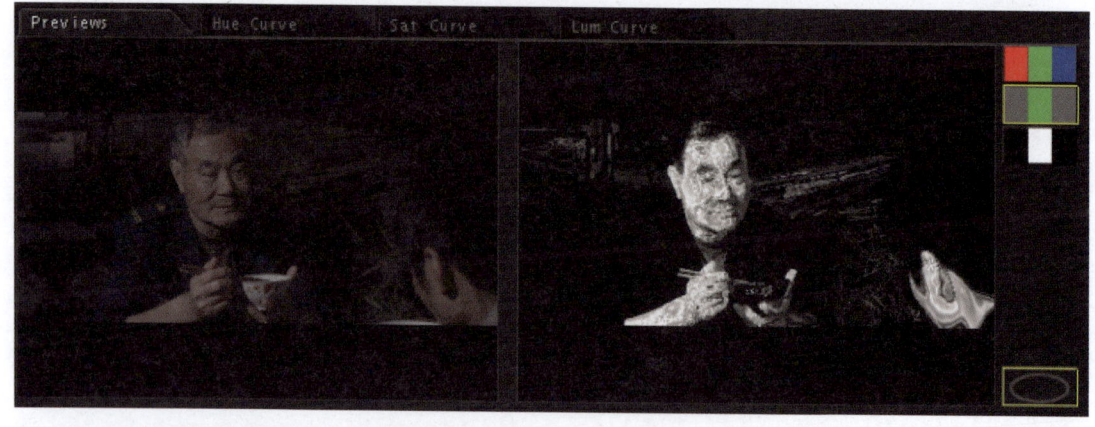

- 单击下面的遮罩预览,监视器中图像被选中的颜色会以白色显示。
- 单击结果预览,最终调色结果会在监视器中显示。
- 在 Midtone 色彩平衡控制器中,朝红色边缘方向拖拽十字线。

第一课 与调色软件 Color 的交互使用

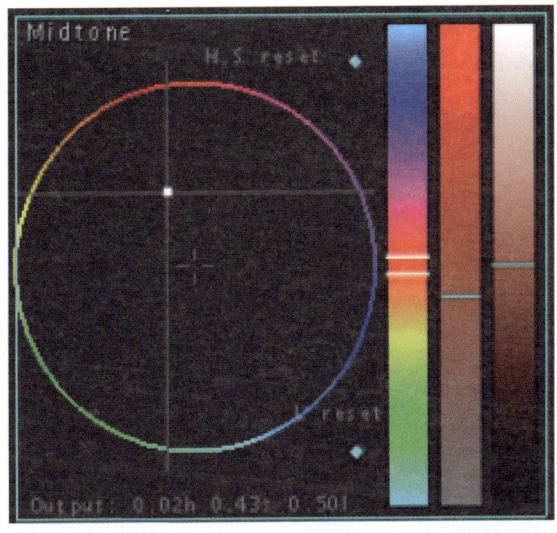

在监视器中皮肤呈现出橙色。
- 朝黄色方向拖拽十字线，皮肤变为黄色。
- 单击二级调色工作间右下端的二级调色复位按钮，将二级调色工作间的所有调整恢复成默认状态。

（5）应用颜色特效。

在 Color FX 颜色特效工作间中，利用过滤器和预设效果对镜头进行风格化处理。

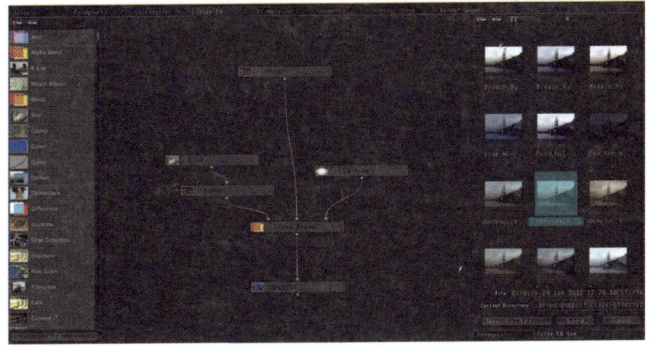

- 双击时间线上第二个片段（"A001_C040_0409QN" #2）。

- 单击编辑器窗口顶部的"Color FX"标签。

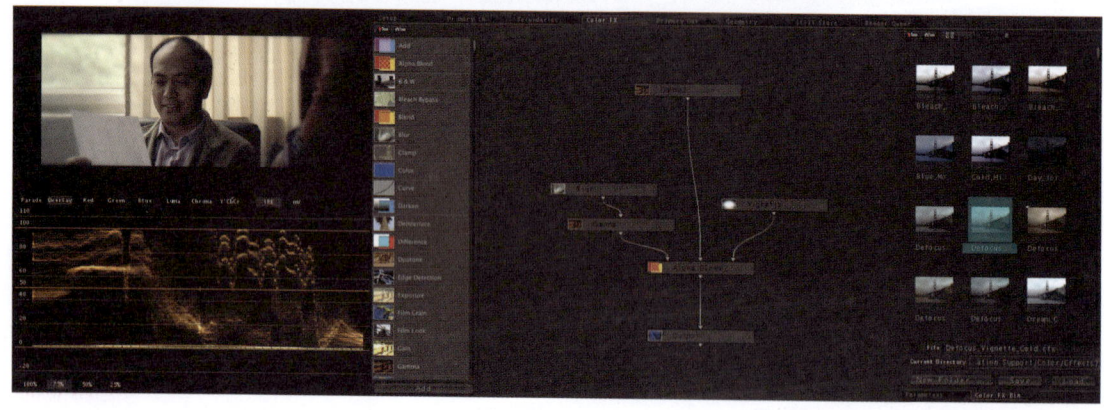

- 双击 Defocus_Vignette 效果。预设效果自动调出一个节点树，产生相应效果。
- 双击 Blue_Movie_Look 效果，原先的节点树被另一个节点树取代。
- 在节点显示面板中，全选所有节点，按"Delete"键，删除所有节点。

（6）进行最后的一级出润色。

第五个标签是 Primary Out（一级出）工作间，此工作间几乎等同于一级入工作间。但不同的是一级出工作间的效果是加载在其他工作间之后的。

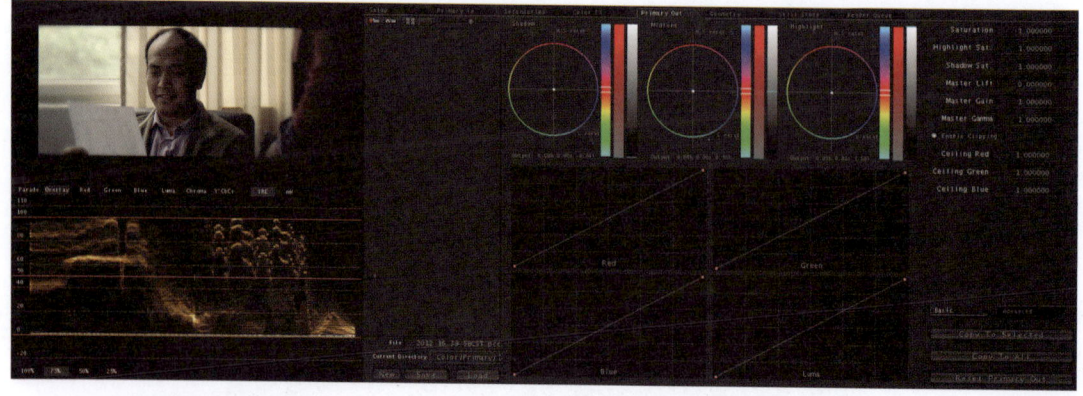

（7）了解渲染队列工作间。

第一课　与调色软件 Color 的交互使用

在 Render Queue（渲染队列）工作间中，将决定哪些片段在发送回 Final Cut Pro 前，要进行渲染。

• 单击编辑器窗口顶部的"Render Queue"标签。这次我们将对时间线上的素材进行渲染。

• 单击"Add All"按钮，将所有镜头加入队列。

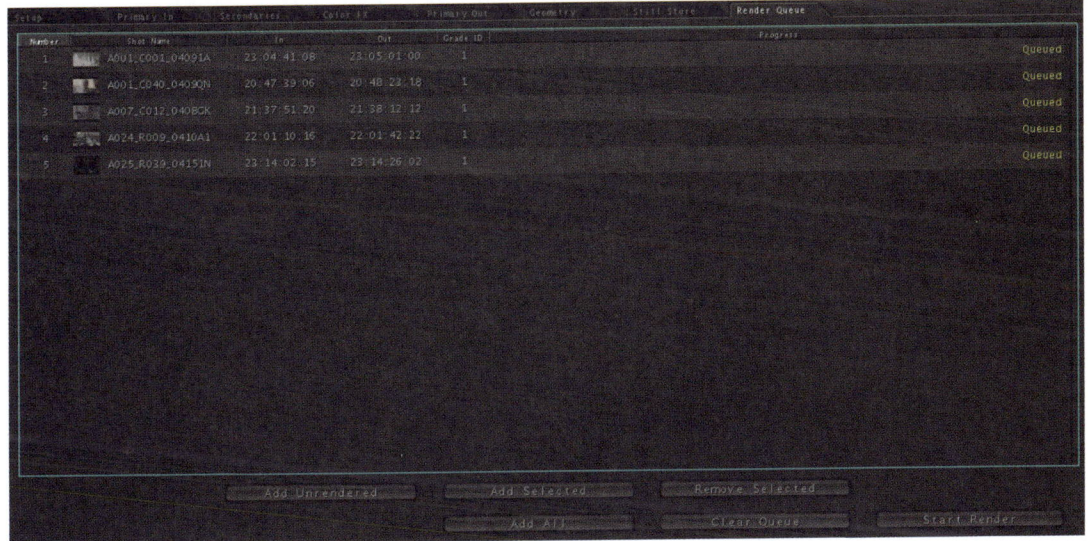

• 单击"Start Render"按钮。

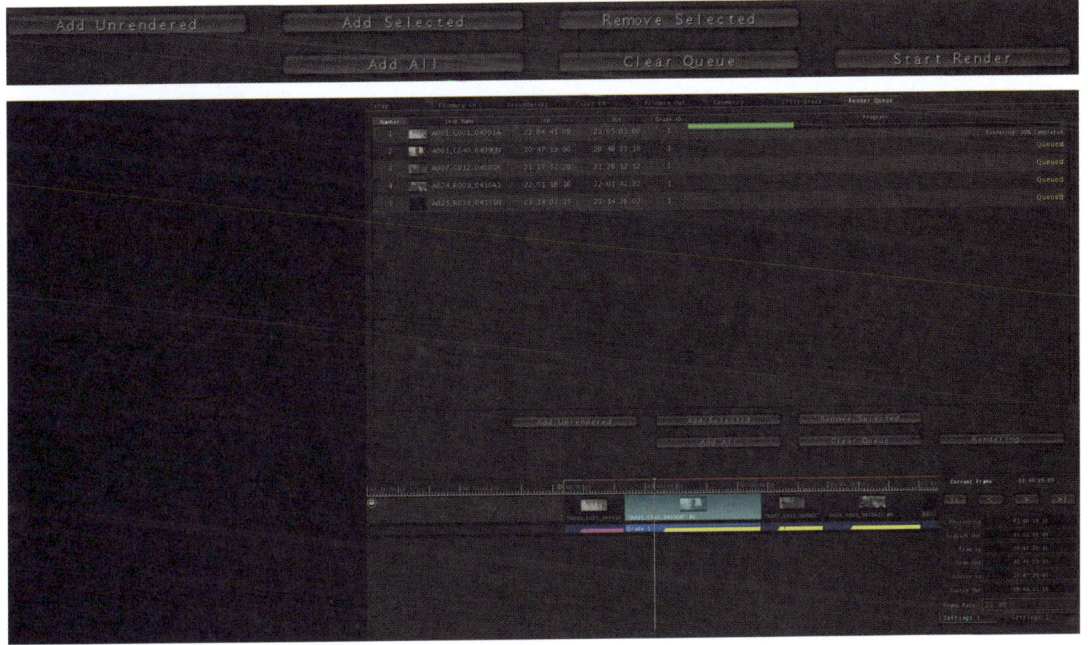

• 在渲染完成后，选择"File"/"Send To"/"Final Cut Pro"命令。

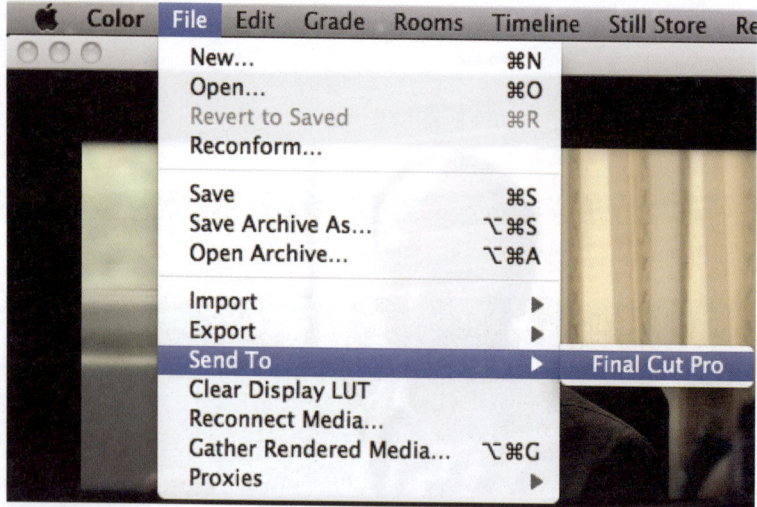

- 单击"Yes"按钮。

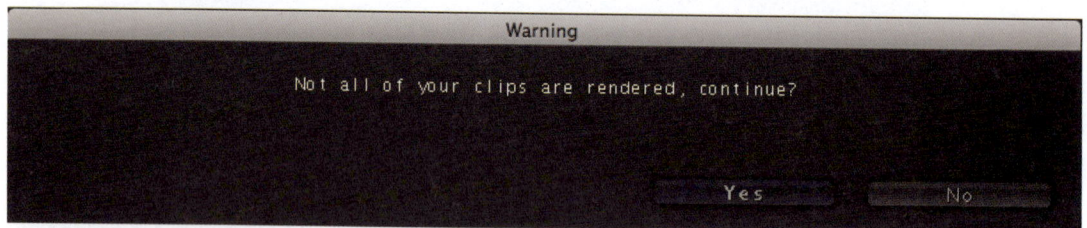

- Final Cut Pro 界面跳到前面,一个新的序列已被创建,并标注有"(from color)"。

第二课 使用 REDCINE 转换 RED 素材

使用 REDCINE-X_build_506.app 可以转换 RED 摄像机所拍摄的.R3D 素材供 FCP 使用。

（1）打开 REDCINE-X_build_506.app（可在 RED 官网上下载）。

（2）可以看见这个软件的界面，看似特别复杂，但是转码功能很简单，可以很快。学会在左下角可以看见 3 个标签，这 3 个标签分别可以控制这 3 个栏的可见性。

（3）RED 所拍摄的素材会以后缀为 ".RDC" 的文件夹在计算机中显示。

（4）确定 R3D 原始素材的位置，见下图，找到素材所在的分区。

（5）找到素材后双击，素材才会以视频显示在显示栏中。

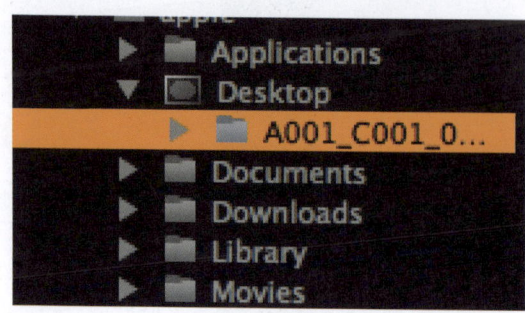

第二课　使用 REDCINE 转换 RED 素材

（6）选中要进行转码的素材，将其直接拖入 Bin 栏之中。

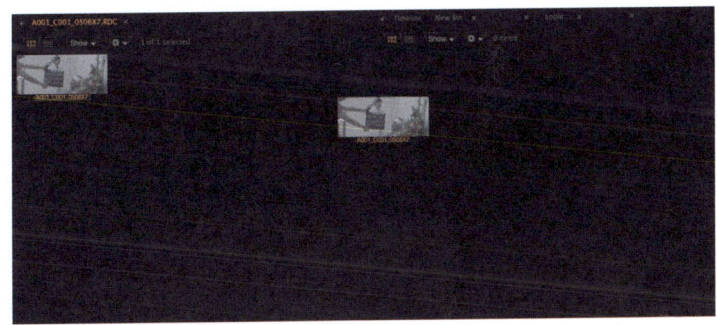

（7）在 Export Presets 栏中进行格式的修改。Export 中选中 Bin（all clips）表示 Bin 栏中所有的视频素材进行转换。

（8）点击"加号"，添加转换的格式。

(9)点击 File Format 栏的下拉箭头,选择 QuickTime 格式。

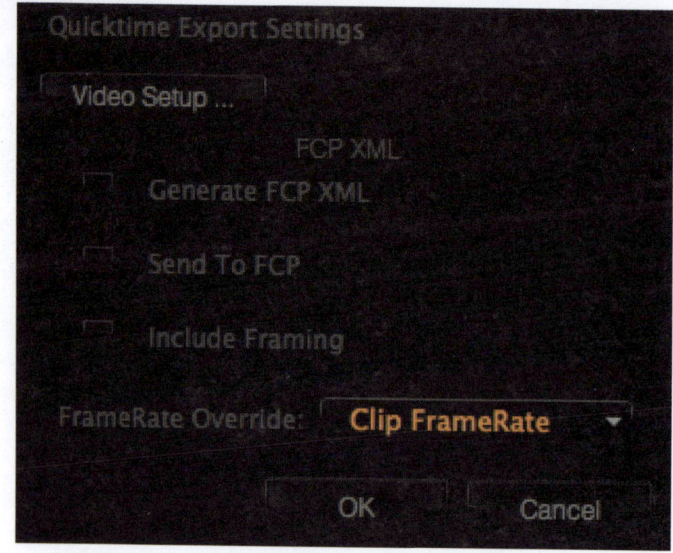

(10)点击 Setup... 。在"Video Setup…"进行视频格式的高级设置。

第二课　使用 REDCINE 转换 RED 素材

（11）在 Compression type 栏中点击下拉箭头设置需要的视频格式，例如：Apple RroRes422（HQ）、Apple ProRes 4444 等。

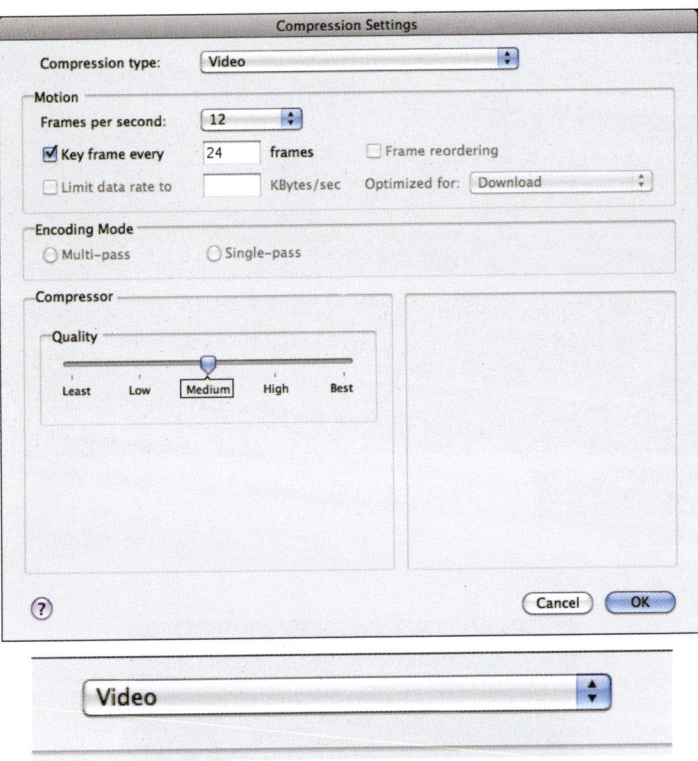

（12）设置完成后，根据需要改变视频的帧速率（选择 Custom 可以手动输入每秒帧数）。

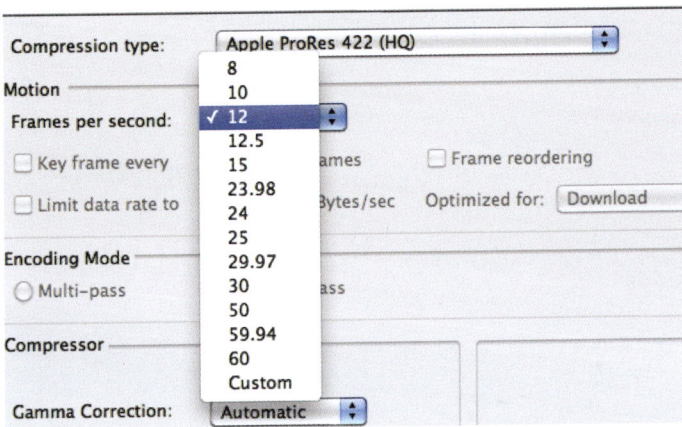

（13）视频设置完成后，就可以改变转换文件存储路径。如图所示，选择最后一项。

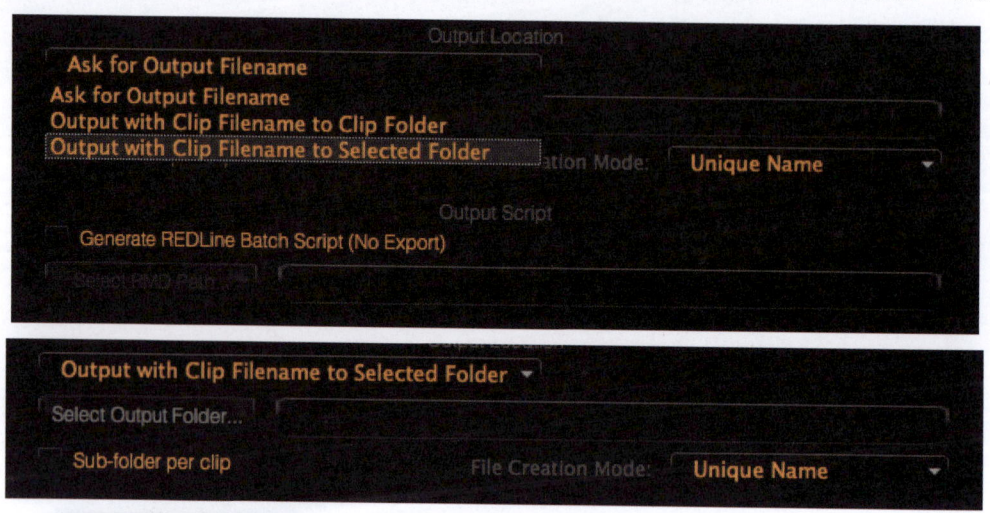

点击 Select Output Folder... 选择转换文件的储存路径。

（14）所有设置到这里就结束了。最后"Export"点击就可以实现.R3D素材转换为.MOV视频文件。

附录　快捷键

1. 软件和界面控制

Command-S	保存项目
Command-O	打开项目
Command-I	输入文件
Command-B	创建新媒体夹
Command-H	隐藏 Final Cut Pro 界面
Command-Q	退出 Final Cut Pro
Control-U	打开"标准"窗口布局
Control-点按(或右键点按)	打开 Final Cut Pro 中的快捷菜单

2. 工具箱中的工具

A	选择工具
G	编辑点选入工具
GG	组选择工具
GGG	范围选择工具
T	向前选择轨道工具
TT	向后选择轨道工具
TTT	选择轨道工具
TTTT	向前选择所有轨道工具
TTTTT	向后选择所有轨道工具
R	卷动工具
RR	波纹工具
S	滑移工具
SS	滑动工具
SSS	时间重映射工具
B	刀片割断工具
BB	刀片割断全部工具
Z	放大工具

ZZ	缩小工具
H	手工具
HH	搓擦工具
C	裁剪工具
CC	变形工具
P	笔工具
PP	删除工具
PPP	平滑工具

3. 移动播放头和播放序列

→	将播放头向右移动一帧
←	将播放头向左移动一帧
↓	播放头在检视器中将后退移动到片段的开头或前一个编辑点，在时间线上，将播放头移到一个编辑的第一帧
↑	播放头在检视器中将播放头后前移动到片尾的结尾或下一个编辑点，在时间线上，将播放头移动到下一个编辑的第一帧
J	在检视器、时间线或者画布中后退播放片段或者序列
K	在检视器、时间线或者画布中停止播放片段或者序列
L	在检视器、时间线或画布中向前播放片段或者序列
K-L	慢速向前播放
K-J	慢速后退播放

4. 设置查看或移除标记

I	设置入点标记
O	设置出点标记
X	在片头的头和结尾标记入点和出点
Shift-I	移动播放头到入点
Shift-O	移动播放头到出点
Option-I	删除入点标记
Option-X	删除入点和出点标记

5. 编辑素材片段

F9	插入编辑

F10	覆盖编辑
F11	替代编辑
F12	叠加编辑
Shift-F9	插入带转场
Shift-F10	替代编辑
Shift-F11	适配填充
Option-"+"	放大显示时间线
Option-"?"	缩小显示时间线
Shift-Z	在时间线上显示整个序列
Command-A	选择序列中的所有片段
Command-Shift-A	取消对序列中片段的选择
N	打开或关闭吸附工具
Shift-L	打开或关闭链接选择工具
Option-W	打开或关闭片段叠层工具
Shift-T	切换时间线轨道高度
Command-F	打开"查找"对话框
Command-J	打开"速度"对话框
E	把选择的编辑点延长到播放头所在的位置

6. 剪切、拷贝和粘贴片段

Command-X	剪切所选片段
Command-C	拷贝所选片段
Command-V	粘贴所选片段
Shift-V	以插入模式粘贴剪切或复制的内容
Delete	删除时间线上的一个元件或一部分，并留下空隙
Shift-delete	删除时间线上的一个元件或一部分，并将随后的编辑前移以填充所留下的空隙

7. 添加、删除和管理标记

"、"或者 M	在时间线标尺区域设置一个标记
Shift-M	移动播放头到下一个标记处
Option-M	移动播放头到上一个标记出
Shift-↓	向前移动到下一个标记
Shift-↓	向后移动到下一个标记
Command-"、"	删除播放头处的标记
Option-"、"	延长标记

Control-"、"	删除所有标记
Shift-"、"	把标记向前移动并定位在播放头的位置

8. 转场设置

Command-T	添加默认转场
Option-Command-T	添加默认的音频转场
Option-P	延长标记
Option-F	保存常用转场

9. 渲染设置

Command-R	渲染所选转场
Option-R	渲染时间线上的所有转场

10. 运动属性设置

Shift-K	移到下一个关键帧
Option-K	移到上一个关键帧
Shift-N	在播放头所在位置创建静帧
W	在图像模式、图像+线框模式、线框模式之间进行切换

11. "工具台"窗口中的工具

Option-8	打开 QuickView 工具
Option-7	打开"帧检视器"工具
Option-6	打开"混音器"工具
Option-9	打开"视频示波器"工具
Option-0	打开"配音"工具

参 考 文 献

[1] [美] KeithJack. 视频技术手册[M]. 5版. 杨征,等译. 北京:人民邮电出版社,2009.
[2] [美] Diana Weynand. Final Cut Pro 7[M]. 肖永亮,等译. 北京:电子工业出版社,2010.

致谢
Acknowledgments

我要感谢很多公司和个人,在本人完成这本书的编写过程中,他们给了我很多宝贵的建议。

我的导师:

马洪奎教授	张书玉教授	陈祖继教授
薛莉华教授	刘　燕教授	

校对:

刘金昕	张亚平	王　敏
刘怡君	龙思宏	蔡　璇

特别感谢:

张　忠	远山导演	丁大海导演
翔宇导演	曾建国	李　伟
张绪增	张乐平	贺莉娅
廖全京	李佳木	徐先贵
刘　彤	韩治学	赵耘曼
徐　荐	刘益君	向　东
黄晓峰	王志杰	涂中如
杨嫦君	游　又	林晓东
钟　薇	陆　薇	李　兰

万山红	宋　军	蒋渊博
张珂南	王　彤	周宇峰
周子涵	王　帅	李雅梅
刘皖秋	曾丽瑶	刘　哲
黄文靓	于海菁	侯晓敏

中国爱乐乐团

四川传媒学院影视中心

北京合力浆影视文化传播有限公司

中润海天传媒科技（北京）有限公司

成都卢卡斯（Lucas）文化传播有限公司

成都亚细亚集创科技有限公司

北京离线视讯科技有限公司